POMOLOGIE GÉNÉRALE

PAR A. MAS

SUITE DE LA PUBLICATION PÉRIODIQUE

LE VERGER

SEPTIÈME VOLUME

POIRES — N°s 481 à 581

Contenant un supplément de notes descriptives

BOURG (AIN)
CHEZ Mme ALPHONSE MAS
Rue Lalunde, 20.

PARIS
LIBRAIRIE DE G. MASSON
Boulevard St-Germain, 120.

1881

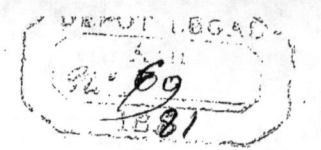

POMOLOGIE GÉNÉRALE

POIRES

TOME SEPTIÈME

POMOLOGIE GÉNÉRALE

PAR A. MAS

SUITE DE LA PUBLICATION PÉRIODIQUE

LE VERGER

SEPTIÈME VOLUME

POIRES — N°s 481 à 581

Contenant un supplément de notes descriptives

BOURG (AIN)
CHEZ Mme ALPHONSE MAS
Rue Lalande, 20.

PARIS
LIBRAIRIE DE G. MASSON
Boulevard St-Germain, 120.

1881

Bourg, Imprimerie Villefranche.

POMOLOGIE GÉNÉRALE

BEURRÉ DE BROU

(N° 481)

Observations. — Cette variété est un semis de Van Mons, envoyé à la Société d'Emulation et d'Agriculture de l'Ain et propagé par elle de 1825 à 1830 [1]. — L'arbre, d'une bonne vigueur et d'une végétation régulière sur cognassier, est facile à plier à toutes formes sur ce sujet. Ses branches de charpente se maintiennent bien garnies de productions fruitières solides. Toutefois sa meilleure destination est la haute tige sur franc. Il forme promptement ainsi une jolie tête sphérique, d'un rapport précoce et des plus riches. Cette variété est à multiplier surtout dans le verger. Elle est des plus rustiques. Une cueillette anticipée améliore son fruit de bonne qualité et le rend ainsi très-propre au transport sur les marchés.

DESCRIPTION.

Rameaux peu forts et fluets à leur sommet, presque droits, d'un vert gris et terne; lenticelles blanches, larges, nombreuses et apparentes.

Boutons à bois petits, très-courts, obtus, à direction écartée du rameau, soutenus sur des supports un peu saillants et dont l'arête médiane se prolonge sensiblement; écailles d'un marron rougeâtre foncé, presque entièrement recouvertes de gris cendré.

---

[1] Cette variété est la seule entre un certain nombre de jeunes arbres de semis adressés par Van Mons à M. Puvis, président de la Société d'Emulation de l'Ain, qui ait paru mériter la propagation. Elle fut peu répandue ; je l'ai trouvée dans le jardin de M. Aimé Quinson, membre de cette Société, qui me la recommanda, et j'ai pu constater son mérite comme fruit de verger. Elle reçut son nom du jardin d'expériences de la Société d'Emulation dans lequel eut lieu son premier rapport, et qui était situé à proximité de la célèbre église de Brou, à Bourg-en-Bresse.

Pousses d'été d'un vert très-clair et un peu jaune, à peine lavées de rouge à leur sommet, un peu duveteuses sur toute leur longueur.

Feuilles des pousses d'été petites ou presque moyennes, exactement ovales, se terminant presque régulièrement en une pointe un peu longue et finement aiguë, un peu creusées en gouttière et à peine arquées, presque entières dans leurs bords garnis d'un fin duvet, soutenues horizontalement sur des pétioles un peu longs, grêles et flexibles.

Stipules de moyenne longueur, presque filiformes, très-caduques.

Feuilles stipulaires manquant presque toujours.

Boutons à fruit assez gros, coniques, épais et se terminant un peu brusquement en une pointe courte et peu aiguë; écailles d'un marron foncé, terne et uniforme.

Fleurs moyennes; pétales arrondis-élargis, se recouvrant un peu les uns les autres, irréguliers dans leurs bords, entièrement blancs avant l'épanouissement; divisions du calice courtes et recourbées en dessous par leur pointe; pédicelles assez courts, de moyenne force et laineux.

Feuilles des productions fruitières un peu plus grandes que celles des pousses d'été, tantôt ovales-arrondies, tantôt ovales-élargies ou ovales-étroites; les feuilles arrondies se terminant brusquement en une pointe presque nulle, les autres se terminant presque régulièrement en une pointe large et peu longue, toutes peu concaves ou peu repliées sur leur nervure médiane, entières dans leurs bords par leur partie inférieure, à peine dentées par leur partie supérieure, assez mal soutenues sur des pétioles courts, grêles et très-flexibles.

Caractère saillant de l'arbre : teinte générale du feuillage d'un vert très-clair; toutes les feuilles un peu duveteuses et presque entières dans leurs bords; tous les pétioles duveteux.

Fruit petit ou moyen, exactement turbiné, bien uni dans son contour, atteignant sa plus grande épaisseur près de sa base; au-dessus de ce point, s'atténuant brusquement par une courbe largement convexe pour se terminer en une pointe courte, épaisse et obtuse; au-dessous du même point, s'arrondissant promptement jusque dans la cavité de l'œil.

Peau fine, mince, unie, tendre, d'abord d'un vert très-pâle semé de très-petits points d'un gris vert, nombreux et serrés. On remarque aussi souvent une tache d'une rouille d'un brun clair très-peu dense, couvrant le sommet du fruit et la cavité de l'œil. A la maturité, **fin de septembre,** le vert fondamental passe au jaune paille et le côté du soleil se dore légèrement.

Œil grand, demi-ouvert, à divisions courtes et dressées, placé dans une cavité spacieuse, profonde, très-légèrement plissée dans ses parois et très-régulière dans ses bords.

Queue de moyenne longueur, peu forte, ligneuse, souvent courbée, insérée le plus souvent perpendiculairement dans une petite cavité ou quelquefois attachée à fleur du fruit.

Chair entièrement blanche, fine, fondante, à peine pierreuse autour du cœur, abondante en eau douce, sucrée, agréable, d'autant plus relevée que le fruit a été entre-cueilli longtemps d'avance et à propos.

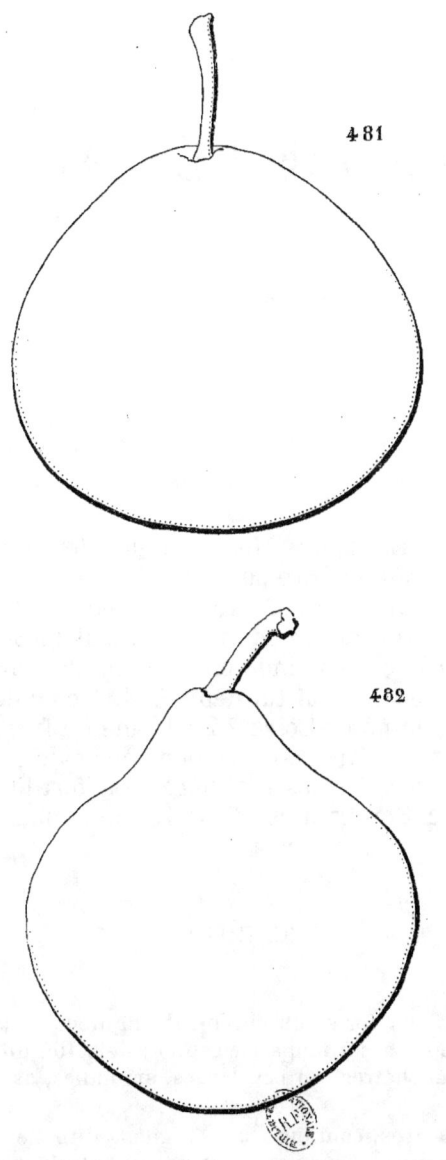

481, BEURRÉ DE BROU. 482, BEURRÉ HENNAU.

BEURRÉ HENNAU

(N° 482)

BEURRÉ MENAND. *Dictionnaire de pomologie.* ANDRÉ LEROY.

OBSERVATIONS. — Le Beurré Hennau nous viendrait-il de Belgique, ainsi que pourrait le faire supposer le nom sous lequel je l'ai reçu, et qui est celui de M. C.-Aug. Hennau, collaborateur des *Annales de Pomologie Belge* ? Ou bien serait-il le Beurré Menand indiqué par André Leroy comme un de ses semis donnant ses premiers produits en 1863, et qui fut dédié à M. Menand, géomètre, à Martigné-Briand (Maine-et-Loire) ? La forme du fruit en est pourtant très-différente. — L'arbre, de vigueur normale sur cognassier, s'accommode bien des formes régulières. Sa fertilité est précoce, grande et soutenue. Son fruit est d'assez bonne qualité.

DESCRIPTION.

Rameaux assez peu forts, obscurément anguleux dans leur contour, flexueux, à entre-nœuds assez longs, de couleur noisette, un peu teintés de jaune ; lenticelles blanchâtres, un peu larges, arrondies, assez nombreuses et apparentes.

Boutons à bois gros, coniques, bien aigus, à direction plus ou moins écartée du rameau, soutenus sur des supports saillants dont l'arête médiane se prolonge assez peu distinctement ; écailles d'un beau marron rougeâtre, largement bordées de gris blanc.

Pousses d'été d'un vert pâle, légèrement lavées de rouge et légèrement duveteuses à leur sommet.

Feuilles des pousses d'été moyennes ou assez petites, ovales un peu allongées et peu larges, se terminant régulièrement en une pointe finement aiguë, peu repliées et à peine arquées, bordées de dents un peu profondes et un peu aiguës, s'abaissant peu sur des pétioles courts, grêles, presque horizontaux et fermes.

Stipules longues, filiformes.

Feuilles stipulaires assez fréquentes.

Boutons à fruit moyens ou assez gros, ovoïdes-allongés et aigus; écailles d'un marron peu foncé.

Fleurs grandes; pétales ovales-elliptiques, souvent peu larges, à peine concaves, à onglet très-long, très-écartés entre eux; divisions du calice de moyenne longueur, fines, aiguës et peu recourbées; pédicelles moyens, peu forts et peu duveteux.

Feuilles des productions fruitières plus petites que celles des pousses d'été, obovales-elliptiques, les unes allongées et étroites, les autres courtes et un peu plus larges, se terminant très-brusquement en une pointe extraordinairement courte ou nulle, largement creusées en gouttière et à peine arquées, bordées de dents peu profondes, bien couchées et un peu aiguës, s'abaissant un peu sur des pétioles très-courts, très-grêles et un peu souples.

Caractère saillant de l'arbre : teinte générale du feuillage d'un vert pré peu brillant; toutes les feuilles assez petites ou petites et plus ou moins allongées; tous les pétioles très-courts et grêles.

Fruit moyen, ovoïde-piriforme, épais et ventru, souvent bosselé dans son contour, atteignant sa plus grande épaisseur peu au-dessous du milieu de sa hauteur; au-dessus de ce point, s'atténuant par une courbe d'abord bien convexe, puis brusquement et bien concave en une pointe courte, peu épaisse, un peu obtuse ou presque aiguë à son sommet; au-dessous du même point, s'arrondissant par une courbe largement convexe jusque dans la cavité de l'œil.

Peau fine, tendre, d'abord d'un vert clair et gai semé de points d'un brun clair, assez nombreux et un peu apparents sur les parties éclairées, manquant sur les parties à l'ombre. On remarque quelques traces d'une rouille brune, soit sur le sommet du fruit, soit dans la cavité de l'œil. A la maturité, **octobre**, le vert fondamental s'éclaircit un peu en jaune en conservant une teinte un peu verte, et, sur les fruits bien exposés, le côté du soleil est couvert d'un ton un peu plus chaud et souvent les points y deviennent rougeâtres.

Œil petit, tantôt demi-fermé, tantôt ouvert, placé dans une cavité étroite, peu profonde et parfois à peine ondulée dans ses bords.

Queue assez courte, un peu forte, ligneuse et cependant un peu souple, un peu courbée, attachée entre des plis divergents formés par la pointe du fruit.

Chair blanchâtre, fine, beurrée, fondante, abondante en eau sucrée, un peu vineuse, relevée d'une saveur aigrelette qui la rend assez agréable, constituant un fruit d'assez bonne qualité.

BERGAMOTTE DE PARTHENAY

(N° 483)

Notice pomologique. DE LIRON D'AIROLES.
Dictionnaire de pomologie. ANDRÉ LEROY.
The Fruits and the fruit-trees of America. DOWNING.
DE PARTHENAY. *Jardin fruitier du Muséum.* DECAISNE.
BERGAMOTTE VON PARTHENAY. *Illustrirtes Handbuch der Obstkunde.* JAHN.
BERGAMOTTE POIREAU. Quelques Catalogues français.

OBSERVATIONS. — Cette variété est un semis de hasard, trouvé dans un bois des environs de Parthenay (Deux-Sèvres), par M. Poireau, qui en fut le premier propagateur. — L'arbre est d'une vigueur moyenne sur cognassier. Greffé sur franc, il forme de très-belles pyramides dont la régularité de la charpente exige quelques soins, ses branches étant sujettes à se contourner. Sa meilleure destination est la haute tige ; soumis à la taille, son rapport est trop tardif. Variété à multiplier surtout dans le grand verger. Elle est rustique, d'une bonne fertilité et se recommande par la conservation longue et facile de son fruit d'excellente qualité pour la cuisine.

DESCRIPTION.

Rameaux forts, allongés, à entre-nœuds très-longs et inégaux entre eux, d'un vert foncé teinté de jaune ; lenticelles blanchâtres, inégales, bien apparentes et très-nombreuses.

Boutons à bois petits, courts, épais, obtus ou peu aigus, un peu appliqués au rameau ; écailles d'un marron clair maculé de gris blanchâtre.

Pousses d'été d'un vert grisâtre à leur base, d'un vert sombre à leur sommet bien duveteux.

Feuilles des pousses d'été grandes, ovales-arrondies ou ovales-élargies, se terminant brusquement en une pointe longue et souvent un peu recourbée, très-peu repliées sur leur nervure médiane, bordées de dents très-larges, profondes, aiguës et recourbées par leur pointe, bien soutenues sur des pétioles courts, forts et redressés.

Stipules longues, lancéolées-recourbées.

Feuilles stipulaires se présentant quelquefois.

Boutons à fruit moyens, obtus, presque sphériques, un peu anguleux; écailles d'un marron rougeâtre.

Fleurs moyennes; pétales ovales-élargis, un peu irréguliers dans leurs bords, entièrement blancs avant l'épanouissement; pédicelles courts, forts et bien duveteux.

Feuilles des productions fruitières bien plus grandes que celles des pousses d'été, ovales-cordiformes, bien élargies à leur base et se terminant peu brusquement en une pointe peu étroite, planes ou presque planes, régulièrement bordées de dents peu larges et peu profondes, assez bien soutenues sur des pétioles un peu courts, bien forts et redressés.

Caractère saillant de l'arbre : teinte générale du feuillage d'un vert foncé; toutes les feuilles planes ou presque planes, toutes plus ou moins amples et quelques-unes d'une très-grande dimension.

Fruit gros, turbiné-piriforme, bien ventru, souvent irrégulier dans son contour, atteignant sa plus grande épaisseur bien au-dessous du milieu de sa hauteur; au-dessus de ce point, s'atténuant par une courbe d'abord convexe puis plus ou moins irrégulièrement concave pour se terminer en une pointe un peu épaisse, courte et largement obtuse; au-dessous du même point, s'arrondissant par une courbe bien convexe jusque dans la cavité de l'œil.

Peau un peu ferme, d'abord d'un vert intense semé de points bruns, nombreux, arrondis, bien réguliers et bien également espacés. A la maturité, **fin d'hiver et printemps,** le vert fondamental passe au jaune verdâtre un peu doré du côté du soleil et que l'on n'aperçoit le plus souvent qu'à travers un réseau d'une rouille fine et brune qui se condense en une large tache sur le sommet du fruit et dans la cavité de l'œil.

Œil grand, demi-fermé, à divisions longues, fermes et dressées, placé dans une cavité étroite et peu profonde dont ses divisions atteignent ordinairement le niveau des bords.

Queue forte, assez courte, ligneuse, attachée sur une excroissance charnue repoussée de côté de manière à lui donner une direction oblique.

Chair blanche, demi-fine, demi-fondante, suffisante en eau sucrée et assez parfumée pour que le fruit puisse être consommé cru, mais constituant surtout une poire à cuire de première qualité.

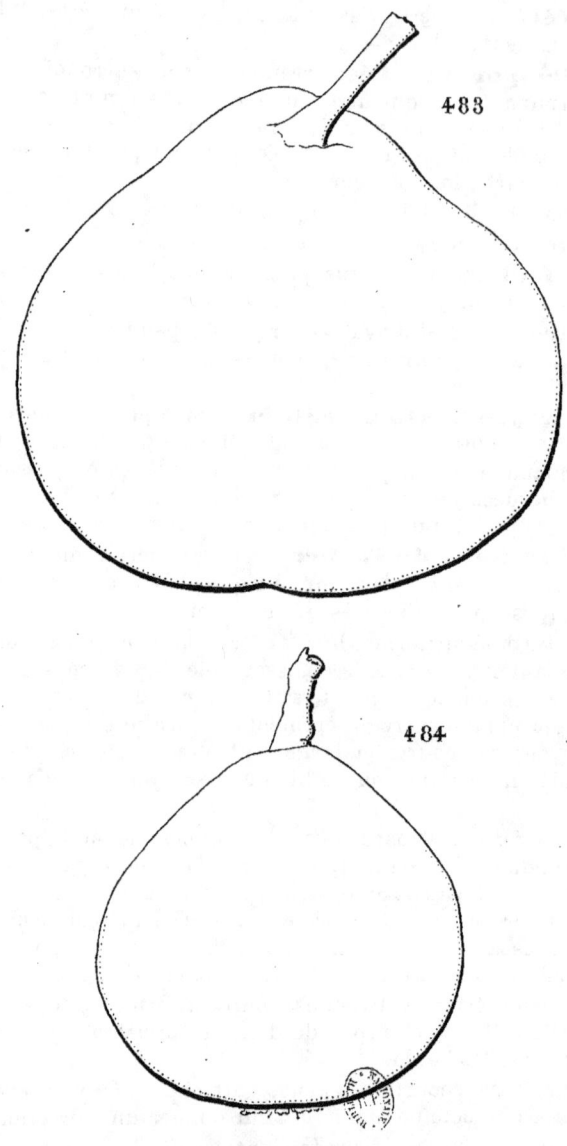

483, BERGAMOTTE DE PARTHENAY. 484, SALVIATI QUEUE GROSSE.

SALVIATI QUEUE GROSSE

(N° 484)

Observations. — Cette variété pourrait être *Salviati de Provence* décrit par Loiseleur-Deslongchamps. — L'arbre, de bonne vigueur sur cognassier, est bien disposé à la forme pyramidale. Sa fertilité est précoce, bonne et soutenue. Son fruit est de seconde qualité pour les usages de la table.

DESCRIPTION.

Rameaux forts, unis dans leur contour, presque droits, à entre-nœuds de moyenne longueur ou un peu longs, d'un brun verdâtre peu foncé à l'ombre, teintés de rouge peu foncé et terne du côté du soleil; lenticelles blanchâtres, larges, un peu allongées, largement espacées et un peu apparentes.

Boutons à bois moyens, coniques, peu aigus, à direction peu écartée du rameau vers sa partie inférieure, parallèle au rameau vers sa partie supérieure, soutenus sur des supports peu saillants dont l'arête médiane ne se prolonge pas; écailles d'un marron presque noir et brillant.

Pousses d'été bien droites, d'un vert très-clair un peu jaune, bien colorées de rouge à leur sommet et couvertes sur une longue étendue d'un duvet très-court et peu serré.

Feuilles des pousses d'été moyennes, ovales-allongées, souvent inégalement partagées par leur nervure médiane, se terminant régulièrement en une pointe très-courte et très-aiguë, fermes et bien recourbées, bien creusées et arquées, bordées de dents très-larges, assez profondes et obtuses, se recourbant bien sur des pétioles courts, forts et raides.

Stipules moyennes, en forme d'alênes.

Feuilles stipulaires se présentant rarement.

Boutons à fruit assez gros, conico-ovoïdes, allongés et un peu aigus ; écailles d'un marron très-foncé.

Fleurs moyennes; pétales ovales-elliptiques, souvent un peu aigus à leur sommet et peu larges, à onglet un peu long, écartés entre eux ; divisions du calice moyennes, bien étroites et bien recourbées en dessous ; pédicelles de moyenne longueur, grêles et cotonneux.

Feuilles des productions fruitières moyennes, ovales ou ovales-élargies, se terminant un peu brusquement en une pointe courte et large par laquelle elles sont bien recourbées ou contournées, peu repliées et un peu ondulées, entières ou presque entières dans leur contour, irrégulièrement soutenues sur des pétioles peu longs, grêles et peu flexibles.

Caractère saillant de l'arbre : teinte générale du feuillage d'un vert bleu un peu voilé d'une poussière grisâtre ; toutes les feuilles caractéristiquement recourbées et souvent contournées par leur pointe.

Fruit moyen, turbiné-sphérique, uni dans son contour, atteignant sa plus grande épaisseur à peu près au milieu de sa hauteur ; au-dessus de ce point, s'atténuant promptement par une courbe peu convexe en une pointe très-courte, épaisse et obtuse à son sommet ; au-dessous du même point, s'arrondissant régulièrement en demi-sphère du côté de l'œil.

Peau un peu ferme, d'abord d'un vert d'eau semé de points gris assez nombreux, régulièrement espacés et un peu apparents. On trouve rarement quelques traces d'une rouille fauve soit sur le sommet du fruit, soit sur sa base. A la maturité, **milieu et fin d'août,** le vert fondamental passe au jaune citron clair et le côté du soleil est chaudement doré.

Œil assez grand, ouvert ou demi-ouvert, à divisions très-frêles, placé dans une dépression très-étroite, très-peu profonde, le contenant à peine et plissée dans ses parois.

Queue courte, bien forte, attachée à fleur de la pointe du fruit.

Chair blanche, veinée de jaune, peu fine, demi-beurrée, suffisante en eau sucrée, vineuse, acidulée, assez agréable, constituant un fruit de seconde qualité.

BRUNET

(N° 485)

Inédite.

Observations. — Cette variété est un semis de hasard trouvé dans un bois, il y a une cinquantaine d'années, sur le terrain de la métairie de Brunet, au Houga (Gers), et propagé pour la première fois par M. Ducastaing, qui possédait alors cette propriété [1]. — L'arbre, d'une vigueur normale, aussi bien sur cognassier que sur franc, est facile à plier à toutes formes, mais plutôt destiné à la haute tige. Variété rustique et fertile, à multiplier surtout dans le verger. Son fruit, de bonne qualité, doit être entre-cueilli afin d'en prolonger la jouissance.

DESCRIPTION.

Rameaux forts, souvent épaissis à leur sommet, peu coudés à leurs entre-nœuds, d'un brun verdâtre, teintés de rouge de places en places; lenticelles larges, jaunâtres, peu nombreuses et apparentes.

Boutons à bois gros, coniques, comprimés à leur base et bien aigus, à direction un peu écartée du rameau vers lequel ils se recourbent un peu par leur pointe, soutenus sur des supports bien renflés, mais dont les côtés ne se prolongent pas; écailles d'un marron foncé et brillant, largement bordées de gris blanchâtre.

Pousses d'été un peu flexueuses, colorées de rouge et un peu duveteuses à leur sommet.

---

[1] Je tiens les renseignements sur l'origine de cette variété de l'obligeance de MM. Bonamy frères, pépiniéristes à Toulouse et zélés propagateurs des bonnes variétés fruitières qu'ils peuvent découvrir dans leur contrée.

Feuilles des pousses d'été petites, ovales ou ovales-elliptiques, se terminant peu brusquement en une pointe très-fine, peu repliées sur leur nervure médiane, bordées de dents très-peu profondes et obtuses, bien soutenues sur des pétioles courts, grêles et dressés.

Stipules en alênes courtes et très-caduques.

Feuilles stipulaires manquant ordinairement.

Boutons à fruit petits, à peu près ovoïdes, peu aigus ; écailles d'un marron rougeâtre foncé.

Fleurs assez grandes ; pétales elliptiques, peu concaves, à onglet un peu long, bien écartés entre eux ; divisions du calice assez longues, finement aiguës et peu recourbées en dessous ; pédicelles longs, assez forts et cotonneux.

Feuilles des productions fruitières moyennes, ovales-elliptiques et souvent élargies, se terminant presque régulièrement en une pointe très-courte et bien aiguë, peu concaves ou presque planes, bordées de dents très-peu profondes, souvent à peine appréciables, bien soutenues sur des pétioles longs, grêles et peu flexibles.

Caractère saillant de l'arbre : teinte générale du feuillage d'un vert clair et mat ; toutes les feuilles plutôt petites, tendant à la forme elliptique plus ou moins élargie, brusquement et courtement acuminées.

Fruit moyen, turbiné-piriforme ou turbiné-sphérique, uni dans son contour, atteignant sa plus grande épaisseur bien au-dessous du milieu de sa hauteur ; au-dessus de ce point, tantôt s'atténuant un peu promptement par une courbe d'abord peu convexe puis à peine concave en une pointe plus ou moins courte et un peu obtuse, tantôt s'arrondissant brusquement par une courbe largement convexe pour se terminer en demi-sphère du côté de la queue ; au-dessous du même point, s'atténuant par une courbe bien convexe pour s'aplatir ensuite un peu autour de la cavité de l'œil.

Peau un peu ferme, d'abord d'un vert très-clair semé de points gris, très-petits, souvent nombreux et peu apparents. Quelques traces d'une rouille légère se dispersent, soit sur le sommet du fruit, soit dans la cavité de l'œil. A la maturité, **fin d'août et commencement de septembre,** le vert fondamental passe au jaune paille, et ordinairement le côté du soleil est à peine reconnaissable à un ton un peu plus chaud.

Œil grand, fermé, à divisions grisâtres, courtes, larges et fermes, placé dans une cavité étroite et peu profonde.

Queue tantôt courte, tantôt de moyenne longueur, forte, charnue, élastique, d'un brun uniforme, attachée le plus souvent obliquement à une excroissance charnue et repoussée de côté, ce qui fait paraître le fruit un peu oblique.

Chair blanche, fine, entièrement fondante, abondante en eau sucrée et agréablement musquée, constituant un fruit de bonne qualité.

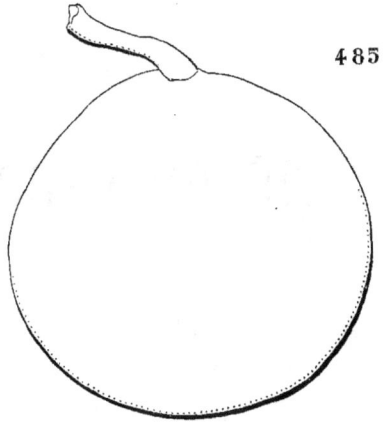
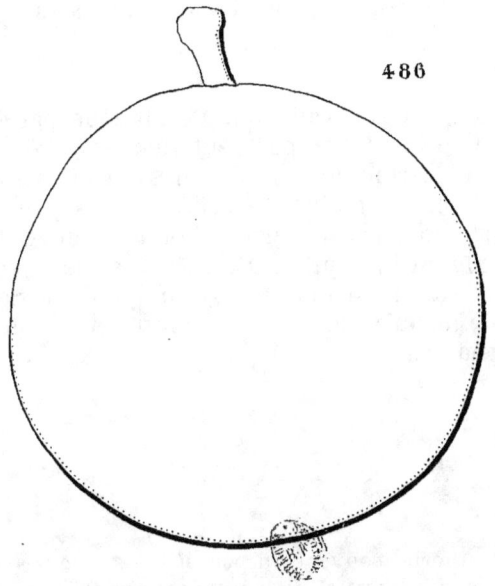

485, BRUNET. 486, DOYENNÉ DU CERCLE.

DOYENNÉ DU CERCLE

(N° 486)

Notice pomologique. DE LIRON D'AIROLES.
DOYENNÉ DU CERCLE PRATIQUE DE ROUEN. *Dictionnaire de pomologie.* ANDRÉ LEROY.
The Fruits and the fruit-trees of America. DOWNING.

OBSERVATIONS. — Cette variété a été obtenue par M. Boisbunel, de Rouen. Son premier rapport eut lieu en 1857. — L'arbre est d'une vigueur bien contenue sur cognassier ; il est disposé naturellement à la forme pyramidale et ses branches, peu fortes, exigent une taille courte pour conserver une bonne tenue. Cette variété est à essayer dans le jardin fruitier. Son fruit est beau, se rapprochant par sa forme et sa dimension du Doyenné d'hiver. Sa qualité nous semble variable jusqu'à présent. Sa fertilité est seulement moyenne et se fait un peu désirer.

DESCRIPTION.

Rameaux peu forts, souvent un peu épaissis à leur sommet, presque droits, à entre-nœuds courts et un peu inégaux entre eux, d'un brun verdâtre ; lenticelles jaunâtres, petites, allongées, très-irrégulièrement disséminées et un peu apparentes.

Boutons à bois petits, courts, épatés, épaissis à leur base et peu obtus, à direction très-peu écartée du rameau, soutenus sur des supports très-peu saillants et dont les côtés ne se prolongent pas sur le rameau ; écailles d'un marron foncé et terne, légèrement bordées de gris blanchâtre.

Pousses d'été flexueuses, d'un vert intense, colorées de rouge sanguin foncé à leur sommet, longtemps couvertes sur presque toute leur longueur d'un duvet blanc, court et épais.

Feuilles des pousses d'été à peine moyennes, ovales-elliptiques, un peu sensiblement atténuées à leurs deux extrémités, se terminant presque régulièrement en une pointe peu longue, un peu repliées sur leur nervure médiane ou creusées en gouttière, bordées de dents larges, peu profondes et émoussées, un peu pendantes sur des pétioles longs, grêles et horizontaux.

Stipules en alènes très-courtes et très-fines.

Feuilles stipulaires manquant le plus souvent.

Boutons à fruit petits, coniques, un peu obtus; écailles d'un marron rougeâtre et terne maculé de gris blanchâtre.

Fleurs très-petites; pétales ovales-étroits, bien aigus à leur sommet, à onglet court, bien écartés entre eux, blancs avant l'épanouissement; divisions du calice de moyenne longueur, très-étroites, finement aiguës, peu recourbées en dessous; pédicelles extraordinairement courts, grêles et cotonneux.

Feuilles des productions fruitières de la même grandeur que celles des pousses d'été, se terminant aussi à peu près régulièrement en une pointe courte, très-peu repliées sur leur nervure médiane ou presque planes, un peu pendantes sur des pétioles moyens, très-grêles, un peu flexibles.

Caractère saillant de l'arbre : teinte générale du feuillage d'un vert foncé et mat; tous les pétioles soutenant mal leurs feuilles; sommet des pousses d'été bien coloré.

Fruit moyen ou gros, sphérico-ovoïde ou turbiné-ventru, souvent un peu irrégulier dans son contour, atteignant sa plus grande épaisseur très-peu au-dessous du milieu de sa hauteur; au-dessus de ce point, s'atténuant par une courbe tantôt légèrement convexe, tantôt légèrement concave en une pointe très-épaisse, bien obtuse ou tronquée à son sommet; au-dessous du même point, s'arrondissant brusquement pour s'aplatir ensuite un peu autour de la cavité de l'œil.

Peau épaisse et ferme, d'abord d'un vert décidé semé de petits points d'un gris brun, assez nombreux, assez régulièrement espacés. On remarque aussi quelquefois un peu de rouille soit dans la cavité de l'œil, soit dans celle de la queue. A la maturité, **octobre**, le vert fondamental passe au jaune citron et le côté du soleil se dore ou se lave d'un rouge léger.

Œil moyen, ouvert ou demi-ouvert, à divisions longues et fines, placé dans une très-petite cavité qui le contient à peine, plissée dans ses parois et par ses bords et dont les plis se continuent quelquefois d'une manière peu prononcée sur la hauteur du fruit.

Queue courte, forte, droite ou courbée, insérée perpendiculairement dans une cavité étroite, un peu profonde et un peu irrégulière dans ses bords.

Chair d'un blanc jaunâtre, demi-fine, pierreuse vers le cœur, suffisante en eau sucrée, relevée, constituant un fruit le plus souvent seulement de seconde qualité.

PRÉSENT VAN MONS [1]

(N° 487)

Pomologie de Maine-et-Loire.
Catalogue de Jonghe. 1854.
Dictionnaire de pomologie. ANDRÉ LEROY.

OBSERVATIONS. — Cette variété est un semis de Van Mons envoyé au général Delaage, à Angers, et chez lequel il rapporta ses premiers fruits en 1844. — L'arbre est d'une bonne vigueur sur cognassier, mais exigeant une taille très-courte si l'on veut en obtenir des formes régulières, car il est nécessaire de faire agir la sève sur ses boutons à bois très-disposés à rester endormis. Aussi son meilleur emploi est-il la haute tige sur franc, en plein verger, où sa rusticité et sa fertilité doivent le faire apprécier. — Variété à multiplier surtout dans le verger. Son fruit n'est certainement pas de première qualité, mais quoique sa chair soit mi-cassante, elle est d'une saveur réellement agréable, et son aspect de netteté, son joli coloris et sa longue et facile conservation viennent bien ajouter à son mérite.

DESCRIPTION.

Rameaux un peu forts, un peu coudés à leurs entre-nœuds un peu longs, d'un rouge lie de vin foncé et ombré de gris ; lenticelles blanchâtres, petites et peu apparentes.

Boutons à bois petits, coniques, comprimés, appliqués au rameau, soutenus sur des supports presque nuls ; écailles entièrement recouvertes de gris blanchâtre.

---

[1] J'ai reçu plusieurs fois cette variété sous le faux nom d'Epine d'hiver.

Pousses d'été colorées d'un rouge violet à leur sommet et couvertes, sur une longue étendue, d'un duvet blanc et épais.

Feuilles des pousses d'été moyennes, exactement ovales, se terminant presque régulièrement en une pointe longue et finement aiguë, bien creusées en gouttière et bien arquées, bordées de dents très-profondes, un peu recourbées et bien aiguës, se recourbant sur des pétioles très-courts, forts et redressés.

Stipules longues, lancéolées, dentées.

Feuilles stipulaires manquant le plus souvent.

Boutons à fruit gros, coniques-allongés, aigus, à pointe souvent un peu recourbée; écailles d'un marron noirâtre un peu bordé de gris, les plus extérieures portant à leur base une tache d'un rouge vif.

Fleurs petites; pétales obovales-arrondis, concaves, à onglet court, à peine écartés entre eux; divisions du calice courtes, larges et à peine recourbées par leur pointe; pédicelles très-courts, forts et cotonneux.

Feuilles des productions fruitières moyennes ou presque grandes, ovales-elliptiques, se terminant un peu brusquement en une pointe courte et bien fine, planes ou presque planes, bordées de dents très-fines, peu profondes, bien couchées et aiguës, bien soutenues sur des pétioles courts, forts et raides.

Caractère saillant de l'arbre : teinte générale du feuillage d'un vert intense; feuilles des pousses d'été remarquablement creusées en gouttière, arquées et profondément dentées; tous les pétioles courts, forts et raides.

Fruit moyen, conique-piriforme ou turbiné-piriforme, bien uni dans son contour, atteignant sa plus grande épaisseur bien au-dessous du milieu de sa hauteur; au-dessus de ce point, s'atténuant par une courbe d'abord peu convexe puis à peine concave en une pointe plus ou moins longue, peu épaisse et aiguë; au-dessous du même point, s'arrondissant par une courbe largement convexe pour ensuite s'aplatir un peu autour de la cavité de l'œil.

Peau fine, d'abord d'un vert clair semé de points d'un gris noir, petits, nombreux et assez apparents. On remarque aussi souvent de légères traces de rouille dans la cavité de l'œil. A la maturité, **fin d'hiver et printemps,** le vert fondamental passe au beau jaune doré, et le côté du soleil est lavé ou rayé d'un rouge cramoisi brillant sur lequel les points sont cernés de rouge plus foncé.

Œil grand, ouvert, à divisions larges et dressées, placé presque à fleur de la base du fruit dans une dépression large et peu profonde.

Queue assez longue, grêle, ligneuse, ordinairement courbée et un peu charnue à son attache sur la pointe du fruit dont elle semble former la continuation.

Chair jaunâtre, assez fine, demi-cassante ou demi-fondante à proportion qu'elle est consommée à une époque plus rapprochée de celle de l'extrême maturité, suffisante en eau sucrée, vineuse et parfumée.

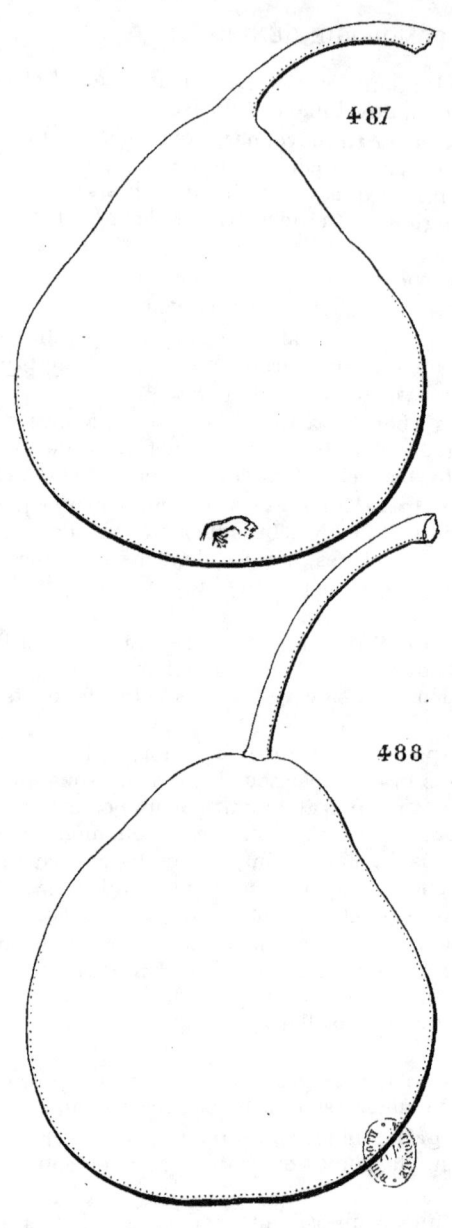

487, PRÉSENT VAN MONS.   488, POIRE DE PAUL.

POIRE DE PAUL

(N° 488)

PAULS BIRNE. *Illustrirtes Handbuch der Obstkunde.* Lucas.

Observations. — Variété d'origine incertaine. — L'arbre, de vigueur contenue sur cognassier, s'accommode bien des formes régulières. Sa fertilité est très-précoce, très-grande et constante. Son fruit peut être rangé parmi les fruits de première qualité pour être consommé cuit.

DESCRIPTION.

Rameaux de moyenne force, un peu anguleux, presque droits, à entre-nœuds courts, d'un beau brun brillant du côté de l'ombre, un peu teintés de rouge du côté du soleil ; lenticelles blanchâtres, petites, assez peu nombreuses et peu apparentes.

Boutons à bois moyens, coniques, aigus, à direction écartée du rameau, soutenus sur des supports saillants dont les côtés et l'arête médiane se prolongent plus ou moins distinctement ; écailles d'un beau marron brillant.

Pousses d'été d'un vert clair et jaune, peu lavées de rouge et peu duveteuses à leur sommet.

Feuilles des pousses d'été moyennes, ovales-elliptiques, se terminant régulièrement en une pointe recourbée en dessous, peu repliées et un peu arquées, bordées de dents assez profondes, couchées et aiguës, bien soutenues sur des pétioles moyens, de moyenne force, fermes et redressés.

Stipules très-caduques.

Feuilles stipulaires manquant ordinairement.

Boutons à fruit gros, conico-ovoïdes, aigus ; écailles d'un beau marron rougeâtre.

Fleurs grandes ; pétales elliptiques-arrondis, concaves, à onglet bien long, bien écartés entre eux ; divisions du calice moyennes et bien recourbées en dessous ; pédicelles longs, très-grêles et un peu laineux.

Feuilles des productions fruitières plus grandes que celles des pousses d'été, ovales-élargies, se terminant presque régulièrement en une pointe courte et bien recourbée, presque planes, bien ondulées et un peu arquées, bordées de dents un peu profondes, couchées et bien aiguës, bien soutenues sur des pétioles moyens, grêles, fermes et redressés.

Caractère saillant de l'arbre : teinte générale du feuillage d'un vert clair et un peu jaune ; serrature de toutes les feuilles bien couchée et acérée ; tous les pétioles raides.

Fruit gros ou assez gros, sphérico-conique ou conique-épais, atteignant sa plus grande épaisseur tantôt plus, tantôt moins au-dessous du milieu de sa hauteur ; au-dessus de ce point, s'atténuant plus ou moins promptement par une courbe presque convexe ou très-peu concave en une pointe plus ou moins courte, épaisse et un peu obtuse à son sommet ; au-dessous du même point, s'arrondissant par une courbe largement convexe jusque dans la cavité de l'œil.

Peau un peu épaisse, d'abord d'un vert d'eau terne, le plus souvent entièrement caché sous un nuage d'une rouille de couleur canelle. A la maturité, **courant et fin d'hiver,** la rouille se dore et le côté du soleil est lavé d'un rouge de grenade sur lequel ressortent peu de petits points grisâtres, nombreux et un peu saillants.

Œil moyen, demi-ouvert, à divisions souvent caduques, placé dans une cavité étroite, peu profonde, unie dans ses parois et par ses bords, le contenant à peu près exactement.

Queue longue, grêle, un peu flexible, ligneuse, courbée, d'un beau brun brillant, attachée à fleur de la pointe du fruit.

Chair d'un blanc à peine teinté de jaune, assez fine, cassante, à peine un peu pierreuse vers le cœur, suffisante en eau richement sucrée, vineuse, un peu parfumée, constituant un fruit de première qualité pour cuire.

CZERNOWES

(N° 489)

Beschreibung neuer Obstsorten. Liegel.
CZINOVER SOMMER BUTTERBIRNE. *Catalogue* Simon-Louis, de Metz.

Observations. — Cette variété est d'origine incertaine. — L'arbre, de vigueur contenue sur cognassier, d'une croissance lente, s'accommode assez bien des formes régulières. Sa fertilité est précoce, bonne, mais inconstante. Son fruit est de première qualité.

DESCRIPTION.

Rameaux de moyenne force, presque unis dans leur contour, à peine flexueux, à entre-nœuds très-courts, jaunâtres; lenticelles grisâtres, un peu allongées, nombreuses et peu apparentes.

Boutons à bois petits ou très-petits, coniques, courts, élargis à leur base et émoussés, un peu encastrés dans le rameau duquel ils s'écartent plus ou moins, soutenus sur des supports renflés dont l'arête médiane ne se prolonge pas ou très-peu distinctement; écailles souvent un peu entre ouvertes, d'un marron rougeâtre très-foncé.

Pousses d'été fortes, droites, d'un vert pâle, bien lavées de rouge sanguin du côté du soleil, colorées du même rouge plus intense à leur sommet qui est couvert d'un duvet court et peu serré.

Feuilles des pousses d'été ovales-étroites, presque également atténuées à leurs deux extrémités, et se terminant en une pointe assez longue, bien aiguë et bien recourbée en dessous, assez repliées sur leur nervure médiane un peu rougeâtre, bien arquées, irrégulièrement bordées de dents peu profondes, bien soutenues par des pétioles de moyenne longueur, forts et bien redressés.

Stipules courtes, en alènes très-fines.

Feuilles stipulaires assez rares.

Boutons à fruit petits, conico-ovoïdes, courts et très-courtement aigus; écailles d'un marron rougeâtre foncé et brillant.

Fleurs assez petites; pétales ovales-élargis, concaves, à onglet un peu long, un peu roses avant l'épanouissement; divisions du calice longues, élargies à leur base, un peu réfléchies en dessous; pédicelles très-courts, grêles, souvent rougeâtres.

Feuilles des productions fruitières plus grandes que celles des pousses d'été, à peu près en forme d'ellipse, se terminant brusquement en une pointe courte, planes ou peu repliées sur leur nervure médiane, blanc verdâtre, bien apparente, régulièrement bordées de dents fines et bien aiguës, bien soutenues par des pétioles courts, forts, raides.

Caractère saillant de l'arbre : végétation contenue, mais cependant forte; feuillage composé de feuilles épaisses, ayant un peu de rapport dans son aspect général avec celui de la Belle Angevine.

Fruit moyen, turbiné-ventru ou piriforme-ventru, souvent bosselé dans son contour, atteignant sa plus grande épaisseur bien au-dessous du milieu de sa hauteur; au-dessus de ce point, s'atténuant plus ou moins promptement par une courbe d'abord convexe puis ensuite concave en une pointe plus ou moins longue, plus ou moins épaisse et presque aiguë; au-dessous du même point, s'arrondissant par une courbe largement convexe jusque dans la cavité de l'œil.

Peau fine, tendre, d'abord d'un vert clair semé de très-petits points gris noir, cernés de vert plus foncé. On trouve aussi quelquefois un peu de rouille très-légère sur le sommet du fruit et dans la cavité de l'œil. A la maturité, **septembre**, le vert fondamental passe au jaune citron brillant et les points deviennent de moins en moins apparents, excepté du côté du soleil qui se lave d'un léger rouge orange sur lequel ils sont d'un gris jaunâtre.

Œil grand, presque ouvert, irrégulier, à divisions noirâtres, placé dans une cavité étroite et peu profonde.

Queue courte, un peu forte, de couleur bois, attachée dans une direction irrégulière sur la pointe charnue du fruit dont elle semble former la continuation.

Chair blanche, fine, beurrée, fondante, quelquefois un peu pierreuse vers le cœur, abondante en eau bien sucrée, légèrement musquée, agréable, constituant un fruit de première qualité.

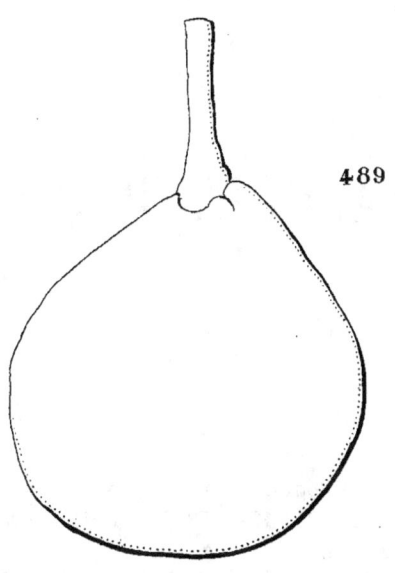
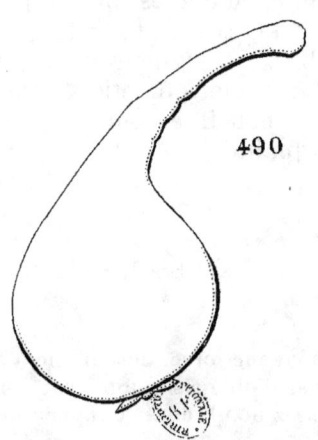

489, CZERNOWES.   490, BLANQUET PRÉCOCE.

BLANQUET PRÉCOCE

(N° 490)

Dictionnaire de pomologie. André Leroy.
DEUTSCHE LANGSTIELIGE WEISSBIRNE. *Systematische Handbuch der Obsthunde.* Dittrich.
DEUTSCHE LANGSTIELICHTE WEISSBIRNE. *Versuch einer Systematischen Beschreibung Kernobstsorten.* Diel.

Observations. — Cette variété ancienne nous est venue probablement d'Allemagne, où elle est bien répandue ; dès le commencement de ce siècle, on la trouvait sur les marchés de Coblentz et de Mayence. — L'arbre, de vigueur insuffisante sur cognassier, est propre seulement à former de petits fuseaux. Sa fertilité est très-précoce, grande, un peu interrompue par des alternats. Son fruit est d'assez bonne qualité.

DESCRIPTION.

Rameaux de moyenne force, obscurément anguleux, un peu flexueux, à entre-nœuds longs, d'un gris rougeâtre ; lenticelles grisâtres, un peu larges, arrondies, assez nombreuses et apparentes.

Boutons à bois moyens, coniques, maigres, aigus, à direction écartée du rameau, soutenus sur des supports saillants dont l'arête médiane se prolonge assez distinctement ; écailles d'un beau marron brillant.

Pousses d'été d'un vert clair et un peu teinté de jaune, lavées de rouge et presque glabres à leur sommet.

Feuilles des pousses d'été moyennes, elliptiques-arrondies, se terminant brusquement en une pointe courte, concaves, entières ou presque entières par leurs bords, assez bien soutenues sur des pétioles longs, grêles, un peu fermes et redressés.

Stipules très-caduques.

Feuilles stipulaires manquant ordinairement.

Boutons à fruit moyens, conico-ovoïdes, aigus; écailles d'un beau marron rougeâtre.

Fleurs grandes; pétales elliptiques-arrondis, concaves, à onglet long, écartés entre eux; divisions du calice longues, larges, bien recourbées en dessous; pédicelles longs, de moyenne force, presque glabres.

Feuilles des productions fruitières à peu près de même grandeur que celles des pousses d'été, bien exactement elliptiques, se terminant très-brusquement en une pointe très-courte et très-fine, bien concaves ou bien creusées en gouttière et à peine recourbées en dessous seulement par leur pointe, bordées de dents très-fines, extraordinairement peu profondes ou presque entières, assez peu soutenues sur des pétioles de moyenne longueur, peu forts, redressés et un peu souples.

Caractère saillant de l'arbre : teinte générale du feuillage d'un vert herbacé, peu foncé et bien luisant; toutes les feuilles tendant à la forme elliptique ou à la forme arrondie et garnies d'une serrature extraordinairement peu profonde ou presque nulle.

Fruit petit, piriforme-allongé ou un peu en forme de Calebasse, uni dans son contour, atteignant sa plus grande épaisseur bien au-dessous du milieu de sa hauteur; au-dessus de ce point, s'atténuant par une courbe d'abord convexe puis très-largement concave en une pointe longue et toujours bien maigre; au-dessous du même point, s'arrondissant par une courbe largement convexe jusque vers l'œil.

Peau mince, fine, unie, d'abord d'un vert très-pâle sur lequel il n'est pas facile de reconnaître de véritables points. On ne remarque ordinairement aucune trace de rouille sur sa surface. A la maturité, **fin de juin**, le vert fondamental passe au jaune canari et le côté du soleil se distingue par un ton à peine un peu plus chaud.

Œil très-grand, ouvert, à divisions longues et étalées, placé à fleur de la base du fruit.

Queue de moyenne longueur, de moyenne force, élastique, conservant sa couleur verte et formant la continuation de la pointe du fruit, souvent plissée circulairement.

Chair blanche, assez fine, demi-cassante, suffisante en eau sucrée et assez agréablement parfumée, constituant un fruit d'assez bonne qualité pour la saison.

Sᵀ-GERMAIN DU TILLOY

(N° 491)

Dictionnaire de pomologie. ANDRÉ LEROY.
DU TILLOY. *Jardin fruitier du Muséum.* DECAISNE.

OBSERVATIONS. — Cette variété est d'origine inconnue [1]. — L'arbre est d'une vigueur normale sur cognassier, d'une végétation régulière, facile à soumettre à la taille. Toutefois ses branches de charpente se dégarnissent assez promptement de leurs productions fruitières si on les laisse trop s'allonger en peu de temps. Cette variété est à multiplier dans le jardin fruitier. Elle est saine, sa fertilité est seulement moyenne et son fruit, de jolie apparence, est de bonne qualité.

DESCRIPTION.

Rameaux de moyenne force, unis dans leur contour, un peu flexueux, à entre-nœuds très-inégaux entre eux, verts du côté de l'ombre, d'un rouge clair du côté du soleil ; lenticelles blanches, un peu larges, arrondies, plus ou moins nombreuses et bien apparentes.

Boutons à bois moyens, coniques-allongés, maigres et aigus, à direction bien écartée du rameau, soutenus sur des supports saillants dont les côtés et l'arête médiane ne se prolongent pas ; écailles d'un marron peu foncé et brillant.

Pousses d'été d'un vert clair à l'ombre, lavées de rouge brun du côté du soleil, colorées par places à leur sommet et surtout vers les nœuds d'un

---

[1] M. André Leroy suppose que cette variété, en raison de son nom, est originaire du département du Nord où il exista autrefois des pépinières importantes et où l'on trouve deux bourgs portant le nom de Tilloy.

brun violacé, et longtemps couvertes, sur une grande partie de leur longueur, d'un duvet gris blanchâtre et abondant.

Feuilles des pousses d'été petites ou à peine moyennes, obovales-elliptiques, sensiblement atténuées à leur base, se terminant brusquement en une pointe longue, fine et aiguë, creusées en gouttière et peu arquées, bordées de dents larges, peu profondes et obtuses, assez peu soutenues sur des pétioles de moyenne longueur, peu forts et souples.

Stipules courtes, exactement filiformes et très-caduques.

Feuilles stipulaires fréquentes.

Boutons à fruit assez gros, conico-ovoïdes, peu aigus; écailles un peu entre ouvertes, d'un marron clair et fauve.

Fleurs petites; pétales ovales-arrondis, peu concaves, assez écartés entre eux, un peu roses avant l'épanouissement; divisions du calice étroites, finement aiguës et recourbées en dessous; pédicelles de moyenne longueur, grêles et un peu duveteux.

Feuilles des productions fruitières moyennes, ovales-elliptiques, quelques-unes un peu allongées, se terminant un peu brusquement en une pointe un peu longue et très-finement aiguë, bien creusées en gouttière, bordées de dents souvent irrégulières, peu profondes et émoussées, soutenues horizontalement sur des pétioles un peu longs, grêles et raides.

Caractère saillant de l'arbre : teinte générale du feuillage d'un vert bleu; couleur violacée du sommet des pousses d'été; toutes les feuilles creusées en gouttière et finement acuminées.

Fruit moyen, turbiné-piriforme, plus ou moins allongé et plus ou moins ventru, souvent irrégulier dans son contour et comprimé sur son épaisseur qui atteint sa plus grande dimension bien près de sa base; au-dessus de ce point, s'atténuant par une courbe à peine convexe ou à peine concave en une pointe plus ou moins longue, épaisse et obtuse; au-dessous du même point, s'arrondissant brusquement jusque vers les bords de la cavité de l'œil.

Peau fine, mince, tendre, d'abord d'un vert sombre semé de points gris brun, bien arrondis, largement et irrégulièrement espacés. On remarque aussi quelques traits d'une rouille de couleur brune sur le sommet du fruit et qui devient fauve et squameuse dans la cavité de l'œil. A la maturité, **octobre,** le vert fondamental passe au jaune paille assez brillant et le côté du soleil se lave quelquefois d'un peu de rouge sur lequel apparaissent des points grisâtres.

Œil petit, fermé, à divisions fines et courtes, serré dans une cavité ovalaire, large et peu profonde, dont les bords irrégulièrement bosselés ne permettent pas ordinairement au fruit de se tenir perpendiculairement debout.

Queue assez courte, ligneuse, d'un brun rouge, un peu courbée, tantôt semblant former la continuation de la pointe du fruit, tantôt un peu repoussée dans une dépression à peine sensible.

Chair blanche, un peu transparente, demi-fine, bien fondante, abondante en eau sucrée, relevée d'un parfum de musc agréable, constituant un fruit de bonne qualité.

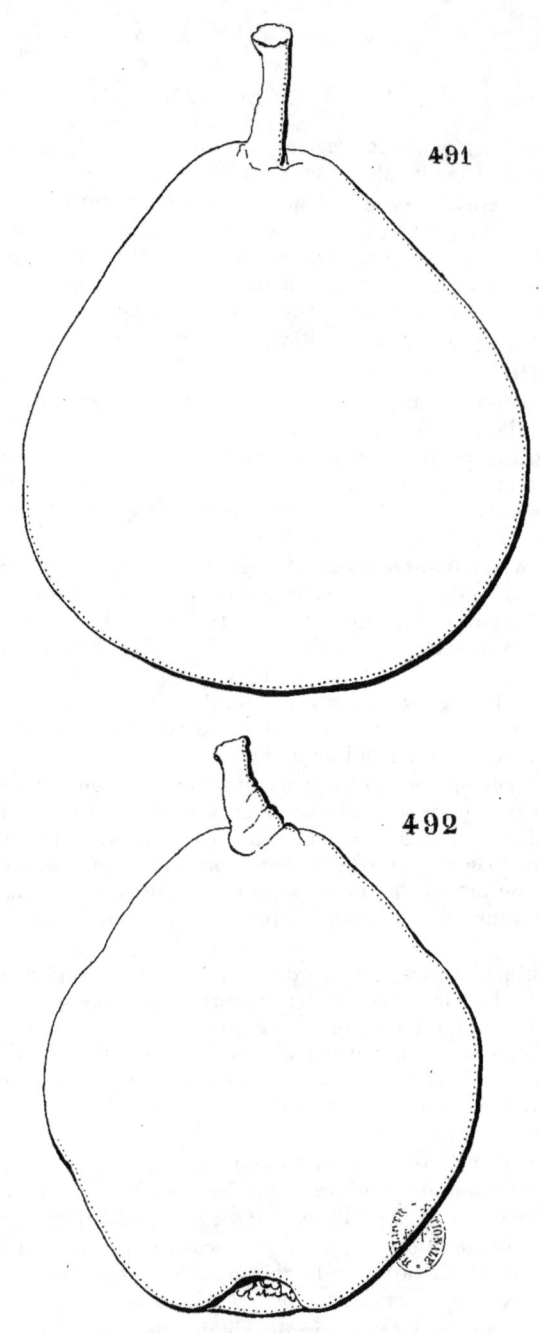

491, ST-GERMAIN DU TILLOY.   492, BEURRÉ D'ENGHIEN.

BEURRÉ D'ENGHIEN

(N° 492)

BEURRÉ COLMAR. *Dictionnaire de pomologie.* ANDRÉ LEROY.
Annales de la Société d'horticulture de Paris.
Annales de Pomologie belge. SCHEIDWEILLER.
Systematische Handbuch der Obstkunde. DITTRICH.
The Fruits and the fruit-trees of America. DOWNING.

OBSERVATIONS. — J'hésitais à donner comme synonyme *Enghien* des auteurs allemands; cependant mon *Beurré Colmar* variant souvent d'époque de maturité jusqu'aux premiers jours de septembre, j'ai cru devoir attirer l'attention des pomologistes sur cette synonymie. — L'arbre, de vigueur contenue et cependant bonne, par sa croissance lente est propre à la pyramide et surtout à la forme de vase. Sa fertilité est assez précoce, bonne et soutenue. Son fruit est d'assez bonne qualité, surtout dans un sol et une saison favorables.

DESCRIPTION.

Rameaux forts, peu allongés, souvent épaissis en massue à leur sommet, flexueux, à entre-nœuds longs, d'un brun olivâtre ; lenticelles larges, très-nombreuses, blanchâtres et apparentes.

Boutons à bois gros, coniques, épais, courtement aigus, à direction bien écartée du rameau, soutenus sur des supports bien renflés dont l'arête médiane ne se prolonge pas ou peu distinctement; écailles entièrement recouvertes de gris blanchâtre.

Pousses d'été d'un vert jaune, lavées de rouge sanguin à leur sommet et couvertes sur une assez grande partie de leur longueur d'un duvet grisâtre, peu épais et bien couché.

Feuilles des pousses d'été assez grandes, ovales bien allongées, sensiblement atténuées vers le pétiole, se terminant régulièrement en une pointe peu aiguë, bien creusées en gouttière et bien arquées, bien régulièrement bordées de dents un peu profondes et peu aiguës, s'abaissant un peu sur des pétioles courts, forts et un peu recourbés en dessous.

Stipules moyennes et souvent un peu lancéolées.

Feuilles stipulaires fréquentes.

Boutons à fruit assez gros, coniques-allongés, un peu renflés et aigus; écailles d'un marron rougeâtre foncé largement maculé de gris blanchâtre.

Fleurs presque moyennes; pétales arrondis en cuilleron, peu concaves, lavés de rose avant l'épanouissement; divisions du calice courtes, très-finement aiguës et étalées; pédicelles de moyenne longueur, peu forts et peu duveteux.

Feuilles des productions fruitières beaucoup plus grandes que celles des pousses d'été, ovales-allongées et souvent bien élargies, se terminant régulièrement en une pointe peu aiguë, creusées en gouttière et peu arquées, bordées de dents fines, peu profondes et émoussées, mollement soutenues sur des pétioles très-longs, bien forts et cependant souples.

Caractère saillant de l'arbre : teinte générale du feuillage d'un vert herbacé, assez peu foncé et peu brillant; feuilles des pousses d'été bien allongées, bien creusées et bien arquées; feuilles des productions fruitières d'une ampleur extraordinaire, très-mal soutenues sur des pétioles remarquablement longs, bien forts et cependant fléchissant sous le poids de la feuille.

Fruit moyen, ovoïde, bien ventru, souvent un peu irrégulier ou bosselé dans son contour, atteignant sa plus grande épaisseur peu au-dessous ou au milieu de sa hauteur; au-dessus de ce point, s'atténuant par une courbe d'abord convexe puis brusquement concave en une pointe peu longue, un peu épaisse, obtuse ou tronquée à son sommet; au-dessous du même point, s'atténuant par une courbe plus ou moins convexe pour diminuer bien sensiblement d'épaisseur vers la cavité de l'œil.

Peau mince, fine, d'abord d'un vert assez vif, voilé d'une fleur blanche qui lui donne un ton vert d'eau, semé de points bruns, un peu larges, assez nombreux, apparents et souvent avec des traits ou taches de rouille qui se condensent sur le sommet du fruit, dans la cavité de l'œil et ordinairement sur une assez large étendue du côté du soleil. A la maturité, **octobre,** le vert fondamental s'éclaircit à peine en devenant un peu mat, et sur le côté du soleil la rouille se dore un peu et prend une teinte bronzée sur les fruits les mieux exposés.

Œil moyen, fermé ou presque fermé, à divisions courtes et fermes, placé dans une cavité très-étroite, peu profonde, obscurément plissée dans ses parois et par ses bords qui offrent très-peu d'épaisseur.

Queue courte, forte, ligneuse, formant la continuation de la pointe charnue du fruit souvent un peu déjetée de côté.

Chair d'un blanc un peu teinté de verdâtre, demi-fine, beurrée, pierreuse vers le cœur, suffisante en eau sucrée, un peu acidulée, peu parfumée, constituant un fruit d'assez bonne qualité surtout dans les saisons chaudes.

BEURRÉ OUDINOT

(N° 493)

Dictionnaire de pomologie. ANDRÉ LEROY.
Notices pomologiques. DE LIRON D'AIROLES.
Congrès pomologique de France.

OBSERVATIONS. — Cette variété a été obtenue par M. André Leroy et dédiée par lui au général Oudinot, commandant des troupes françaises en Italie, et propagée en 1849. — L'arbre, de vigueur normale sur cognassier, s'accommode bien des formes régulières. Sa fertilité est précoce et grande. Son fruit est moyen et de première qualité.

DESCRIPTION.

Rameaux assez forts, bien allongés et un peu fluets à leur partie supérieure, un peu flexueux, à entre-nœuds de moyenne longueur, d'un vert intense ; lenticelles blanchâtres, larges, assez nombreuses et apparentes.
Boutons à bois moyens, coniques, un peu épais et très-courtement aigus, à direction écartée du rameau, soutenus sur des supports peu saillants dont les côtés et l'arête médiane ne se prolongent pas ; écailles d'un marron rougeâtre peu foncé et terne.
Pousses d'été d'un vert d'eau, lavées de rouge à leur sommet et couvertes sur une grande partie de leur longueur d'un duvet très-court et peu épais.
Feuilles des pousses d'été petites, ovales, un peu allongées, un peu larges, brusquement et courtement atténuées vers le pétiole, se terminant

régulièrement en une pointe aiguë, peu repliées et un peu arquées, bordées de dents très-peu profondes, couchées et peu aiguës, bien soutenues sur des pétioles courts, très-grêles et bien redressés.

Stipules en alênes fines, moyennes ou un peu longues.

Feuilles stipulaires fréquentes.

Boutons à fruit assez gros, conico-ovoïdes, un peu aigus; écailles d'un marron rougeâtre peu foncé.

Fleurs à peine moyennes; pétales ovales-elliptiques, à peine concaves, à onglet court, un peu écartés entre eux; divisions du calice de moyenne longueur, étroites et un peu recourbées en dessous; pédicelles de moyenne longueur, peu forts, un peu cotonneux.

Feuilles des productions fruitières un peu moins petites que celles des pousses d'été, ovales-lancéolées, brusquement et courtement atténuées vers le pétiole, se terminant presque régulièrement en une pointe finement aiguë, planes ou presque planes, bordées de dents très-fines, très-peu profondes, couchées et peu aiguës, assez bien soutenues sur des pétioles un peu longs, très-grêles et cependant assez fermes.

Caractère saillant de l'arbre : teinte générale du feuillage d'un vert d'eau terne et la nervure médiane des feuilles des pousses d'été bien couverte d'un duvet blanc; toutes les feuilles plus ou moins petites, plus ou moins allongées et étroites; tous les pétioles remarquablement grêles.

Fruit moyen, conico-ovoïde, uni dans son contour, atteignant sa plus grande épaisseur au-dessous du milieu de sa hauteur; au-dessus de ce point, s'atténuant assez promptement par une courbe très-largement convexe ou à peine concave en une pointe peu longue et aiguë à son sommet; au-dessous du même point, s'atténuant par une courbe largement convexe jusque dans la cavité de l'œil.

Peau bien fine, mince, unie, brillante, d'abord d'un vert vif semé de points d'un gris vert, assez larges, régulièrement espacés et apparents. On ne trouve ordinairement aucune trace de rouille sur la surface. A la maturité, **fin d'août, commencement de septembre,** le vert fondamental s'éclaircit peu en jaune, et sur le côté du soleil apparaissent bien des points larges, nombreux, d'un rouge rosat.

Œil petit, fermé, placé dans une cavité étroite, peu profonde, finement plissée dans ses parois et ordinairement régulière par ses bords.

Queue courte, peu forte, bien ligneuse, un peu courbée, attachée le plus souvent obliquement et à fleur de la pointe du fruit.

Chair d'un blanc à peine teinté de vert, fine, fondante, abondante en eau sucrée, relevée d'une saveur fraîche réellement agréable, constituant un fruit de première qualité.

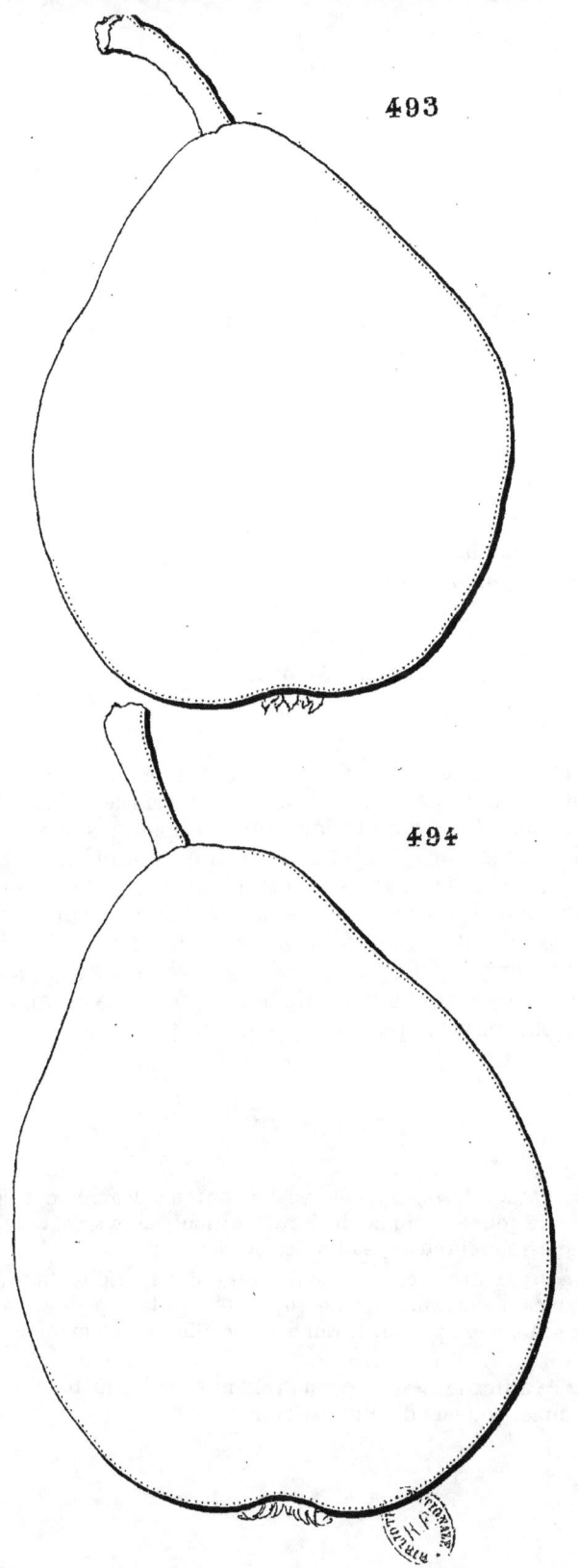

493, BEURRÉ OUDINOT.   494, DUC DE BRABANT.

DUC DE BRABANT

(N° 494)

Album de pomologie. Bivort.
Dictionnaire de pomologie. André Leroy.
Catalogue de la Société Van Mons. 1854.
DÉSIRÉ VAN MONS. *Album de pomologie.* Bivort.
Notice pomologique. de Liron d'Airoles.

Observations. — Cette variété a été obtenue par Van Mons et propagée sous ce nom par M. Bouvier, de Jodoigne. — L'arbre est d'une vigueur contenue, d'une végétation compacte, sur cognassier, s'accommodant bien sur ce sujet de la forme pyramidale et surtout de celle de fuseau à laquelle se prête bien son bois fort et court. Sa haute tige sur franc est solide et ses fruits y supportent les secousses du vent. Cette variété est à multiplier dans le jardin fruitier et dans le verger. Elle est saine. Sa fertilité, sans être très-grande, est soutenue, et son fruit, de belle apparence, de maturation assez prolongée, convient pour la spéculation.

DESCRIPTION.

Rameaux un peu forts, unis dans leur contour, légèrement coudés à leurs entre-nœuds courts, d'un jaune verdâtre; lenticelles grisâtres, larges, presque arrondies, nombreuses, saillantes et bien apparentes.

Boutons à bois gros, coniques-allongés, aigus, à direction presque parallèle au rameau, soutenus sur des supports étroits et peu saillants dont les côtés ne se prolongent pas sur le rameau; écailles d'un marron rougeâtre foncé et brillant.

Pousses d'été flexueuses, d'un vert très-intense à leur base, d'un vert clair à leur sommet couvert d'un duvet laineux.

Feuilles des pousses d'été petites, à peu près elliptiques, étroites, se terminant assez régulièrement en une pointe aiguë et ferme, bien repliées sur leur nervure médiane et bien arquées, irrégulièrement bordées de dents un peu larges, peu profondes, obtuses ou arrondies, se recouvrant sur des pétioles de moyenne longueur, de moyenne force, horizontaux et bien raides.

Stipules un peu longues, linéaires-étroites ou lancéolées.

Feuilles stipulaires très-fréquentes.

Boutons à fruit moyens, presque ovoïdes, aigus; écailles d'un marron foncé.

Fleurs petites; pétales ovales-élargis, tronqués ou arrondis à leur sommet, entièrement blancs avant l'épanouissement; divisions du calice courtes, aiguës et recourbées en dessous seulement par leur pointe; pédicelles de moyenne longueur, grêles et duveteux.

Feuilles des productions fruitières bien plus grandes que celles des pousses d'été, la plupart ovales-cordiformes et bien élargies à leur base, s'atténuant ensuite bien lentement pour se terminer en une pointe courte, recourbée ou contournée, repliées sur leur nervure médiane et peu arquées, régulièrement bordées de dents fines, peu profondes et émoussées, bien soutenues sur des pétioles de moyenne longueur, de moyenne force et bien redressés.

Caractère saillant de l'arbre : feuilles des productions fruitières d'un vert intense presque noir, souvent chiffonnées ou contournées et d'une ampleur qui fait contraste avec la petite dimension de celles des pousses d'été.

Fruit gros, piriforme-ovoïde, ordinairement uni dans son contour, atteignant sa plus grande épaisseur peu au-dessous du milieu de sa hauteur; au-dessus de ce point, s'atténuant par une courbe d'abord convexe puis concave en une pointe longue, assez épaisse et largement obtuse; au-dessous du même point, s'atténuant assez brusquement par une courbe peu convexe pour diminuer sensiblement d'épaisseur vers la cavité de l'œil.

Peau un peu épaisse et ferme, d'abord d'un vert décidé semé de points gris brun, larges, régulièrement espacés et bien apparents. On remarque aussi une tache d'une rouille brune couvrant le sommet du fruit et la cavité de l'œil. A la maturité, **octobre,** le vert fondamental passe au jaune terne et le côté du soleil est chaudement doré ou parfois lavé de rouge, et les points y sont plus larges et plus apparents.

Œil grand, ouvert ou demi-ouvert, placé dans une cavité peu profonde, évasée, plissée dans ses parois, quelquefois divisée par ses bords en côtes très-aplanies qui ne se prolongent pas sur la hauteur du fruit.

Queue de moyenne longueur, assez forte, ligneuse, épaissie à son point d'attache au rameau, un peu courbée, le plus souvent attachée un peu obliquement dans un pli charnu ou parfois à fleur de la pointe du fruit.

Chair blanchâtre, fine, un peu pierreuse vers le cœur, demi-fondante, suffisante en eau bien sucrée, agréablement parfumée, constituant un fruit de bonne qualité.

SAINT-LUC

(N° 495)

Observations. — Cette variété est d'origine incertaine. — L'arbre, de bonne vigueur sur cognassier, s'accommode de la pyramide, et surtout du fuseau auquel convient bien son bois fort et se maintenant garni de productions fruitières solides. Sa fertilité est précoce, grande, soutenue et sa rusticité le recommandent pour le verger de campagne. Son fruit est de seconde qualité.

DESCRIPTION.

Rameaux assez forts, très-obscurément anguleux dans leur contour, un peu flexueux, à entre-nœuds de moyenne longueur ou un peu longs, jaunâtres du côté de l'ombre, un peu teintés de rouge vineux du côté du soleil, surtout vers les nœuds et à leurs parties supérieures ; lenticelles blanchâtres, un peu larges, un peu nombreuses et un peu apparentes.

Boutons à bois gros, coniques, courtement aigus, à direction parallèle au rameau, soutenus sur des supports bien saillants dont les côtés et l'arête médiane se prolongent très-obscurément ; écailles d'un marron rougeâtre très-foncé et brillant.

Pousses d'été très-flexueuses, d'un vert remarquablement clair, à peine rougies à leur sommet peu duveteux.

Feuilles des pousses d'été moyennes, ovales, quelquefois un peu sensiblement atténuées à leur base, se terminant un peu brusquement en une pointe longue et large, bien repliées et arquées, bordées dans une partie de leur contour de dents larges, profondes et peu aiguës, assez bien soutenues sur des pétioles longs, grêles et bien redressés.

Stipules longues, linéaires.

Feuilles stipulaires ne manquant jamais.

Boutons à fruit gros, exactement ovoïdes, peu aigus ; écailles d'un marron rougeâtre très-foncé.

Fleurs moyennes ; pétales obovales, peu concaves, à onglet un peu long, écartés entre eux ; divisions du calice de moyenne longueur et bien réfléchies en dessous ; pédicelles courts, grêles et un peu duveteux.

Feuilles des productions fruitières de même grandeur, de même forme que celles des pousses d'été, bien repliées sur leur nervure médiane et bien arquées, bordées de dents larges, peu profondes, émoussées, souvent peu appréciables tant elles sont peu profondes, mal soutenues sur des pétioles un peu longs, de moyenne force et flexibles.

Caractère saillant de l'arbre : teinte générale du feuillage d'un beau vert intense ; feuilles stipulaires grandes et d'abord d'un vert jaune très-pâle ; toutes les feuilles bien repliées et bien arquées.

Fruit assez petit, ovoïde-piriforme, bien uni dans son contour, atteignant sa plus grande épaisseur au-dessous du milieu de sa hauteur ; au-dessus de ce point, s'atténuant par une courbe d'abord convexe puis à peine concave en une pointe un peu longue, maigre et aiguë à son sommet ; au-dessous du même point, s'arrondissant par une courbe largement convexe jusque vers l'œil.

Peau un peu épaisse et cependant tendre, d'abord d'un vert d'eau pâle semé de points d'un gris vert, très-nombreux, bien régulièrement espacés et un peu apparents. On remarque ordinairement quelques traces de rouille dans la cavité de l'œil. A la maturité, **août**, le vert fondamental passe au jaune paille doré ou à peine flammé d'un rouge très-léger du côté du soleil.

Œil petit, demi-ouvert, à divisions courtes, dressées, placé presque à fleur de la base du fruit dans une dépression très-peu prononcée.

Queue courte, un peu forte, attachée à fleur de la pointe du fruit et quelquefois repoussée un peu obliquement.

Chair blanchâtre, fine, beurrée, suffisante en eau bien sucrée et un peu parfumée, constituant un fruit d'assez bonne qualité.

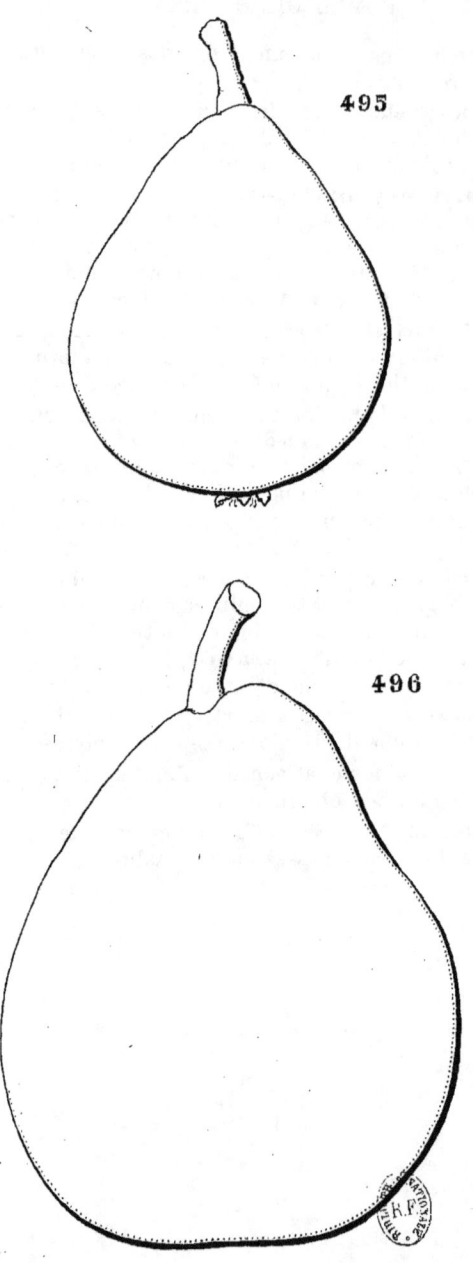

495, SAINT-LUC.   496, CHANCELIER DE HOLLANDE

CHANCELIER DE HOLLANDE

(N° 496)

KANZLER VON HOLLAND. *Illustrirtes Handbuch der Obstkunde.* OBERDIECK.
Systematische Beschreibung der Kernobstsorten. DIEL.

OBSERVATIONS. — Diel obtint cette variété de Van Mons. Son fruit de bonne apparence, mais seulement de troisième qualité, convient surtout pour collection d'amateur.

DESCRIPTION.

Rameaux peu forts, presque unis dans leur contour, jaunâtres, à peine teintés de rouge du côté du soleil ; lenticelles d'un jaune terne, très-peu nombreuses, peu apparentes.
Boutons à bois très-petits, coniques, courts, épaissis à leur base et cependant finement aigus, à direction peu écartée du rameau, soutenus sur des supports presque nuls et dont l'arête médiane seule se prolonge très-finement; écailles de couleur marron, largement bordées de gris blanchâtre.
Pousses d'été droites, d'un vert très-clair, lavées de rouge à leur sommet peu duveteux.
Feuilles des pousses d'été petites, exactement ovales, se terminant un peu brusquement en une pointe peu longue et finement aiguë, bien creusées, bordées de dents fines et extraordinairement peu profondes, souvent peu appréciables, soutenues horizontalement sur des pétioles un peu longs, bien grêles et à peine redressés.

Stipules moyennes, filiformes.

Feuilles stipulaires manquant le plus souvent.

Boutons à fruit petits, coniques, aigus ; écailles d'un marron clair maculé de marron plus foncé.

Fleurs assez petites ; pétales elliptiques-arrondis, un peu concaves, à onglet très-court, se recouvrant un peu entre eux ; divisions du calice moyennes, fines et recourbées ; pédicelles très-courts, un peu forts et peu duveteux.

Feuilles des productions fruitières beaucoup plus grandes que celles des pousses d'été, ovales-elliptiques et élargies, se terminant très-brusquement en une pointe très-courte, planes ou même un peu convexes, quelques-unes un peu concaves, bordées de dents très-fines, très-peu profondes et peu aiguës, s'étalant sur des pétioles de moyenne longueur, grêles, un peu redressés et un peu souples.

Caractère saillant de l'arbre : teinte générale du feuillage d'un vert vif et gai passant au rouge orangé à la chute des feuilles ; différence d'ampleur bien sensible entre les feuilles des pousses d'été et celles des productions fruitières.

Fruit moyen ou gros, conique-piriforme, ventru, un peu irrégulier dans son contour, atteignant sa plus grande épaisseur au-dessous du milieu de sa hauteur ; au-dessus de ce point, s'atténuant par une courbe peu convexe ou peu concave en une pointe un peu longue, bien épaisse et largement obtuse ; au-dessous du même point, s'arrondissant d'abord par une courbe largement convexe pour ensuite s'aplatir autour de la cavité de l'œil.

Peau un peu épaisse et ferme, devenant un peu onctueuse, d'abord d'un vert clair semé de points gris vert, nombreux, bien régulièrement espacés. On trouve à peine un peu de rouille dans la cavité de l'œil. A la maturité, **fin d'octobre et commencement de novembre,** le vert fondamental passe au jaune un peu verdâtre du côté de l'ombre, bien doré du côté du soleil parfois lavé d'un peu de rouge sur lequel les points deviennent bruns.

Œil grand, ouvert, à divisions bien étalées dans une cavité étroite et peu profonde qui le contient exactement.

Queue assez courte, forte, épaissie à son point d'attache au rameau, ligneuse, attachée dans un pli charnu et un peu obliquement sur la pointe du fruit.

Chair blanchâtre, un peu verte sous la peau, un peu grosse, un peu pierreuse vers le cœur, demi-fondante, peu abondante en eau richement sucrée, acidulée, légèrement parfumée, assez agréable, constituant un fruit seulement de troisième qualité.

VICTORIA D'HUYSE

(HUYSE'S VICTORIA)

(N° 497)

The Fruit Manual. ROBERT HOGG.
The Fruits and the fruit-trees of America. DOWNING.

OBSERVATIONS. — Cette variété a été obtenue à Clythedon (Angleterre) par le révérend John Huyse. — L'arbre, de bonne vigueur sur cognassier, s'accommode bien des formes régulières et surtout de celles appliquées à un treillage. Variété à introduire dans le jardin fruitier. Sa fertilité se fait un peu attendre et devient bonne et soutenue par la suite. Son fruit, d'un volume suffisant, se recommande aussi bien par sa qualité que par sa maturation prolongée.

DESCRIPTION.

Rameaux de moyenne force, obscurément anguleux dans leur contour, à peine flexueux, à entre-nœuds de moyenne longueur ou un peu longs, d'un brun verdâtre peu foncé; lenticelles blanchâtres, peu larges, assez peu nombreuses et un peu apparentes.

Boutons à bois gros, coniques, un peu courts, très-épaissis à leur base et émoussés, à direction un peu écartée du rameau, soutenus sur des supports bien renflés dont l'arête médiane se prolonge peu distinctement; écailles entièrement recouvertes d'un gris de perle.

Pousses d'été d'un vert pâle, lavées de rouge vineux et soyeuses à leur sommet.

Feuilles des pousses d'été moyennes, ovales-elliptiques, allongées et étroites, se terminant presque régulièrement en une pointe bien ferme, creusées en gouttière et non arquées, bordées de dents très-peu profondes, écartées entre elles, couchées et émoussées, soutenues bien horizontalement sur des pétioles de moyenne longueur, de moyenne force et redressés.

Stipules en alênes de moyenne longueur et souvent recourbées.

Feuilles stipulaires se présentent quelquefois.

Boutons à fruit moyens, conico-ovoïdes, un peu allongés et peu aigus; écailles d'un marron noirâtre et largement maculé de gris blanchâtre.

Fleurs moyennes; pétales ovales-elliptiques, concaves, à onglet court, un peu écartés entre eux; divisions du calice longues, larges et bien recourbées en dessous; pédicelles courts, forts et peu duveteux.

Feuilles des productions fruitières à peu près de même dimension et de même forme que celles des pousses d'été, se terminant régulièrement en une pointe ferme, concaves et bien ondulées dans leur contour, bordées de dents fines, extraordinairement peu profondes, couchées et émoussées, souvent peu appréciables, assez bien soutenues sur des pétioles de moyenne longueur, grêles et cependant fermes.

Caractère saillant de l'arbre : teinte générale du feuillage d'un vert clair et mat; la plupart des feuilles, et surtout celles des productions fruitières, remarquablement ondulées; toutes les feuilles allongées et étroites; tous les pétioles assez fermes.

Fruit moyen, ovoïde-court et épais, parfois conico-cylindrique, uni dans son contour, atteignant sa plus grande épaisseur bien au-dessous du milieu de sa hauteur; au-dessus de ce point, s'atténuant par une courbe largement convexe en une pointe plus ou moins courte, épaisse et obtuse à son sommet; au-dessous du même point, s'arrondissant par une courbe plus convexe jusque dans la cavité de l'œil.

Peau un peu épaisse, d'abord d'un vert assez décidé semé de points bruns, un peu larges, nombreux, régulièrement espacés et apparents. Une rouille fauve rayonne finement en étoile dans la cavité de l'œil. A la maturité, **décembre, janvier,** le vert fondamental passe au jaune citron mat et le côté du soleil est couvert d'un nuage ou de petites taches d'un roux doré.

Œil moyen, ouvert, à divisions fermes, placé dans une cavité peu profonde, évasée et ordinairement régulière.

Queue courte, forte, charnue, épaissie à son point d'attache au rameau, fixée obliquement à fleur de la pointe du fruit ou formant exactement sa continuation.

Chair blanchâtre, fine, beurrée, fondante, à peine pierreuse vers le cœur, suffisante en eau sucrée, un peu vineuse, délicatement parfumée, constituant un fruit de première qualité.

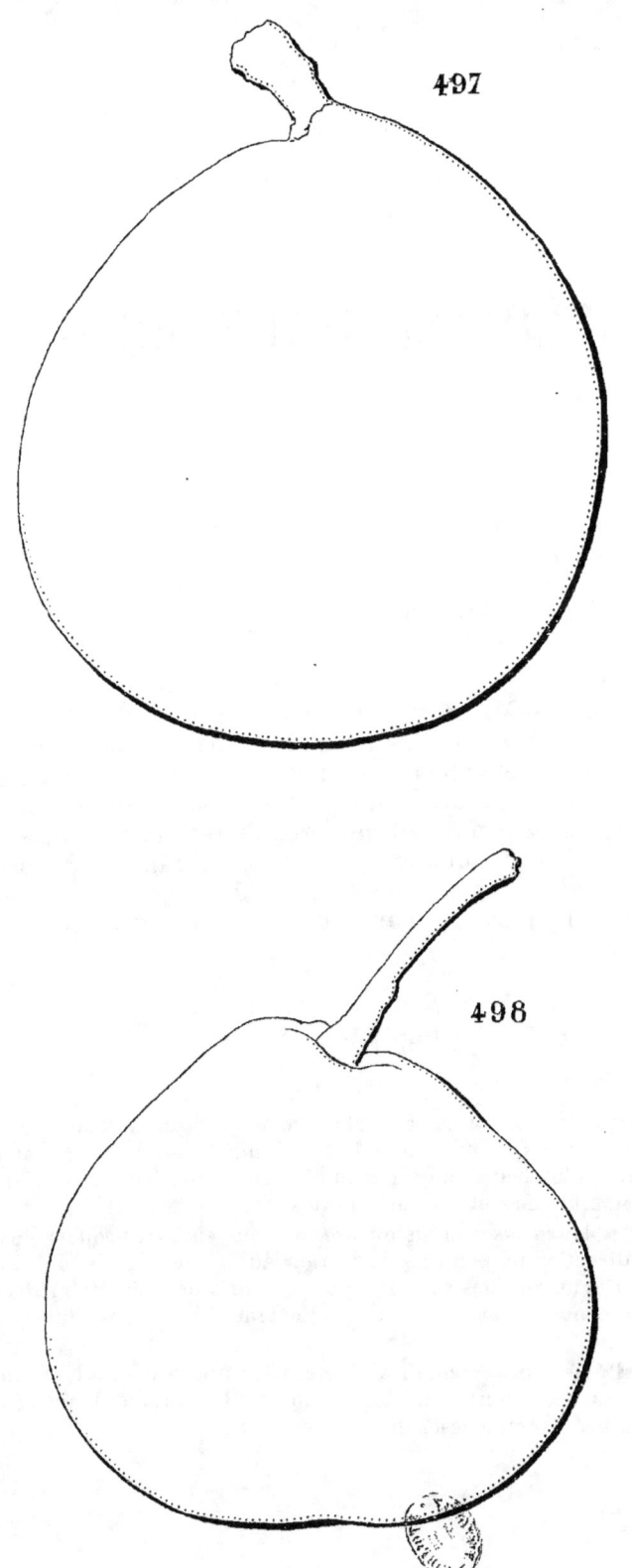

497, VICTORIA D'HUYSE. 498, DUCHESSE D'ARENBERG.

DUCHESSE D'ARENBERG

(N° 498)

Dictionnaire de pomologie. André Leroy.

Observations. — M. André Leroy recevait cette variété, en 1850, des pépinières de Vilvorde-lès-Bruxelles. Le nom qu'elle porte fait présumer qu'elle a été obtenue en Belgique; nous ne saurions en préciser l'époque. — L'arbre, de grande vigueur sur cognassier, s'accommode assez peu des formes régulières. Par sa végétation capricieuse il s'élève plutôt en fuseau qu'en pyramide. Sa fertilité est précoce, grande et soutenue. Il existe des sujets presque séculaires dans le Lyonnais et dans la Bresse. Son fruit est d'assez bonne qualité.

DESCRIPTION.

Rameaux extraordinairement forts, finement anguleux dans leur contour, à peine flexueux, à entre-nœuds très-longs, d'un brun jaunâtre du côté de l'ombre, d'un brun rougeâtre du côté du soleil; lenticelles blanchâtres, larges, nombreuses et bien apparentes.

Boutons à bois assez petits ou presque moyens, très-courts, épais et émoussés, à direction un peu écartée du rameau dans lequel ils sont un peu encastrés, soutenus sur des supports peu saillants dont l'arête médiane se prolonge finement et souvent assez distinctement; écailles d'un marron rougeâtre terne.

Pousses d'été d'un vert sombre, colorées de rouge vineux à leur sommet sur presque toute leur longueur du côté du soleil, un duvet blanc et épais les recouvre aussi sur une assez grande longueur.

Feuilles des pousses d'été moyennes ou assez grandes, ovales-arrondies, se terminant plus ou moins brusquement en une pointe un peu longue et large, bien concaves, bordées de dents un peu profondes, obtuses ou peu aiguës, s'abaissant un peu sur des pétioles moyens, forts et un peu souples.

Stipules bien longues, lancéolées-étroites et dentées.

Feuilles stipulaires très-fréquentes.

Boutons à fruit très-gros, ovoïdes, aigus; écailles d'un beau marron rougeâtre brillant.

Fleurs grandes; pétales irrégulièrement arrondis, élargis, convexes ou presque planes, à onglet un peu long, se touchant presque entre eux; divisions du calice moyennes et recourbées; pédicelles longs, grêles et presque glabres.

Feuilles des productions fruitières grandes, ovales-elliptiques, se terminant plus ou moins brusquement en une pointe courte, bien creusées et un peu arquées, bordées de dents écartées, peu profondes, couchées et émoussées, assez peu soutenues sur des pétioles bien longs, forts et un peu flexibles.

Caractère saillant de l'arbre : teinte générale du feuillage d'un vert bleu intense; toutes les feuilles remarquablement épaisses, bien concaves ou bien creusées; stipules bien allongées; pétioles des feuilles des productions fruitières remarquablement allongés.

Fruit gros, turbiné-sphérique, souvent un peu bosselé ou irrégulier dans sa forme, atteignant sa plus grande épaisseur au-dessous du milieu de sa hauteur; au-dessus de ce point, s'atténuant par une courbe à peine convexe en une pointe courte, très-épaisse, largement tronquée ou largement obtuse à son sommet; au-dessous du même point, s'arrondissant brusquement par une courbe largement convexe jusque vers les bords de la cavité de l'œil.

Peau un peu épaisse, d'abord d'un vert mat semé de points d'un vert plus foncé, larges et un peu apparents. Souvent on trouve quelques traces de rouille dans la cavité de l'œil. A la maturité, **août**, le vert fondamental s'éclaircit à peine en jaune et le côté du soleil est à peine reconnaissable par un ton un peu plus chaud.

Œil grand, fermé, placé dans une cavité étroite, un peu profonde, plissée dans ses parois et sans que ces plis se prolongent au-delà de ses bords.

Queue un peu longue, peu forte, bien ligneuse, attachée le plus souvent obliquement dans un pli charnu et irrégulier.

Chair un peu jaunâtre, grossière, demi-fondante, abondante en eau richement sucrée, vineuse et relevée, constituant un fruit manquant de finesse, mais dont la saveur est bonne et réellement rafraîchissante.

AMADOTTE

(N° 499)

Pomologie de la Seine-Inférieure. Prévost.
Jardin fruitier du Muséum. Decaisne.
The Fruits and the fruit-trees of America. Downing.
Dictionnaire de pomologie. André Leroy.
BEURRÉ BLANC DES CAPUCINS. *Album de pomologie.* Bivort.
HERBST AMADOTTE. *Illustrirtes Handbuch der Obstkunde.* Jahn.

Observations. — Cette variété est d'origine ancienne et douteuse. — L'arbre est d'une bonne vigueur sur cognassier et propre à toutes formes sur ce sujet. Sa haute tige sur franc est d'une belle végétation et forme promptement une tête pyramidale d'un bon rapport. Cette variété est à cultiver surtout dans le grand verger. Elle est rustique et d'une bonne fertilité. Son fruit, dans les sols qui lui conviennent, est de bonne qualité, et par son volume et son apparence il est d'une vente facile sur le marché.

DESCRIPTION.

Rameaux de moyenne force, allongés, bien coudés à leurs entre-nœuds, d'un gris verdâtre ; lenticelles blanchâtres, nombreuses, saillantes et apparentes.

Boutons à bois gros, coniques-épais, courts et peu aigus, à direction bien écartée du rameau, soutenus sur des supports peu saillants et dont les côtés ne se prolongent nullement ; écailles d'un marron clair, presque entièrement recouvertes de gris cendré.

Pousses d'été bien flexueuses, d'un vert intense et jaunâtre à leur base, d'un vert pâle à leur sommet couvert d'un duvet très-court et serré.

Feuilles des pousses d'été assez grandes, ovales-élargies ou ovales-arrondies, se terminant peu brusquement en une pointe courte, peu repliées sur leur nervure médiane et souvent contournées, bordées de dents fines, un peu profondes et émoussées, retombant sur des pétioles de moyenne longueur, forts et horizontaux.

Stipules de moyenne longueur, filiformes.

Feuilles stipulaires fréquentes.

Boutons à fruit moyens, coniques, aigus; écailles d'un marron clair largement bordé de gris blanchâtre.

Fleurs moyennes; pétales ovales-élargis, à onglet assez long, bien écartés entre eux, roses avant l'épanouissement; divisions du calice de moyenne longueur, bien élargies à leur base et un peu recourbées en dessous; pédicelles de moyenne longueur, de moyenne force et duveteux.

Feuilles des productions fruitières plus étroites, plus allongées que celles des pousses d'été, se terminant en une pointe longue, peu repliées sur leur nervure médiane, largement ondulées dans leur contour, entières ou très-peu profondément dentées dans leurs bords, assez bien soutenues sur des pétioles un peu longs, forts et divergents.

Caractère saillant de l'arbre: teinte générale du feuillage d'un vert terne; fruit prenant un ton clair aussitôt qu'il est assuré.

Fruit moyen ou presque gros, piriforme-ovoïde, uni dans son contour, atteignant sa plus grande épaisseur peu au-dessous du milieu de sa hauteur; au-dessus de ce point, s'atténuant lentement par une courbe le plus souvent légèrement convexe ou quelquefois à peine concave en une pointe un peu longue, épaisse, tronquée ou largement obtuse à son sommet; au-dessous du même point, s'atténuant peu par une courbe peu convexe pour diminuer un peu d'épaisseur autour de la cavité de l'œil.

Peau un peu épaisse et ferme, d'abord d'un vert d'eau semé de points bruns, petits, peu nombreux et irrégulièrement espacés. On remarque aussi une tache d'une rouille brune et épaisse couvrant sur une assez grande étendue le sommet du fruit et se dispersant souvent en tavelures et en raies surtout sur sa base. A la maturité, **octobre, novembre**, le vert fondamental passe au jaune paille, quelquefois encore un peu teinté de vert, et le côté du soleil se dore mais sans se laver de rouge.

Œil assez grand, ouvert, à divisions courtes, noirâtres et souvent caduques, tantôt placé dans une petite cavité sillonnée qui le contient à peine, tantôt un peu saillant sur la base du fruit.

Queue de moyenne longueur, peu forte, ligneuse, insérée le plus souvent perpendiculairement dans une cavité étroite, un peu profonde, rarement irrégulière dans ses bords.

Chair d'un blanc un peu jaune, fine, beurrée, très-légèrement pierreuse près du cœur, suffisante en eau sucrée, vineuse, relevée d'un parfum agréable, constituant le plus souvent un fruit au moins seconde de qualité.

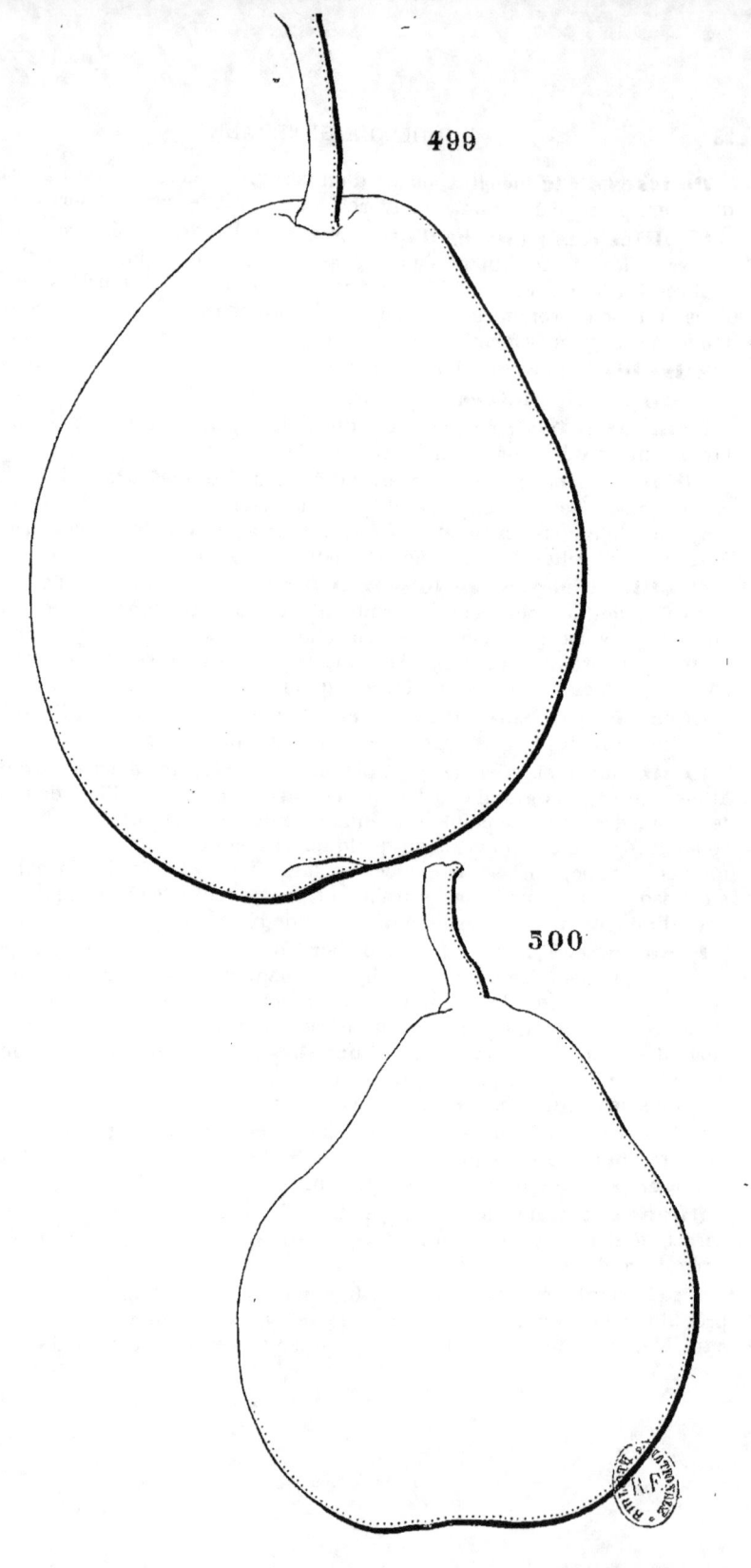

499, AMADOTTE.   500, DOROTHÉE ROYALE NOUVELLE.

DOROTHÉE ROYALE NOUVELLE

(N° 500)

Observations. — Plusieurs horticulteurs s'accordent à donner pour synonyme à la Dorothée royale nouvelle l'Espérine décrite dans le *Verger* et dans le *Dictionnaire de pomologie* d'André Leroy; elles diffèrent complétement de forme et d'époque de maturité. — L'arbre, de vigueur normale sur cognassier, forme de jolies pyramides bien régulières. Sa fertilité est précoce, moyenne et soutenue. Son fruit, de bonne qualité, est entaché d'un peu d'âpreté dans certains sols.

DESCRIPTION.

Rameaux assez peu forts, obscurément anguleux dans leur contour, à peine flexueux, à entre-nœuds alternativement courts et de moyenne longueur, jaunâtres; lenticelles blanchâtres, petites, assez peu nombreuses et peu apparentes.

Boutons à bois assez petits, coniques, un peu aigus, parallèles ou presque parallèles au rameau, soutenus sur des supports bien saillants dont l'arête médiane se prolonge peu distinctement; écailles d'un marron noirâtre et peu brillant.

Poussés d'été d'un vert clair et un peu vif, à peine lavées de rouge et presque glabres à leur sommet.

Feuilles des pousses d'été assez petites, ovales, un peu sensiblement atténuées vers le pétiole, se terminant assez brusquement en une pointe un peu longue, concaves, bordées de dents peu profondes, couchées et peu aiguës, bien soutenues sur des pétioles moyens, grêles, redressés et un peu fermes.

Stipules longues, linéaires.

Feuilles stipulaires manquant ordinairement.

Boutons à fruit ovoïdes, courts et courtement aigus ; écailles jaunâtres.

Fleurs moyennes ; pétales ovales-élargis, bien tronqués à leur sommet, concaves, à long onglet, écartés entre eux, un peu lavés de rose ; divisions du calice longues, bien aiguës et réfléchies ; pédicelles assez longs, forts et laineux.

Feuilles des productions fruitières moyennes ou assez grandes, ovales-elliptiques, se terminant un peu brusquement en une pointe courte et bien finement aiguë, repliées et ondulées, bordées de dents un peu profondes, couchées et aiguës, bien soutenues sur des pétioles très-longs, assez grêles et cependant fermes.

Caractère saillant de l'arbre : teinte générale du feuillage d'un vert herbacé peu foncé et un peu brillant ; longueur extraordinaire des pétioles des feuilles des productions fruitières et des feuilles inférieures des pousses d'été ; ces feuilles sont en même temps presque toujours remarquablement ondulées.

Fruit moyen, piriforme, plus ou moins ventru, souvent un peu déformé dans son contour par des élévations très-aplanies, atteignant sa plus grande épaisseur plus ou moins au-dessous du milieu de sa hauteur ; au-dessus de ce point, s'atténuant par une courbe d'abord convexe puis largement concave en une pointe plus ou moins longue, peu épaisse, peu obtuse ou un peu aiguë à son sommet ; au-dessous du même point, s'atténuant par une courbe largement convexe pour diminuer assez sensiblement d'épaisseur vers la cavité de l'œil.

Peau fine, d'abord d'un vert gai semé de points grisâtres, inégaux entre eux, irrégulièrement espacés et manquant souvent sur certaines parties. On remarque quelques traits d'une rouille brune rayonnant autour de l'œil, mais ordinairement ils manquent sur le reste de la surface du fruit. A la maturité, **octobre, novembre,** le vert fondamental s'éclaircit un peu en jaune en conservant une teinte un peu verdâtre, et le côté du soleil se distingue seulement par un ton un peu plus chaud.

Œil moyen, demi-ouvert, à divisions courtes, fermes, dressées, placé dans une cavité étroite, peu profonde, souvent un peu plissée dans ses parois et par ses bords.

Queue moyenne ou un peu longue, un peu forte, bien ligneuse, de couleur bois, attachée un peu obliquement à fleur de la pointe du fruit.

Chair blanchâtre, fine, bien fondante, abondante en eau douce, sucrée, assez agréable, constituant un fruit de bonne qualité lorsqu'il n'est pas entaché d'un peu d'âpreté comme dans certains sols.

DES VERGERS

(N° 501)

Société d'horticulture de l'Aube. 1853.

OBSERVATIONS. — Cette variété a été obtenue par M. Claude Milley, pépiniériste à Saint-André (Aube)[1]. — L'arbre, de vigueur normale sur cognassier, forme facilement de belles pyramides; il convient de préférence au grand verger par sa rusticité, et mérite bien son nom par sa fertilité précoce, très-grande et soutenue. Son fruit est de bonne qualité.

DESCRIPTION.

Rameaux assez peu forts, très-finement anguleux dans leur contour, à peine flexueux, à entre-nœuds de moyenne longueur, d'un brun jaunâtre; lenticelles d'un blanc jaunâtre, un peu larges, largement et régulièrement espacées et un peu apparentes.

Boutons à bois assez petits, coniques, un peu courts et peu aigus, à direction plus ou moins écartée du rameau, soutenus sur des supports peu saillants dont l'arête médiane se prolonge bien finement; écailles d'un marron peu foncé.

Pousses d'été d'un vert intense, colorées de rouge vineux du côté du soleil et finement soyeuses à leur sommet.

Feuilles des pousses d'été moyennes, ovales-elliptiques, brusquement et courtement atténuées vers le pétiole, se terminant un peu brusquement en une pointe longue et large, peu repliées et à peine arquées, bordées de dents très-larges, profondes et recourbées, paraissant comme largement

---

[1] « Les Vergers » est le nom de l'endroit de la commune de Saint-André où l'arbre est né.

crénelées, soutenues horizontalement sur des pétioles moyens, de moyenne force et redressés.

Stipules en alênes moyennes, fines et très-caduques.

Feuilles stipulaires manquant ordinairement.

Boutons à fruit moyens, conico-ovoïdes, courtement aigus ; écailles extérieures d'un marron jaunâtre; écailles intérieures bien couvertes d'un duvet fauve.

Fleurs petites ; pétales elliptiques-arrondis, concaves, lavés de rose, se recouvrant un peu entre eux; divisions du calice assez courtes, extraordinairement fines et peu recourbées ; pédicelles longs, grêles et peu duveteux.

Feuilles des productions fruitières assez petites, ovales-elliptiques, moins élargies que celles des pousses d'été, bien régulièrement creusées et à peine arquées, se terminant presque régulièrement en une pointe un peu longue et étroite, irrégulièrement bordées de dents peu profondes et obtuses, bien soutenues sur des pétioles moyens, grêles et fermes.

Caractère saillant de l'arbre : teinte générale du feuillage d'un vert bleu foncé et peu brillant ; feuilles des productions fruitières régulièrement creusées et bien fermes sur leurs pétioles ; toutes les feuilles un peu longuement acuminées.

Fruit moyen ou presque moyen, conico-ovoïde, un peu court et obtus, uni dans son contour, atteignant sa plus grande épaisseur au-dessous du milieu de sa hauteur ; au-dessus de ce point, s'atténuant peu par une courbe à peine convexe en une pointe courte, épaisse et largement obtuse à son sommet ; au-dessous du même point, s'arrondissant par une courbe largement convexe jusque dans la cavité de l'œil.

Peau assez mince et tendre, d'abord d'un vert vif semé de points d'un gris verdâtre, petits, irrégulièrement espacés et peu apparents. Quelques traces légères d'une rouille brune se dispersent rarement sur sa surface et parfois forment une tache sur le sommet du fruit. A la maturité, **commencement d'août,** le vert fondamental s'éclaircit peu en jaune et le côté du soleil se reconnaît seulement à un ton un peu plus chaud.

Œil petit, fermé, à divisions courtes, serrées, placé dans une cavité peu profonde, évasée et plissée dans ses parois, sans que les plis se prolongent trop au-delà de ses bords.

Queue bien longue, forte, bien ligneuse, brune, un peu courbée, attachée à fleur de la pointe du fruit dans un pli peu prononcé et irrégulier.

Chair d'un blanc un peu verdâtre, demi-fine, fondante, un peu pierreuse vers le cœur, abondante en eau sucrée, relevée d'une saveur rafraîchissante qui a beaucoup de rapport avec celle de la Madeleine, constituant un fruit de bonne qualité.

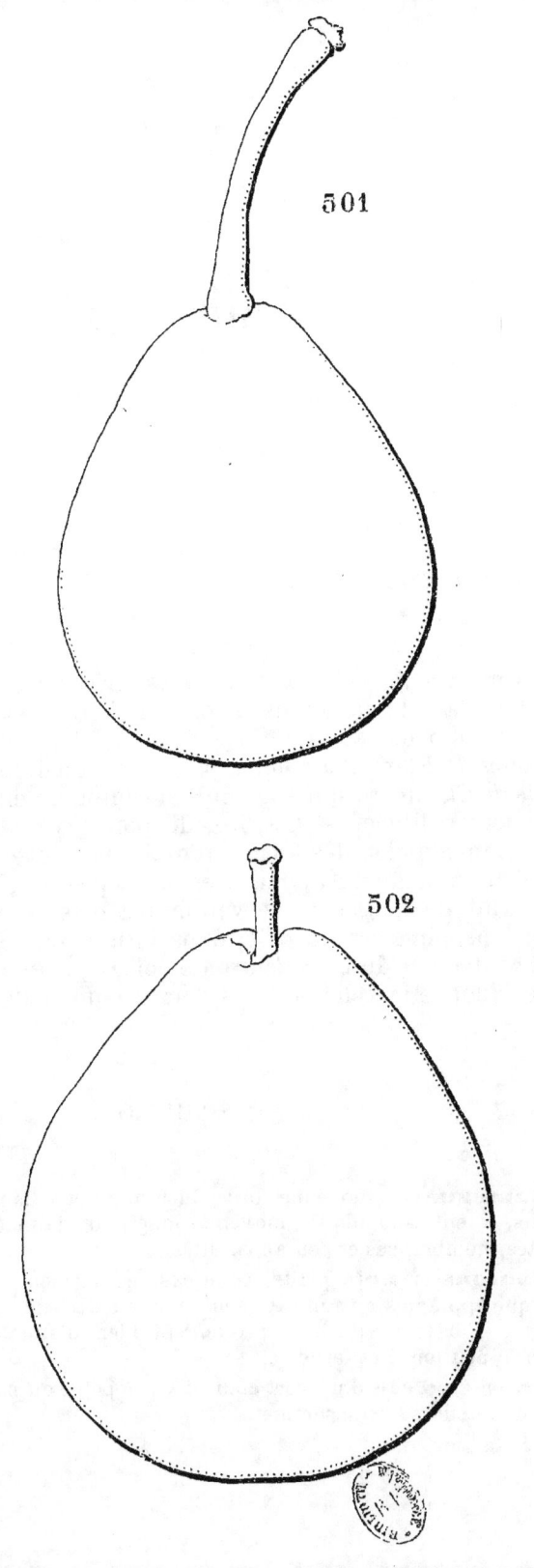

501, DES VERGERS. 502, ANGOUCHA.

ANGOUCHA

(N° 502)

Catalogue BALTET frères.

OBSERVATIONS. — Cette variété est originaire du département de l'Aube; dans les arrondissements de Troyes et de Bar-sur-Seine, elle est appelée aussi *Courte queue*. Elle a été décrite dans les *Annales de Flore et Pomone*, par M. Baltet-Petit, sous le nom de *Belle de Chaource*, qui est celui du canton où elle est le plus généralement cultivée. — L'arbre, de bonne vigueur sur cognassier, s'accommode bien des formes régulières; il prend naturellement la forme pyramidale. Sa fertilité est assez précoce, bonne et soutenue. Son fruit, de longue conservation, est d'assez bonne qualité pour être consommé cru ou cuit; dans l'Aube, on l'associe quelquefois à la confection du poiré (cidre de poires); mais il est généralement amené sur le marché où il est d'une vente facile.

DESCRIPTION.

Rameaux de moyenne force, bien anguleux dans leur contour, bien droits, à entre-nœuds de moyenne longueur, jaunâtres; lenticelles très petites, nombreuses et peu apparentes.

Boutons à bois petits, coniques, courtement aigus, parallèles ou presque appliqués au rameau, soutenus sur des supports saillants dont les côtés et l'arête médiane se prolongent bien distinctement; écailles d'un marron peu foncé et terne.

Pousses d'été d'un vert clair et vif, à peine ou non lavées de rouge et peu duveteuses à leur sommet.

Feuilles des pousses d'été les inférieures très-grandes, celles supérieures assez grandes, et les plus élevées petites; les premières ovales-elliptiques, très-élargies, se terminant peu brusquement en une pointe très-courte et recourbée, les supérieures de même force, se terminant en une pointe plus longue et encore plus recourbée, les plus élevées ovales-allongées et peu larges, toutes peu repliées et un peu convexes par leurs côtés, souvent ondulées dans leur contour et bordées de dents larges, peu profondes, obtuses ou émoussées, s'abaissant sur des pétioles moyens, de moyenne force et un peu souples.

Stipules moyennes ou assez longues, presque filiformes.

Feuilles stipulaires manquant le plus souvent.

Boutons à fruit moyens, coniques-allongés, maigres et finement aigus; écailles d'un marron rougeâtre foncé et peu brillant.

Fleurs moyennes ou presque moyennes; pétales ovales-elliptiques, étroits et allongés, un peu concaves, à onglet un peu long et bien écartés entre eux; divisions du calice de moyenne longueur et recourbées en dessous; pédicelles courts, très-grêles et peu duveteux.

Feuilles des productions fruitières grandes, ovales-élargies, se terminant un peu brusquement en une pointe plus ou moins longue et recourbée, peu repliées et arquées, ondulées, bordées de dents larges, profondes et bien obtuses, assez peu soutenues sur des pétioles moyens, peu forts et un peu souples.

Caractère saillant de l'arbre : teinte générale du feuillage d'un vert vif et bien brillant; ampleur remarquable des feuilles inférieures des pousses d'été et de celles des productions fruitières; toutes les feuilles le plus souvent ondulées, peu repliées et plus ou moins convexes par leurs côtés.

Fruit moyen, conico-ovoïde, bien uni dans son contour, atteignant sa plus grande épaisseur bien au-dessous du milieu de sa hauteur; au-dessus de ce point, s'atténuant par une courbe d'abord à peine convexe puis à peine concave en une pointe peu longue, un peu épaisse et obtuse à son sommet; au-dessous du même point, s'atténuant par une courbe largement convexe pour diminuer un peu sensiblement d'épaisseur vers la cavité de l'œil.

Peau fine, mince, d'abord d'un vert d'eau semé de points bruns, arrondis, peu larges, très-nombreux, bien apparents, se confondant souvent avec des traits ou taches de rouille qui se dispersent sur la surface du fruit et se condensent en une tache peu large dans la cavité de l'œil. A la maturité, **courant et fin d'hiver,** le vert fondamental passe au jaune citron mat et le côté du soleil est plus ou moins chaudement doré.

Œil grand, ouvert, placé presque à fleur de la base du fruit dans une cavité très-peu profonde, bien évasée et bien régulière.

Queue courte, peu forte, ligneuse, attachée le plus souvent perpendiculairement dans un pli ou petite cavité plus ou moins prononcée.

Chair jaune, assez fine, tassée, cassante, très-peu abondante en jus richement sucré, vineux, sans parfum appréciable, constituant un fruit bon pour les usages du ménage, de longue et facile conservation.

COLMAR D'AUTOMNE NOUVEAU

(N° 503)

Dictionnaire de pomologie. André Leroy.

Observations. — Je n'ai pu trouver d'autres renseignements sur cette variété que ceux donnés par M. André Leroy : « Elle provient du jardin fruitier du Comice horticole d'Angers ; dégustée en 1851, nous n'avons commencé à la propager qu'en 1854. » — L'arbre, de vigueur entièrement insuffisante sur cognassier, peut à peine suffire à de petits fuseaux qui se maintiennent assez longtemps sans prendre de l'accroissement. Sa fertilité est précoce, grande et constante. Son fruit est bien attaché, de bonne qualité et de maturation prolongée.

DESCRIPTION.

Rameaux assez peu forts, unis dans leur contour, presque droits, à entre-nœuds courts, d'un brun jaunâtre ; lenticelles blanches, petites, assez nombreuses et peu apparentes.

Boutons à bois petits, coniques, maigres, aigus, à direction plus ou moins écartée du rameau, soutenus sur des supports peu saillants dont l'arête médiane ne se prolonge pas ou très-peu distinctement ; écailles d'un marron brillant.

Pousses d'été d'un vert très-clair, à peine lavées de rouge ou presque glabres à leur sommet.

Feuilles des pousses d'été moyennes, ovales-elliptiques, se terminant un peu brusquement en une pointe courte, un peu creusées en gouttière, bordées de dents très-peu profondes, couchées et peu aiguës, assez peu soutenues sur des pétioles longs, grêles et souples.

Stipules moyennes, en alênes fines.

Feuilles stipulaires manquant ordinairement.

Boutons à fruit moyens, conico-ovoïdes, un peu allongés, assez maigres et aigus; écailles extérieures d'un marron foncé; écailles intérieures d'un marron peu foncé et un peu rougeâtre.

Fleurs moyennes; pétales ovales-elliptiques, peu concaves, à onglet court, se touchant entre eux; divisions du calice moyennes, bien fines et recourbées; pédicelles un peu longs, très-grêles et à peine laineux.

Feuilles des productions fruitières moyennes, ovales-elliptiques, se terminant presque régulièrement en une pointe courte, peu concaves ou presque planes, bordées de dents très-peu appréciables ou presque entières, s'abaissant peu sur des pétioles un peu longs, très-grêles, divergents et un peu flexibles.

Caractère saillant de l'arbre : teinte générale du feuillage d'un vert clair et vif; tous les pétioles longs et grêles; serrature de toutes les feuilles peu appréciable.

Fruit moyen, conico-ovoïde, bien uni dans son contour, atteignant sa plus grande épaisseur au-dessous du milieu de sa hauteur; au-dessus de ce point, s'atténuant par une courbe à peine convexe ou à peine concave en une pointe un peu longue, épaisse et tronquée à son sommet; au-dessous du même point, s'atténuant par une courbe largement convexe pour diminuer assez sensiblement d'épaisseur vers la cavité de l'œil.

Peau un peu épaisse, d'abord d'un vert terne semé de points bruns, nombreux et bien régulièrement espacés, le plus souvent confondus sous un nuage de rouille de même couleur, plus dense du côté du soleil, sur le sommet du fruit et dans la cavité de l'œil. A la maturité, **octobre,** le vert fondamental passe au jaune assez intense et mat, la rouille se dore et se lave d'un léger rouge orangé du côté du soleil.

Œil assez grand, ouvert, placé dans une cavité étroite, un peu profonde, parfois obscurément plissée dans ses parois et par ses bords.

Queue un peu longue, peu forte, bien ligneuse, droite, d'un brun rougeâtre, attachée perpendiculairement dans une cavité étroite, peu profonde et bien régulière.

Chair d'un blanc un peu teinté de jaune, demi-fine, beurrée, fondante, suffisante en jus sucré et agréablement parfumé, constituant un fruit de bonne qualité, de maturation prolongée et lent à blettir.

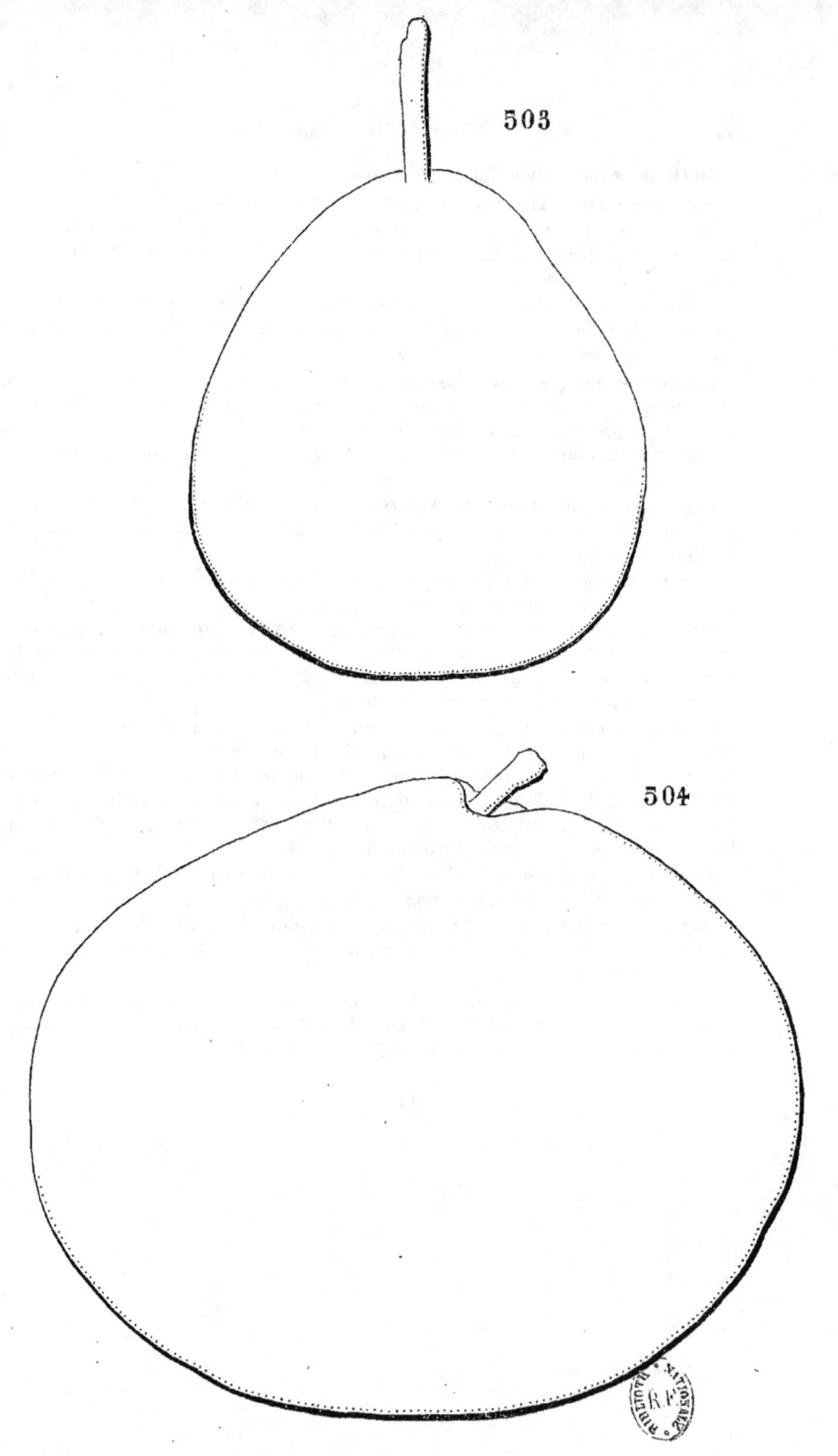

503. COLMAR D'AUTOMNE NOUVEAU. 504. BEURRÉ BALTET PÈRE.

BEURRÉ BALTET PÈRE

(N° 504)

Société d'horticulture de l'Aube. 1869.
Catalogue BALTET frères.

OBSERVATIONS. — Cette variété est un gain de M. Baltet (Lyé-Savinien), provenant d'un semis fait en 1856 et qui donna ses premiers fruits en 1867. — L'arbre est d'une végétation contenue, la forme pyramidale lui est naturelle. Il est très-fertile sur franc et sur cognassier. Une situation aérée et un terrain plutôt léger lui sont nécessaires pour que son fruit acquière tout son mérite [1].

DESCRIPTION.

* **Rameaux** forts, faiblement anguleux dans leur contour, à entre-nœuds courts, d'un vert olivâtre nuancé fauve jaunâtre, frappé ocre cen-

---

[1] Nous devons ces renseignements à l'obligeance de M. Ch. Baltet; il ajoute : « C'est, avec l'*Urbaniste*, le poirier qui a le plus vigoureusement résisté aux 25° et 30° de froid de l'hiver 1879-1880. Le fruit est très-gros et d'autant meilleur que la situation est plus chaude et que l'arbre est greffé sur cognassier. J'en ai dégusté récemment (novembre 1880) à Montpellier de superbes et d'exquis. Aujourd'hui (19 décembre 1880), nous avons dégusté en famille de très-beaux et très-bons fruits récoltés sur le sujet égrin ou arbre-mère, quoiqu'étant implanté sur un sol tourbeux et froid. Parmi les semis de mon regretté père, cet arbre est le seul qui n'ait pas été atteint par la gelée de l'hiver dernier. Lyé-Savinien Baltet, l'obtenteur de cette poire, était né à Troyes en 1800 ; il y est décédé en 1879. »

Il nous manquait une partie de la description de ce fruit ; les alinéas précédés d'un astérisque sont dus à M. Ch. Baltet.

dré au-dessous et au-dessus de l'œil, tomenteux au sommet; lenticelles blanc crémeux, ovales, assez espacées.

* **Boutons à bois** petits, coniques, courts, larges à leur base, émoussés au sommet, appliqués sur le rameau, soutenus par des supports peu saillants dont les côtés et l'arête médiane sont visibles, mais peu développés; écailles d'un marron rougeâtre sur fond jaunâtre.

* **Pousses d'été** d'un vert grisâtre, légèrement tomenteuses à leur sommet.

* **Feuilles des pousses d'été** moyennes, ovales-arrondies, atténuées à leur sommet, rarement repliées sur leur nervure médiane, bordées de dents assez rares, obtuses et peu profondes, solidement soutenues sur des pétioles courts et bien dressés.

* **Stipules** moyennes, linéaires-étroites et caduques.

* **Feuilles stipulaires** manquant le plus souvent.

* **Boutons à fruit** moyens, conico-ovoïdes, renflés; écailles marron lustré de gris plombé.

* **Fleurs** moyennes; pétales en cuilleron allongé, à onglet assez long, d'un blanc terne; divisions du calice assez étroites et réfléchies; pédicelles courts, forts et souvent tomenteux.

* **Feuilles des productions fruitières** un peu plus grandes que celles des pousses d'été, ovales-elliptiques, se terminant en une pointe courte et fine, assez développées sur la nervure médiane, quelquefois bordées de dents peu profondes, émoussées et rares, bien soutenues sur des pétioles courts et assez forts.

* **Caractère saillant de l'arbre** : feuillage d'un vert gai; feuilles planes, généralement isolées, sans feuilles stipulaires.

Fruit gros ou très-gros, sphérico-turbiné, parfois un peu bosselé dans sa surface, atteignant sa plus grande épaisseur à peu près au milieu de sa hauteur; au-dessus de ce point, s'atténuant très-promptement par une courbe très-largement convexe en une pointe courte et un peu obtuse à son sommet; au-dessous du même point, s'arrondissant par une courbe plus convexe jusque dans la cavité de l'œil.

Peau d'abord d'un vert vif et gai semé de points grisâtres, larges, nombreux, régulièrement espacés et assez apparents. On remarque des traits d'une rouille d'un brun fauve dans la cavité de l'œil et qui forment aussi des traits rayonnants sur la base du fruit. A la maturité, **novembre et décembre**, le vert fondamental s'éclaircit peu en jaune et le côté du soleil se lave, sur les fruits bien exposés, d'un léger nuage de rouge brun.

Œil petit pour le volume du fruit, fermé, placé dans une cavité large, profonde, évasée par ses bords accidentés par des côtes épaisses, inégales, obtuses et qui se prolongent un peu sur le ventre du fruit.

Queue très-courte, peu forte, attachée obliquement dans une cavité étroite, très-peu profonde, irrégulièrement ondulée par ses bords.

Chair blanche, un peu transparente, peu fine, creuse, un peu marcescente, abondante en eau douce, sucrée, mais sans parfum appréciable, constituant un fruit inconstant dans sa qualité. Dans un terrain sablonneux ou avec une température chaude, ce fruit serait de bonne qualité.

KAMPER-VENUS

(N° 505)

Pomologie. Jean-Hermann Knoop.
Versuch einer Systematischen Beschreibung der Kernobstsorten. Diel.
Illustrirtes Handbuch der Obstkunde. Oberdieck.
CAMPERVEEN. *Catalogue* Van Mons. 1823.

Observations. — Cette variété est d'origine ancienne et inconnue. — L'arbre est d'une végétation contenue sur cognassier, facile à soumettre à la taille et d'une fertilité très-précoce sur ce sujet. Sa véritable destination est la haute tige sur franc. Il forme une belle tête demi-sphérique dont les branches s'abaissent bientôt sous le poids de récoltes abondantes. Variété à admettre dans le jardin fruitier et à multiplier surtout dans le grand verger. Elle s'accommode de tous les sols et de tous les climats. Elle est aussi rustique et aussi fertile que la Catillac, qu'elle égale par sa belle végétation et qu'elle surpasse par la beauté et la qualité de son fruit destiné aux mêmes usages que celui de cette variété si anciennement renommée.

DESCRIPTION.

Rameaux de moyenne force, souvent épaissis à leur sommet, presque droits, d'un jaune un peu teinté de rouge vers les nœuds; lenticelles très-petites, nombreuses, peu apparentes.

Boutons à bois moyens, coniques, courts, peu aigus, un peu comprimés et presque appliqués au rameau, soutenus sur des supports saillants dont les côtés et l'arête médiane se prolongent finement; écailles d'un marron presque noir et brillant.

Pousses d'été flexueuses, d'un vert clair un peu jaune, un peu teintées de brun du côté du soleil, colorées de rouge à leur sommet et légèrement duveteuses sur une assez longue étendue.

Feuilles des pousses d'été moyennes, exactement ovales, se terminant peu brusquement en une pointe courte et fine, un peu repliées sur leur nervure médiane et à peine arquées, bordées de dents fines, peu profondes, couchées et bien aiguës, assez bien soutenues sur des pétioles de moyenne longueur, de moyenne force, redressés, colorés de rouge ainsi que la nervure médiane.

Stipules assez longues, en alênes souvent dentées.

Feuilles stipulaires manquant le plus souvent.

Boutons à fruit gros, coniques, émoussés ; écailles d'un marron très-foncé et brillant, légèrement bordé de blanc argenté.

Fleurs grandes, quelquefois semi-doubles ; pétales ovales-elliptiques, à onglet peu long, écartés entre eux, concaves, finement bordés de rose avant l'épanouissement ; divisions du calice courtes, larges à leur base et promptement atténuées ; pédicelles de moyenne longueur et de moyenne force, cotonneux.

Feuilles des productions fruitières moyennes, presque exactement cordiformes, se terminant très-brusquement en une pointe très-courte, bien creusées en gouttière et non arquées, bordées de dents larges, profondes, souvent inégales, couchées et aiguës, bien soutenues sur des pétioles peu longs, grêles et bien raides.

Caractère saillant de l'arbre : teinte générale du feuillage d'un vert d'eau peu foncé ; denture aiguë de toutes les feuilles ; feuilles des productions fruitières remarquablement cordiformes.

Fruit gros, piriforme, bien ventru, presque régulier dans son contour, atteignant sa plus grande épaisseur très-peu au-dessous du milieu de sa hauteur ; au-dessus de ce point, s'atténuant par une courbe d'abord largement convexe puis sensiblement concave pour se terminer en une pointe courte, peu épaisse et peu obtuse ; au-dessous du même point, s'atténuant peu par une courbe largement convexe pour s'arrondir jusque dans la cavité de l'œil.

Peau fine, très-mince, lisse et unie, d'abord d'un vert très-pâle, blanchâtre, semé de petits points d'un brun foncé, apparents et irrégulièrement espacés. On remarque aussi un nuage d'une rouille brun clair, bien fine, s'étendant soit sur le sommet du fruit, soit dans la cavité de l'œil. A la maturité, **courant d'hiver,** le vert fondamental passe au beau jaune citron brillant, marbré du côté du soleil d'un joli rouge cramoisi fin et sur lequel les points bruns sont plus serrés et cernés de jaune doré.

Œil grand, ordinairement ouvert, à divisions jaunâtres, quelquefois caduques, placé dans une cavité en forme d'entonnoir assez large et profond, plissé dans ses parois et souvent irrégularisé dans ses bords par des côtes aplanies qui ne se prolongent pas d'une manière bien sensible sur la base du fruit.

Queue longue, un peu forte, sensiblement épaissie à ses deux extrémités, souvent contournée, d'un beau brun finement moucheté de blanc, attachée au sommet du fruit.

Chair blanche, assez fine, ferme, cassante, peu abondante en eau bien sucrée, vineuse, acidulée et parfumée, constituant un fruit de première qualité pour les usages de la cuisine.

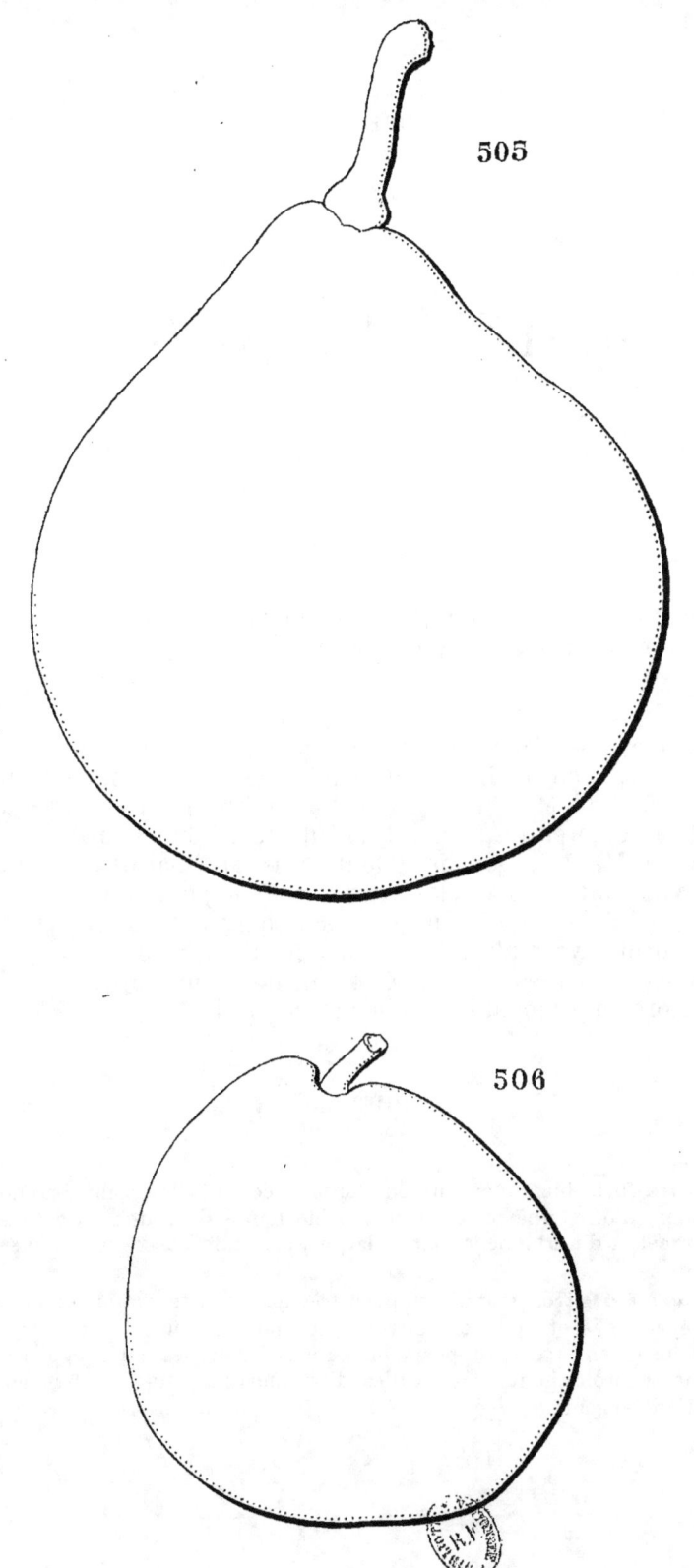

505, KAMPER VÉNUS.   506, DOYENNÉ DOWNING.

DOYENNÉ DOWNING

(N° 506)

The Fruits and the fruit-trees of America. Downing.
Dictionnaire de pomologie. André Leroy.

Observations. — D'après M. André Leroy, cette variété aurait été trouvée par M. François Desportes, pépiniériste angevin, dans une haie du jardin de M. Girardeau, à Haute-Perche, commune de Sainte-Melaine, près d'Angers. Elle fut ainsi nommée par lui en mémoire de M. A.-J. Downing, dont le fils, M. Charles Downing, continue avec tant de succès les travaux pomologiques de son père. — L'arbre, d'une végétation normale sur cognassier, se plie facilement à la forme pyramidale. Il est d'une fertilité précoce. Son fruit, considéré par quelques personnes comme de première qualité, n'a jamais encore chez moi atteint ce degré de mérite.

DESCRIPTION.

Rameaux forts, bien unis dans leur contour, coudés à leurs entre-nœuds un peu longs, d'un jaunâtre terne et à peine teinté de rouge du côté du soleil ; lenticelles d'un blanc jaunâtre, larges, arrondies, assez nombreuses et apparentes.

Boutons à bois très-petits, coniques, très-maigres, très-aigus et même piquants, éperonnés et attachés souvent perpendiculairement ou presque perpendiculairement à des supports bien renflés dont les côtés et l'arête médiane ne se prolongent pas ; écailles d'un marron rougeâtre finement bordé de blanc argenté.

Pousses d'été d'un vert clair, colorées d'un rouge sanguin vif et à peine duveteuses à leur sommet.

Feuilles des pousses d'été petites, obovales ou ovales et toujours bien atténuées à leur base, se terminant presque régulièrement en une pointe peu longue, planes ou à peine concaves, bordées de dents inégales, fines, très-peu profondes et peu aiguës, s'abaissant sur des pétioles de moyenne longueur, très-grêles et flexibles.

Stipules longues, linéaires, très-étroites.

Feuilles stipulaires manquant le plus souvent.

Boutons à fruit petits, conico-ovoïdes, maigres et aigus; écailles d'un marron rougeâtre brillant et bordé de blanc argenté.

Fleurs petites; pétales obovales, peu concaves, roses avant l'épanouissement; divisions du calice courtes et étalées; pédicelles courts, grêles et un peu duveteux.

Feuilles des productions fruitières bien plus grandes que celles des pousses d'été, ovales bien élargies, se terminant presque régulièrement en une pointe courte, bien creusées en gouttière et arquées, bordées de dents inappréciables ou pour ainsi dire irrégulièrement et très-peu profondément découpées dans leur contour, s'abaissant sur des pétioles de moyenne longueur, de moyenne force et divergents.

Caractère saillant de l'arbre : feuilles des productions fruitières d'un très-beau vert, bien luisant; toutes les feuilles s'abaissent sur leurs pétioles.

Fruit moyen, sphérico-ovoïde, ordinairement uni dans son contour, atteignant sa plus grande épaisseur peu au-dessous du milieu de sa hauteur; au-dessus de ce point, s'atténuant promptement par une courbe plus ou moins convexe en une pointe courte et plus ou moins obtuse; au-dessous du même point, s'arrondissant par une courbe bien convexe pour s'aplatir ensuite un peu autour de la cavité de l'œil.

Peau bien fine, mince, d'abord d'un vert clair semé de points bruns, très-petits, nombreux et peu visibles. Une rouille d'un brun clair, très-légère, forme le plus souvent une tache dans la cavité de l'œil et sur le sommet du fruit, et se disperse parfois en traits très-fins sur quelques parties de sa surface. A la maturité, **fin d'août et commencement de septembre,** le vert fondamental passe au jaune pâle et le côté du soleil n'est indiqué que par une rouille un peu plus dense ou par un ton un peu plus chaud.

Œil petit, fermé, placé dans une légère dépression plissée dans ses parois.

Queue très-courte, peu forte, ligneuse, attachée ordinairement un peu obliquement dans un pli charnu plutôt que dans une cavité.

Chair bien blanche, fine, serrée, un peu ferme, demi-beurrée, insuffisante en eau douce, sucrée, assez agréable, mais pas assez relevée, constituant un fruit seulement de seconde qualité.

ROUSSELET S^T-QUENTIN

(N° 507)

Catalogue Papeleu. 1862-1863.
BUTTERBIRNE VON SAINT-QUENTIN. *Systematische Handbuch der Obstkunde.* Dittrich.
SAINT-QUENTIN. *Handbuch aller bekannten Obstsorten.* Biedenfeld.
DE QUENTIN. *The Fruit Manual.* Robert Hogg.

Observations. — Cette variété est probablement d'origine belge [1]. — L'arbre est d'une vigueur modérée sur cognassier et s'accommode assez peu des formes soumises à la taille. Sa véritable destination est la haute tige sur franc, d'une croissance vive et d'un rapport cependant précoce. Variété à multiplier surtout dans le verger. Elle est rustique, d'une grande fertilité, et son fruit bien attaché, de bonne qualité, est assez joli pour être d'une vente facile.

DESCRIPTION.

Rameaux peu forts, allongés et fluets à leur sommet, presque unis dans leur contour, un peu coudés à leurs entre-nœuds qui deviennent très-allongés à mesure qu'ils sont plus rapprochés de la partie supérieure, bruns du côté de l'ombre, d'un rouge violacé et brillant du côté du soleil; lenticelles blanchâtres, arrondies, largement espacées et un peu apparentes.

Boutons à bois petits, coniques, courts, épais à leur base et aigus, à direction bien écartée du rameau, soutenus sur des supports renflés dont l'arête médiane seule se prolonge et très-faiblement; écailles d'un marron noir et brillant, largement recouvert de gris argenté.

---

[1] D'après l'indication donnée par Biedenfeld, cette variété pourrait être un gain de M. Van Dooren, ancien directeur de l'Ecole moyenne, à Namur.

Pousses d'été d'un vert foncé, colorées d'un rouge sanguin intense à leur sommet.

Feuilles des pousses d'été obovales-allongées et étroites, recourbées en dessous seulement par leur pointe, bien creusées en gouttière, entières et duveteuses par leurs bords, se recourbant sensiblement sur des pétioles de moyenne longueur, grêles, colorés de rouge et à peu près horizontaux.

Stipules assez longues, linéaires, finement aiguës.

Feuilles stipulaires assez fréquentes.

Boutons à fruit moyens, sphérico-ovoïdes, un peu anguleux, à pointe très-courte et émoussée; écailles largement arrondies et d'un marron uniforme.

Fleurs presque moyennes; pétales ovales-arrondis et élargis, à onglet long et effilé, roses avant l'épanouissement; pédicelles de moyenne longueur et rougeâtres.

Feuilles des productions fruitières sensiblement plus grandes que celles des pousses d'été, un peu obovales, bien creusées en gouttière, un peu arquées ou concaves, irrégulièrement découpées par leurs bords ou presque entières, bien soutenues sur des pétioles assez longs, de moyenne force et redressés.

Caractère saillant de l'arbre : teinte générale du feuillage d'un vert bleu; toutes les feuilles bien creusées en gouttière et un peu ondulées dans leur contour.

Fruit petit ou presque moyen sur arbre taillé, sphérico-ovoïde ou sphérico-conique, ordinairement uni dans son contour, atteignant sa plus grande épaisseur peu au-dessous du milieu de sa hauteur; au-dessus de ce point, s'atténuant par une courbe peu convexe, plus ou moins courte, plus ou moins épaisse, obtuse ou tronquée à son sommet; au-dessous du même point, s'arrondissant par une courbe plus ou moins convexe pour ensuite, quelquefois, s'aplatir un peu autour de la cavité de l'œil.

Peau un peu ferme, d'abord d'un vert sombre semé de points gris, cernés de vert plus foncé, larges et largement espacés. A la maturité, **commencement de septembre,** le vert fondamental s'éclaircit un peu en jaune et le côté du soleil est bien lavé d'un rouge brun sur lequel apparaissent des points d'un gris fauve, larges et nombreux.

Œil grand, demi-ouvert, à divisions longues, larges et un peu étalées, comprimé dans une cavité très-peu creusée, bosselée dans ses parois et cependant assez régulière par ses bords pour que le fruit puisse s'asseoir largement.

Queue un peu longue, ligneuse, bien épaissie à son point d'attache au rameau, d'un brun moucheté de blanc, insérée dans une cavité profonde et largement évasée, dont les bords se divisent en côtes très-peu prononcées, qui parfois se prolongent un peu sur la hauteur du fruit.

Chair d'un blanc un peu verdâtre, fine, beurrée, suffisante en eau sucrée, relevée du parfum propre aux Rousselets, constituant un fruit de bonne qualité.

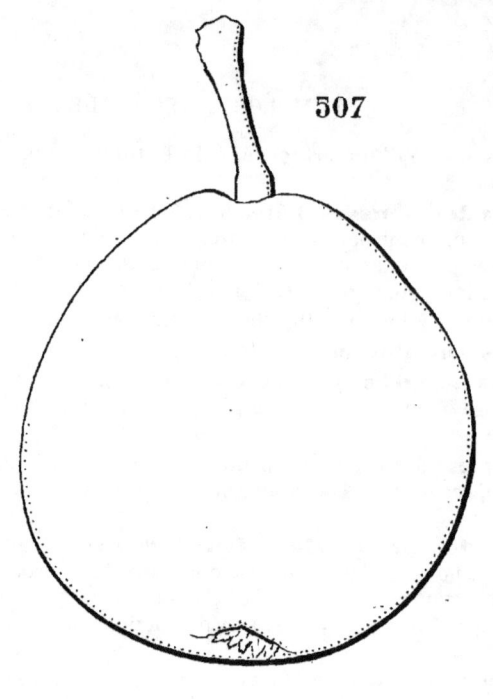
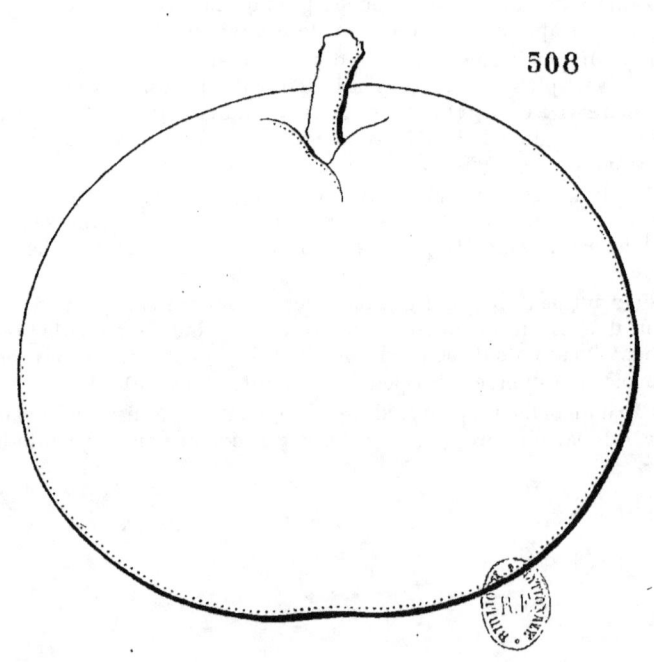

507, ROUSSELET S.^T QUENTIN.   508, BERGAMOTTE ŒUF DE CYGNE.

BERGAMOTTE ŒUF DE CYGNE

(N° 508)

Observations. — Je n'ai trouvé aucun renseignement sur l'origine de cette variété. — L'arbre, de vigueur contenue sur cognassier, normale sur franc, forme de belles pyramides. Sa fertilité se fait un peu attendre, mais devient ensuite bonne et soutenue. Son fruit, assez gros, atteint quelquefois la première qualité.

DESCRIPTION.

Rameaux de moyenne force, peu anguleux dans leur contour, presque droits, à entre-nœuds un peu longs, jaunâtres ; lenticelles blanches, peu larges, nombreuses et un peu apparentes.

Boutons à bois moyens, coniques, bien aigus, à direction bien écartée du rameau, soutenus sur des supports peu saillants dont l'arête médiane se prolonge assez distinctement ; écailles d'un marron rougeâtre brillant.

Pousses d'été de moyenne force, très-peu flexueuses, d'un vert jaune, colorées de rouge sanguin sur une assez longue étendue à leur sommet couvert d'un duvet blanc et soyeux.

Feuilles des pousses d'été moyennes, ovales-élargies, s'atténuant lentement pour se terminer peu brusquement en une pointe courte, presque planes, bordées de larges dents, peu profondes et couchées, tombant sur des pétioles longs, peu forts, s'abaissant au-dessous de l'horizontale.

Stipules assez longues, linéaires, très-étroites, presque filiformes.

Feuilles stipulaires très-fréquentes.

Boutons à fruit gros, ovoïdes-allongés et un peu aigus ; écailles d'un marron clair.

Fleurs moyennes; pétales bien arrondis, un peu concaves, à onglet long, entièrement blancs avant et après l'épanouissement; divisions du calice assez courtes, larges, étalées, blanchâtres et cotonneuses; pédicelles de moyenne longueur et de moyenne force, un peu laineux.

Feuilles des productions fruitières les unes grandes ovales-allongées, les autres petites ovales-arrondies, très-peu repliées, presque planes, bordées de dents très-fines et très-peu profondes, s'abaissant sur des pétioles longs, très-grêles et cependant fermes.

Caractère saillant de l'arbre : teinte générale du feuillage d'un vert clair; toutes les feuilles s'abaissant beaucoup au-dessous de l'horizontale et disposées à devenir pendantes si leurs pétioles n'avaient pas une certaine rigidité; feuilles stipulaires grandes et nombreuses.

Fruit moyen ou assez gros, sphérique, plus ou moins déprimé à ses deux pôles, tantôt uni dans son contour, tantôt un peu déformé par de larges côtes bien aplanies, atteignant sa plus grande épaisseur à peu près au milieu de sa hauteur; au-dessus de ce point, s'atténuant par une courbe largement convexe pour se terminer presque en demi-sphère du côté de la queue; au-dessous du même point, s'arrondissant par une courbe un peu plus convexe pour ensuite s'aplatir autour de la cavité de l'œil.

Peau assez fine, unie, d'abord d'un vert clair et cependant décidé semé de points grisâtres ou gris verdâtre, un peu larges, assez nombreux, bien régulièrement espacés et un peu apparents. On remarque souvent un peu de rouille fauve dans la cavité de l'œil et parfois dans celle de la queue. A la maturité, **octobre, novembre,** le vert fondamental passe au jaune citron assez intense et le côté du soleil se couvre d'un léger nuage de rouge orangé.

Œil petit, fermé ou presque fermé, placé dans une cavité un peu profonde, évasée, unie dans ses parois et régulière par ses bords.

Queue courte, forte, un peu épaissie à son point d'attache au rameau, bien ligneuse, implantée perpendiculairement dans une cavité étroite, un peu profonde et parfois un peu ondulée par ses bords.

Chair d'un blanc teinté et veiné de jaune, fine, fondante, à peine pierreuse vers le cœur, abondante en eau douce, sucrée et délicatement parfumée, constituant un fruit qui atteint souvent la première qualité.

BESI TARDIF

(N° 509)

Dictionnaire de pomologie. André Leroy.
BESI GOUBAULT. *The Fruit Manual.* Robert Hogg.

Observations. — Cette variété a été obtenue par M. Goubault, pépiniériste à Millepieds, près d'Angers (Maine-et-Loire). — L'arbre est d'une végétation assez contenue sur cognassier pour ne suffire qu'à de petites formes sur ce sujet. On maintient difficilement la régularité de sa charpente sans le secours d'un treillage. Sa véritable destination est la haute tige sur franc, formant une tête de petite dimension et peu régulière. Variété à multiplier surtout dans le verger. Elle se recommande par sa fertilité grande et soutenue. Son fruit, de bonne qualité pour la cuisine, est d'une très-facile conservation, et peut acquérir un certain mérite pour la table dans les sols légers et par une saison chaude.

DESCRIPTION.

Rameaux fluets, un peu coudés à leurs entre-nœuds et souvent contournés par leur extrémité, d'un brun rougeâtre; lenticelles d'un gris blanchâtre, petites et peu apparentes.

Boutons à bois petits, coniques, très-courts et obtus, les supérieurs appliqués au rameau, les inférieurs à direction écartée; écailles d'un marron rougeâtre foncé.

Pousses d'été flexueuses, d'un vert terne, colorées de rouge à leur sommet couvert d'un duvet épais et grisâtre.

Feuilles des pousses d'été ovales-arrondies, se terminant assez brusquement en une pointe courte et recourbée, presque planes, irrégulièrement festonnées dans leur contour plutôt que dentées, s'abaissant sur des pétioles de moyenne longueur, grêles, horizontaux.

Stipules de moyenne longueur, en forme d'alênes.

Feuilles stipulaires très-fréquentes.

Boutons à fruit gros, coniques, obtus; écailles lâches, d'un marron rougeâtre maculé de gris.

Fleurs petites; pétales ovales, presque planes, entièrement blancs avant l'épanouissement; pédicelles de moyenne longueur, assez forts et cotonneux.

Feuilles des productions fruitières obovales-allongées, étroites, sensiblement atténuées à leurs deux extrémités, presque planes, entières dans leurs bords, retombant sur des pétioles longs, très-grêles et flexibles.

Caractère saillant de l'arbre : teinte générale du feuillage d'un vert d'eau pâle et teinté de gris; les nervures et les pétioles longtemps couverts d'un duvet blanc; feuilles des productions fruitières retombant mollement sur leurs pétioles.

Fruit moyen, turbiné ou turbiné-sphérique, ordinairement uni dans son contour, atteignant sa plus grande épaisseur peu au-dessous du milieu de sa hauteur; au-dessus de ce point, s'atténuant par une courbe tantôt convexe, tantôt concave pour se terminer en une pointe courte et bien obtuse; au-dessous du même point, s'arrondissant par une courbe bien convexe jusque dans la cavité de l'œil.

Peau fine, mince, d'abord d'un vert blanchâtre sur lequel il est difficile de reconnaître de véritables points. Quelques traits d'une rouille fine se dispersent sur sa surface et se réunissent en plus grand nombre autour de la cavité de l'œil. A la maturité, **fin d'hiver et printemps,** le vert fondamental passe au jaune blanchâtre et sur le côté du soleil le ton est seulement un peu plus chaud.

Œil moyen, bien ouvert, à divisions caduques, placé dans une cavité évasée et très-peu profonde, quelquefois divisée dans ses bords en côtes légères qui ne se prolongent que sur la base du fruit.

Queue longue, peu forte, souvent contournée, épaissie à son point d'attache au sommet du fruit entre quelques plis charnus.

Chair fine, blanche sur presque toute son épaisseur et un peu jaune près du cœur, demi-cassante, suffisante en eau douce, sucrée, mais peu relevée, constituant un fruit quelquefois bon au couteau pour l'époque tardive de sa maturité, mais surtout propre aux usages de la cuisine.

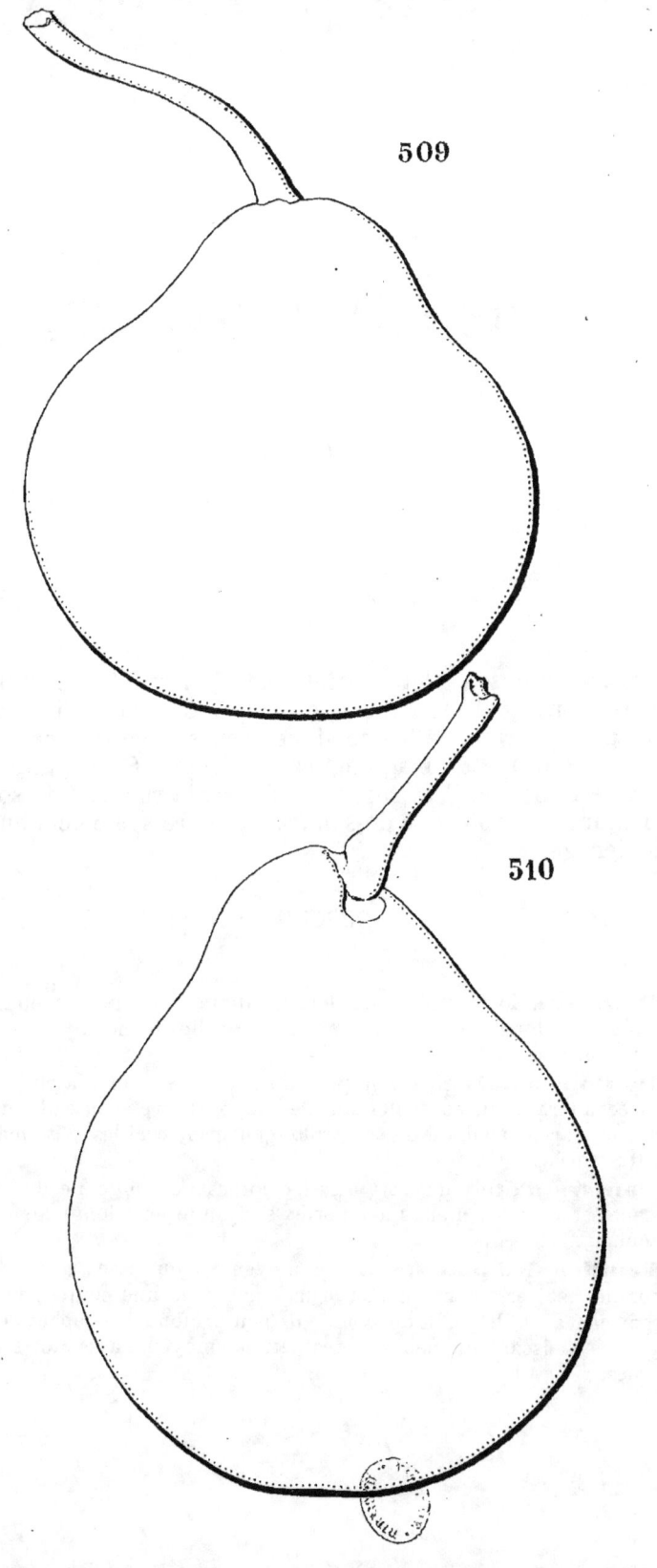

509, BESI TARDIF.   510, DE CHAUDFONTAINE.

DE CHAUDFONTAINE

(N° 510)

Catalogue Simon-Louis, de Metz.

Observations. — Cette variété est d'origine belge. MM. Simon-Louis m'ont dit l'avoir reçue, en 1865, de M. Galopin, pépiniériste à Liége.— L'arbre, de bonne vigueur aussi bien sur cognassier que sur franc, forme de magnifiques pyramides. Sa fertilité est assez précoce et bonne. Il se recommande par la rusticité de son bois et la maturation prolongée de son fruit, propre seulement aux usages du ménage.

DESCRIPTION.

Rameaux forts, unis dans leur contour, à peine flexueux, à entrenœuds assez longs, d'un vert sombre ; lenticelles blanchâtres, larges, nombreuses et apparentes.

Boutons à bois gros, coniques, un peu épais et bien aigus, à direction écartée du rameau, soutenus sur des supports très-peu saillants dont les côtés et l'arête médiane ne se prolongent pas ; écailles d'un marron rougeâtre foncé.

Pousses d'été d'un vert d'eau, colorées de rouge lie de vin à leur sommet et vers les nœuds, couvertes sur toute leur longueur d'un duvet cotonneux.

Feuilles des pousses d'été moyennes ou assez grandes, ovales-arrondies, se terminant un peu brusquement en une pointe peu longue et large, concaves, bordées de dents un peu profondes, couchées et un peu aiguës, s'abaissant un peu sur des pétioles moyens, assez forts et un peu souples.

Stipules moyennes ou assez longues, linéaires-dentées.

Feuilles stipulaires manquant ordinairement.

Boutons à fruit gros, ovoïdes-allongés et aigus; écailles d'un marron rougeâtre terne.

Fleurs..........

Feuilles des productions fruitières moyennes ou assez grandes, ovales-élargies, se terminant un peu brusquement en une pointe courte, large et parfois contournée, presque planes ou à peine repliées, entières ou presque entières par leurs bords, s'abaissant peu sur des pétioles longs, forts, divergents et peu flexibles.

Caractère saillant de l'arbre : teinte générale du feuillage d'un vert bleu vif et brillant; feuilles des pousses d'été tendant à la forme largement arrondie; feuilles des productions fruitières un peu échancrées vers le pétiole.

Fruit gros ou assez gros, piriforme un peu ventru, ordinairement uni dans son contour, atteignant sa plus grande épaisseur au-dessous du milieu de sa hauteur; au-dessus de ce point, s'atténuant par une courbe à peine convexe puis à peine concave en une pointe longue, un peu épaisse et obtuse à son sommet; au-dessous du même point, s'atténuant par une courbe largement convexe pour diminuer un peu sensiblement d'épaisseur vers la cavité de l'œil.

Peau un peu épaisse, d'abord d'un vert d'eau dont on n'aperçoit ordinairement qu'une très-petite étendue, car il est presque entièrement recouvert d'une rouille de couleur canelle, un peu âpre au toucher et semé de points grisâtres, larges, assez apparents et manquant souvent entièrement ou seulement sur certaines parties de la surface du fruit. A la maturité, **octobre,** le vert fondamental passe au jaune paille, la rouille se dore et le côté du soleil, couvert d'un ton plus chaud, est parfois, sur les fruits bien exposés, un peu teinté de rouge.

Œil grand, ouvert, placé dans une cavité peu large, profonde et souvent obscurément plissée dans ses parois et par ses bords.

Queue de moyenne longueur, un peu forte, ligneuse, un peu épaissie à ses deux extrémités, attachée un peu obliquement dans un pli irrégulier formé par la pointe du fruit.

Chair blanchâtre, demi-fine, demi-cassante, peu abondante en eau douce, sucrée et relevée d'un peu de musc, constituant un bon fruit de ménage, de maturation prolongée.

JAUNE PRÉCOCE

(GELBE FRÜHBIRNE)

(N° 511)

Beschreibung neuer Obstsorten. LIEGEL.
Illustrirtes Handbuch der Obstkunde. OBERDIECK.

OBSERVATIONS. — Cette variété, d'origine inconnue, est bien à apprécier à cause de l'époque hâtive de sa maturité et de sa facilité à supporter les transports sur le marché. — L'arbre est de bonne vigueur sur cognassier, mais s'accommode mal des formes régulières; il est plus propre à la haute tige et forme une tête d'une grande dimension. Sa fertilité est précoce et grande, mais elle est interrompue par des alternats complets. Son fruit, d'assez bonne qualité pour la saison, est très-recommandable pour les usages du ménage.

DESCRIPTION.

Rameaux forts, unis ou presque unis dans leur contour, flexueux, à entre-nœuds longs, d'un jaune verdâtre; lenticelles grisâtres, bien allongées, nombreuses et bien apparentes.

Boutons à bois assez gros, coniques, courtement aigus, à direction écartée du rameau, soutenus sur des supports saillants dont les côtés et l'arête médiane ne se prolongent pas; écailles d'un marron foncé et brillant.

Pousses d'été d'un vert très-clair et un peu teinté de jaune, colorées de rouge sanguin intense et soyeuses à leur sommet.

Feuilles des pousses d'été moyennes, ovales, un peu allongées, s'atténuant presque régulièrement en une longue pointe, largement repliées et arquées, bordées de dents écartées, un peu profondes et émoussées, bien soutenues sur des pétioles moyens, un peu forts, fermes et bien dressés.

Stipules en alènes un peu longues, bien fines et très-caduques.

Feuilles stipulaires se présentent quelquefois.

Boutons à fruit gros, conico-ovoïdes, courtement aigus ; écailles d'un marron rougeâtre peu foncé et largement maculé de gris blanchâtre.

Fleurs..........

Feuilles des productions fruitières grandes, ovales, souvent bien allongées et peu larges, se terminant presque régulièrement en une pointe un peu longue, à peine repliées ou presque planes, à peine arquées, bordées de dents très-peu profondes, bien couchées et émoussées, assez peu soutenues sur des pétioles longs, de moyenne force et un peu souples.

Caractère saillant de l'arbre : teinte générale du feuillage d'un vert pré clair, un peu teinté de jaune et terne ; feuilles des productions fruitières remarquablement plus allongées que celles des pousses d'été.

Fruit petit, turbiné ou turbiné-piriforme, uni dans son contour, atteignant sa plus grande épaisseur bien au-dessous du milieu de sa hauteur ; au-dessus de ce point, s'atténuant par une courbe à peine convexe ou à peine concave en une pointe peu longue, un peu épaisse et un peu obtuse à son sommet ; au-dessous du même point, s'arrondissant par une courbe assez convexe jusque vers l'œil.

Peau fine, mince, unie et un peu luisante, d'abord d'un vert pâle semé de points d'un vert plus foncé, nombreux et assez peu apparents. On remarque parfois un peu de rouille d'un gris brun, bien fine et peu dense dans la cavité de l'œil. A la maturité, **milieu de juillet,** le vert fondamental passe au jaune clair, le plus souvent seulement un peu doré du côté du soleil ou rarement lavé d'un véritable soupçon de rouge.

Œil assez grand, ouvert, à divisions dressées ou un peu étalées, placé tantôt à fleur de la base du fruit, tantôt dans une dépression très-peu prononcée.

Queue de moyenne longueur, un peu forte, un peu souple, fixée tantôt perpendiculairement, tantôt obliquement à fleur de la pointe du fruit.

Chair d'un blanc jaunâtre, assez fine, demi-beurrée, suffisante en eau douce, sucrée et relevée d'un léger parfum rafraîchissant, constituant un fruit d'assez bonne qualité pour la saison.

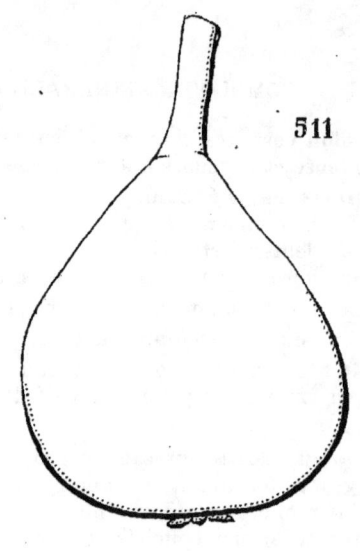
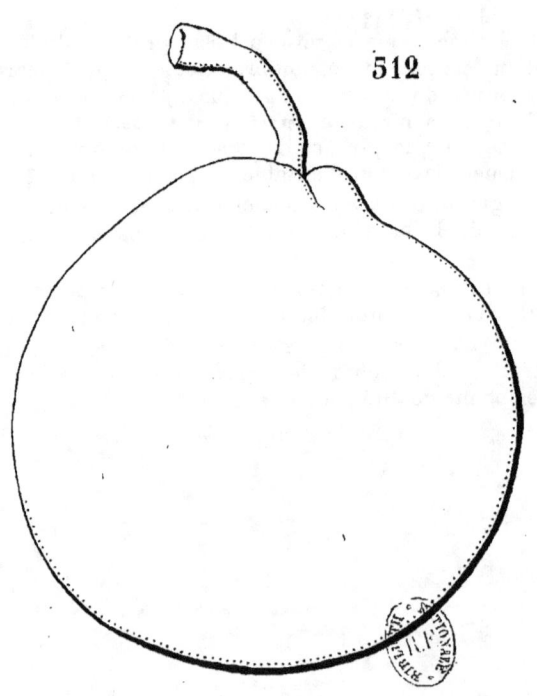

511, JAUNE PRÉCOCE. 512, MADAME HENRI DESPORTES.

MADAME HENRI DESPORTES

(N° 512)

Dictionnaire de pomologie. André Leroy.

Observations. — Cette variété a été obtenue de semis par M. André Leroy; elle a produit ses premiers fruits en 1863 et fut dédiée par lui à la femme d'un de ses chefs de culture, M. Henri Desportes. — L'arbre, de végétation contenue sur cognassier, s'accommode facilement des formes régulières. Sa fertilité est très-précoce et très-grande. Son fruit est de bonne qualité.

DESCRIPTION.

Rameaux de moyenne force, bien anguleux dans leur contour, flexueux, à entre-nœuds de moyenne longueur ou assez longs, d'un brun brillant du côté de l'ombre et teinté de rouge du côté du soleil; lenticelles blanchâtres, petites, assez nombreuses et peu apparentes.

Boutons à bois gros, coniques, très-épais et obtus, à direction écartée du rameau, soutenus sur des supports très-saillants dont l'arête médiane se prolonge très-distinctement; écailles d'un beau marron rougeâtre foncé, brillant et largement maculé de gris argenté.

Pousses d'été d'un vert un peu teinté de jaune, presque glabres et colorées de rouge sanguin sur une longue étendue à leur partie supérieure.

Feuilles des pousses d'été moyennes, exactement ovales, se terminant un peu brusquement en une pointe longue et large, un peu concaves ou creusées en gouttière et non arquées, bien régulièrement bordées de dents fines, peu profondes, un peu couchées et un peu aiguës, bien soutenues sur des pétioles assez courts, grêles, fermes et redressés.

Stipules moyennes, filiformes ou presque filiformes.

Feuilles stipulaires manquant le plus souvent.

Boutons à fruit moyens, ovo-ellipsoïdes, presque sphériques, obtus ou très-courtement aigus; écailles d'un beau marron rougeâtre foncé et brillant.

Fleurs petites; pétales elliptiques-arrondis, concaves, à onglet court, se touchant entre eux; divisions du calice courtes et à peine recourbées par leur pointe; pédicelles assez courts, de moyenne force et peu duveteux.

Feuilles des productions fruitières plus grandes que celles des pousses d'été, exactement ovales, se terminant peu brusquement en une pointe un peu longue et finement aiguë, bien régulièrement creusées en gouttière et non arquées, bien régulièrement bordées de dents très-fines, très-peu profondes et aiguës, bien soutenues sur des pétioles de moyenne longueur, grêles et cependant fermes et redressés.

Caractère saillant de l'arbre : teinte générale du feuillage d'un vert herbacé, un peu mat et peu foncé; toutes les feuilles exactement ovales et concaves ou creusées en gouttière; serrature de toutes les feuilles fine, bien régulière et peu profonde.

Fruit moyen, sphérico-ovoïde, ordinairement bosselé et souvent un peu irrégulier dans sa forme, atteignant sa plus grande épaisseur à peu près au milieu de sa hauteur; au-dessus de ce point, s'atténuant promptement par une courbe largement convexe en une pointe courte, épaisse et obtuse à son sommet; au-dessous du même point, s'arrondissant par une courbe à peu près également convexe jusque dans la cavité de l'œil.

Peau fine, tendre, d'abord d'un vert d'eau pâle semé de points d'un brun clair, un peu larges et nombreux, se confondant presque toujours avec des traits ou des taches d'une rouille de même couleur qui se dispersent sur toute sa surface et se condensent surtout dans la cavité de l'œil. A la maturité, **octobre,** le vert fondamental passe au jaune paille chaudement doré lorsque les fruits ont été bien exposés.

Œil grand, ouvert, placé dans une cavité en forme d'entonnoir un peu profond et souvent divisé dans ses bords en quelques côtes aplanies.

Queue assez courte, forte, bien épaissie à son point d'attache au rameau, courbée, d'un beau brun brillant, attachée entre des plis divergents formés par la pointe du fruit.

Chair d'un blanc jaunâtre, assez fine, beurrée, fondante, abondante en eau sucrée et relevée d'un parfum de musc assez prononcé, constituant un fruit de bonne qualité.

POIRE D'AOUT ALLEMANDE

(N° 513)

DEUTSCHE AUGUSTBIRNE. *Illustrirtes Handbuch der Obstkunde.* Jahn.

Observations. — Cette variété est bien répandue dans la Saxe. — L'arbre, d'une végétation insuffisante sur cognassier, se montre d'une vigueur moyenne sur franc; il s'accommode des formes régulières, mais il convient mieux à la haute tige. Sa fertilité est précoce, grande et soutenue. Son fruit, d'assez bonne qualité, bien coloré de rouge du côté du soleil, est d'un joli aspect.

DESCRIPTION.

Rameaux grêles, presque unis dans leur contour, presque droits, à entre-nœuds de moyenne longueur, d'un gris jaunâtre; lenticelles blanchâtres, petites, rares et apparentes.

Boutons à bois petits, coniques, courtement aigus, à direction écartée du rameau, soutenus sur des supports peu saillants dont l'arête médiane ne se prolonge pas ou à peine distinctement; écailles d'un marron presque noir et brillant.

Pousses d'été grêles, d'un vert clair un peu jaunâtre, un peu rougies à leur sommet presque glabre.

Feuilles des pousses d'été petites, elliptiques-arrondies, se terminant très-brusquement en une pointe extrêmement courte, concaves plutôt que creusées en gouttière, bordées de dents extraordinairement fines, peu profondes et aiguës, s'abaissant un peu sur des pétioles moyens, grêles et souples.

Stipules courtes, filiformes, très-caduques.

Feuilles stipulaires manquant toujours.

Boutons à fruit assez gros, coniques, un peu renflés et peu aigus ; écailles d'un marron noirâtre largement maculé de gris blanchâtre.

Fleurs petites ; pétales arrondis, concaves, à onglet un peu long, blancs avant l'épanouissement ; divisions du calice très-courtes, étalées ; pédicelles courts, très-grêles et presque lisses.

Feuilles des productions fruitières à peine moyennes, ovales, un peu élargies à leur base, s'atténuant lentement pour se terminer plus ou moins brusquement en une pointe courte et finement aiguë, un peu concaves, très-régulièrement bordées de dents très-fines, très-peu profondes et peu aiguës, assez mal soutenues sur des pétioles un peu longs, extraordinairement grêles.

Caractère saillant de l'arbre : teinte générale du feuillage d'un vert clair et gai ; denture remarquablement fine et régulière de toutes les feuilles ; tous les pétioles bien grêles.

Fruit petit, ovoïde, bien uni dans son contour, atteignant sa plus grande épaisseur au-dessous du milieu de sa hauteur ; au-dessus de ce point, s'atténuant par une courbe très-largement convexe en une pointe peu longue, un peu épaisse et obtuse à son sommet ; au-dessous du même point, s'arrondissant par une courbe largement convexe jusque vers l'œil.

Peau un peu épaisse, d'abord d'un vert mat semé de points gris, assez petits, nombreux et assez peu apparents. On remarque ordinairement un peu de rouille soit sur le sommet du fruit, soit dans la cavité de l'œil. A la maturité, **fin d'août,** le vert fondamental s'éclaircit un peu en jaune et le côté du soleil est seulement couvert d'un ton un peu plus chaud ou souvent peu reconnaissable.

Œil petit, fermé, placé dans une cavité étroite, peu profonde et régulière.

Queue assez courte, grêle, attachée le plus souvent obliquement à fleur de la pointe du fruit.

Chair verte et veinée de vert, demi-fine, beurrée, un peu pierreuse vers le cœur, suffisante en eau bien sucrée, vineuse, acidulée, agréable, constituant un fruit d'assez bonne qualité.

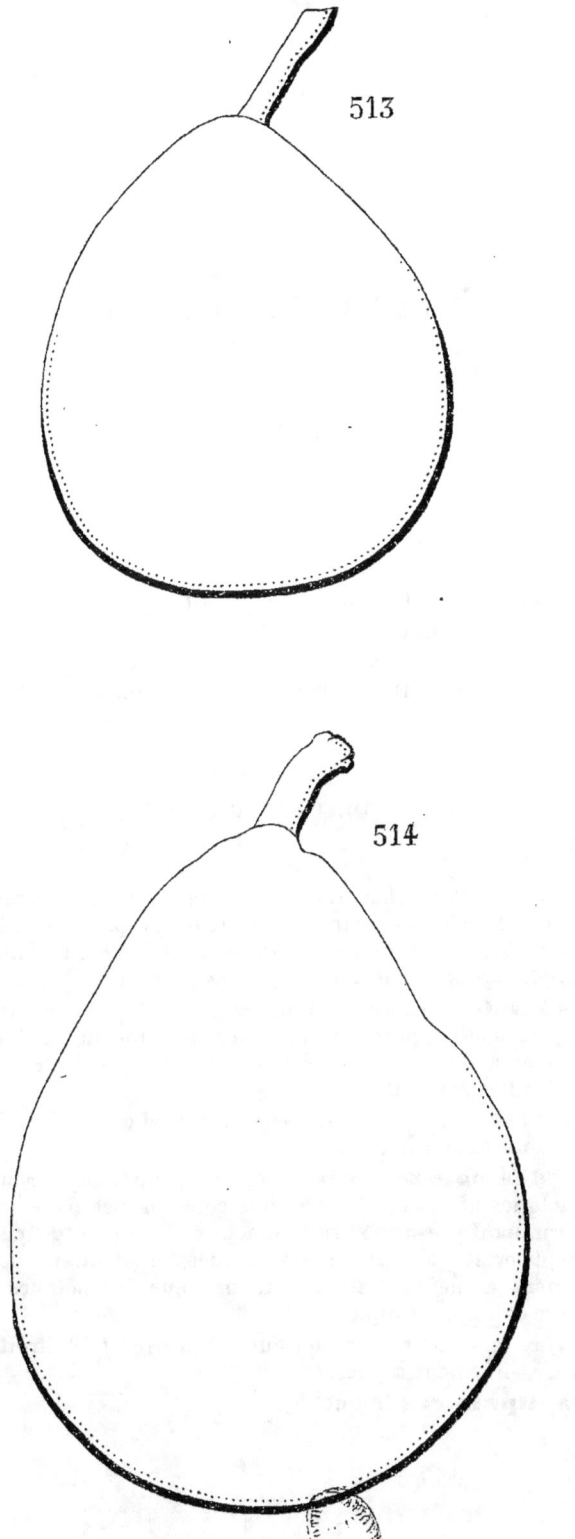

513. POIRE D'AOÛT ALLEMANDE. 514. SAINT-FLORENT.

SAINT-FLORENT

(N° 514)

Observations. — Cette variété est d'origine incertaine. — L'arbre, de vigueur normale sur cognassier, est propre aux formes régulières. Sa fertilité est précoce, très-grande et soutenue. Son fruit, de première qualité, doit être entre-cueilli.

DESCRIPTION.

Rameaux assez forts, obscurément anguleux dans leur contour, presque droits, à entre-nœuds de moyenne longueur ou un peu longs, jaunâtres du côté de l'ombre, lavés de rouge sanguin du côté du soleil ; lenticelles blanchâtres, très-allongées, nombreuses et assez apparentes.
Boutons à bois assez gros, coniques, courts, épais, courtement aigus, à direction parallèle ou presque appliqués au rameau, soutenus sur des supports un peu saillants dont l'arête médiane se prolonge assez peu distinctement ; écailles rougeâtres.
Pousses d'été d'un vert vif, lavées de rouge et couvertes à leur sommet d'un duvet blanc et cotonneux.
Feuilles des pousses d'été moyennes ou assez grandes, ovales-élargies, quelques-unes très-élargies du côté du pétiole et cordiformes-ovales, se terminant presque régulièrement en une pointe finement aiguë, largement repliées et un peu arquées, bordées de dents un peu profondes et bien finement aiguës, s'abaissant un peu sur des pétioles moyens, de moyenne force et un peu souples.
Stipules extraordinairement longues, linéaires très-étroites, très-longuement et très-finement aiguës.
Feuilles stipulaires fréquentes.

Boutons à fruit moyens ou assez gros, coniques un peu renflés et courtement aigus; écailles d'un marron bien foncé.

Fleurs moyennes ou assez grandes; pétales elliptiques-arrondis, concaves, à onglet court, se touchant un peu entre eux; divisions du calice moyennes, finement aiguës et recourbées; pédicelles assez longs, grêles et à peine duveteux.

Feuilles des productions fruitières assez grandes, ovales-élargies, se terminant régulièrement en une pointe finement aiguë et bien recourbée, à peine repliées et souvent un peu convexes par leurs côtés, bordées de dents fines, un peu profondes, couchées et bien aiguës, mollement soutenues sur des pétioles moyens, grêles et souples.

Caractère saillant de l'arbre : teinte générale du feuillage d'un vert herbacé vif et brillant; toutes les feuilles plus ou moins élargies et garnies d'une serrature remarquablement acérée; stipules extraordinairement longues.

Fruit gros, ovoïde-piriforme, épais, souvent irrégulier dans sa forme, uni dans son contour, atteignant sa plus grande épaisseur au-dessous du milieu de sa hauteur; au-dessus de ce point, s'atténuant par une courbe d'abord peu convexe puis peu concave en une pointe plus ou moins longue, plus ou moins épaisse, tantôt obtuse, tantôt aiguë à son sommet; au-dessous du même point, s'atténuant par une courbe largement convexe pour diminuer un peu sensiblement d'épaisseur vers l'œil.

Peau tendre, d'abord d'un vert terne semé de points bruns, larges, bien arrondis, bien régulièrement espacés et bien apparents. On remarque ordinairement sur sa surface des traits ou taches de rouille irrégulièrement dispersés et qui se condensent en une tache plus large, d'un ton un peu fauve sur le sommet du fruit. A la maturité, **commencement de septembre,** le vert fondamental passe au jaune blanchâtre mat et sur le côté du soleil, couvert d'un ton un peu plus chaud, les points sont bien plus larges, plus nombreux et plus apparents.

Œil moyen, demi-ouvert, à divisions très-courtes, placé presque à fleur de la base du fruit dans une dépression très-peu profonde et souvent un peu plissée dans ses parois.

Queue très-courte, forte, attachée à fleur de la pointe du fruit.

Chair blanche, demi-fine, beurrée, suffisante en eau bien sucrée et agréablement parfumée, constituant un fruit de bonne qualité s'il a été cueilli longtemps d'avance, et au contraire pâteux et insignifiant s'il a été cueilli au moment où sa peau change de couleur.

BEURRÉ BEEK

(N° 515)

Illustrirtes Handbuch der Obstkunde. OBERDIECK.

OBSERVATIONS. — Cette variété serait-elle, comme la Pomme Douce de Beek, décrite par Oberdieck dans le *Illustrirtes Handbuch*, originaire des environs de Beek, près de Ruhrort, ville de la Province rhénane, appartenant aux Etats prussiens, ou peut-être des environs de la ville de Beek, dans les Pays-Bas ? — L'arbre, de bonne vigueur sur cognassier, s'accommode assez bien des formes régulières. Sa fertilité est précoce et très-grande. Son fruit est seulement de troisième qualité pour la table, mais il est surtout propre aux usages de la cuisine.

DESCRIPTION.

Rameaux peu forts, allongés et bien fluets à leur partie supérieure, unis dans leur contour, presque droits, à entre-nœuds un peu longs, d'un brun grisâtre, un peu teintés de rouge du côté du soleil ; lenticelles jaunâtres, larges, bien arrondies, régulièrement espacées et bien apparentes.

Boutons à bois très-petits, coniques, courts, courtement aigus, parallèles ou presque appliqués au rameau, soutenus sur des supports très-peu saillants dont les côtés et l'arête médiane ne se prolongent pas ; écailles d'un marron rougeâtre terne.

Pousses d'été d'un vert d'eau, colorées de rouge sanguin et un peu cotonneuses à leur sommet.

Feuilles des pousses d'été moyennes, ovales-allongées, se terminant régulièrement en une pointe aiguë, largement repliées et arquées, bordées de dents larges, inégales, plus ou moins profondes et émoussées, bien soutenues sur des pétioles longs, grêles et redressés.

Stipules en alènes moyennes.

Feuilles stipulaires manquant ordinairement.

Boutons à fruit moyens, ovoïdes, bien renflés et aigus; écailles d'un beau marron foncé.

Fleurs petites; pétales elliptiques-arrondis, concaves, à onglet très-court, peu écartés entre eux; divisions du calice très-courtes et peu recourbées; pédicelles assez courts, très-grêles et un peu laineux.

Feuilles des productions fruitières moyennes, ovales-allongées et un peu plus élargies que celles des pousses d'été, se terminant régulièrement en une pointe bien recourbée, peu repliées et un peu convexes par leurs côtés, bordées de dents bien couchées, peu profondes et peu aiguës, irrégulièrement soutenues sur des pétioles un peu longs, de moyenne force et un peu flexibles.

Caractère saillant de l'arbre : teinte générale du feuillage d'un vert pré vif et brillant; toutes les feuilles plus ou moins allongées et bien recourbées en dessous par leur pointe; tous les pétioles plus ou moins longs.

Fruit moyen, sphérico-ovoïde, bien ventru, uni dans son contour, atteignant sa plus grande épaisseur à peu près au milieu de sa hauteur; au-dessus de ce point, s'atténuant par une courbe d'abord un peu convexe puis un peu concave en une pointe courte, épaisse et tronquée à son sommet; au-dessous du même point, s'atténuant par une courbe largement convexe pour diminuer sensiblement d'épaisseur vers la cavité de l'œil.

Peau ferme, d'abord d'un vert clair et vif semé de points nombreux, d'un gris vert et bien apparents. On trouve ordinairement un peu de rouille soit sur le sommet du fruit, soit dans la cavité de l'œil. A la maturité, **septembre,** le vert fondamental passe au beau jaune citron brillant, et le côté du soleil est largement lavé d'un beau rouge vermillon rayé et flammé de rouge plus foncé.

Œil petit, fermé, placé dans une cavité très-étroite, peu profonde et ordinairement régulière.

Queue courte, de moyenne force, un peu souple, attachée le plus souvent obliquement dans un pli irrégulier formé par la pointe du fruit.

Chair blanche, peu fine, cassante, marcescente, abondante en eau bien sucrée et assez agréablement relevée, constituant un fruit seulement de troisième qualité pour la table et propre aux usages du ménage.

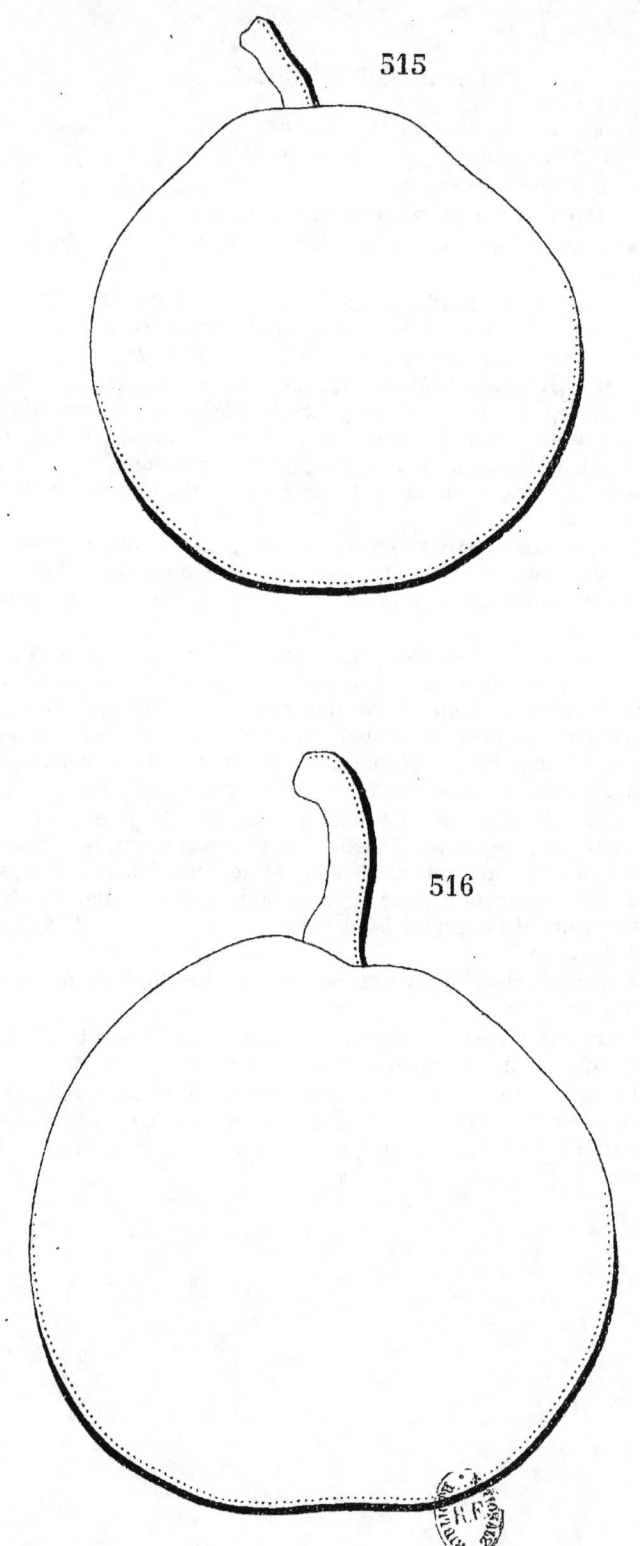

515. BEURRÉ BEEK.   516. DICKERMAN.

DICKERMAN

(N° 516)

The Fruits and the fruit-trees of America. DOWNING.
The American fruit Culturist. THOMAS.

OBSERVATIONS. — D'après Downing, cette variété a été obtenue par M. Pardee, de New-Haven, Connecticut (Etats-Unis). — L'arbre est d'une vigueur contenue sur cognassier. Il s'accommode bien de l'appui à un treillage sur lequel ses branches grêles s'étendent facilement et se garnissent de productions fruitières d'une longue durée. Cette variété est à introduire dans nos jardins fruitiers. Elle est d'une bonne fertilité. Son fruit, d'un beau volume, se recommande aussi par sa qualité entre les poires de son époque.

DESCRIPTION.

Rameaux peu forts, unis dans leur contour, un peu coudés à leurs entre-nœuds courts, d'un vert clair ; lenticelles petites, rares et peu apparentes.

Boutons à bois petits, coniques, épais et obtus, à direction un peu écartée du rameau, soutenus sur des supports peu saillants dont les côtés et l'arête médiane ne se prolongent pas sensiblement ; écailles de couleur marron, légèrement bordées de gris.

Pousses d'été à peine flexueuses, d'un vert clair, lavées de rouge du côté du soleil et à leur sommet finement duveteux.

Feuilles des pousses d'été petites, exactement ovales, se terminant peu brusquement en une pointe peu longue, planes ou presque planes, bordées de dents extraordinairement fines, très-peu profondes et aiguës, souvent à peine appréciables, assez bien soutenues sur des pétioles courts, grêles et redressés.

Stipules courtes, filiformes.

Feuilles stipulaires manquant le plus souvent.

Boutons à fruit petits, ovoïdes, un peu allongés et obtus ; écailles d'un marron un peu rougeâtre, largement maculées de gris.

Fleurs bien petites ; pétales bien arrondis, un peu concaves, d'un rose vif avant l'épanouissement ; divisions du calice de moyenne longueur, finement aiguës, peu recourbées en dessous ; pédicelles de moyenne longueur, grêles et un peu duveteux.

Feuilles des productions fruitières petites, exactement ovales, les plus petites un peu cordiformes, se terminant un peu brusquement en une pointe courte, bien planes, bordées de dents très-fines, très-peu profondes et aiguës, bien soutenues sur des pétioles un peu longs, très-grêles et cependant raides.

Caractère saillant de l'arbre : teinte générale du feuillage d'un vert clair ; toutes les feuilles petites, planes ou presque planes et garnies d'une serrature remarquablement fine et peu profonde.

Fruit moyen ou presque gros, sphérico-conique, souvent un peu irrégulier dans son contour, atteignant sa plus grande épaisseur un peu au-dessous du milieu de sa hauteur ; au-dessus de ce point, s'atténuant promptement par une courbe convexe pour se terminer en une pointe épaisse, très-courte, obtuse ou un peu tronquée ; au-dessous du même point, s'arrondissant régulièrement jusque dans la cavité de l'œil.

Peau un peu épaisse et ferme, d'abord d'un vert clair et brillant semé de petits points fauves, nombreux et régulièrement espacés. On remarque aussi ordinairement de légères traces de rouille soit vers le point d'attache de la queue, soit dans la cavité de l'œil. A la maturité, **fin de septembre,** le vert fondamental s'éclaircit en jaune et le côté du soleil, d'une couleur un peu plus claire, est rarement très-légèrement flammé de rouge.

Œil grand, demi-ouvert, à divisions fines et très-courtes, placé dans une cavité large, assez profonde, en forme de godet, ordinairement assez régulier dans ses parois et par ses bords.

Queue un peu longue, forte, sensiblement épaissie à ses deux extrémités, courbée, d'un brun clair, implantée tantôt dans une petite cavité, tantôt entre des bosses peu prononcées qui se continuent d'une manière peu sensible sur la hauteur du fruit.

Chair blanche, bien fine, fondante, abondante en eau sucrée, acidulée, agréablement parfumée, constituant un fruit de première qualité.

TAGLIORETTI

(N° 517)

Catalogue Papeleu.
Annales de Pomologie belge. Bivort.

Observations. — Cette variété, par son apparence et sa qualité, tient de la Bergamotte d'été et de la Poire de Vallée, mais l'arbre en diffère complétement. — L'arbre, de bonne vigueur sur cognassier, forme facilement de très-belles pyramides, mais d'un rapport tardif et trop souvent interrompu par des alternats complets; il convient mieux à la haute tige où son rapport n'est pas retardé par la taille tout en restant intermittent, et où son fruit, d'assez bonne qualité, mûrit avant la saison des vents.

DESCRIPTION.

Rameaux de moyenne force, unis ou presque unis dans leur contour, droits, à entre-nœuds de moyenne longueur, d'un brun verdâtre du côté de l'ombre, d'un brun rougeâtre du côté du soleil; lenticelles blanchâtres, un peu larges, allongées, largement espacées et apparentes.

Boutons à bois gros, coniques, bien épais et bien aigus, à direction très-écartée du rameau, soutenus sur des supports peu saillants dont les côtés et l'arête médiane ne se prolongent pas ou à peine distinctement; écailles d'un marron rougeâtre extraordinairement foncé, presque noir et bordé de gris argenté.

Pousses d'été d'un vert olive, colorées de rouge et cotonneuses à leur sommet.

Feuilles des pousses d'été assez petites, ovales, un peu brusquement atténuées vers le pétiole, se terminant régulièrement en une pointe ferme, creusées et un peu arquées, irrégulièrement et peu profondément découpées par leurs bords ou bordées de dents très-peu profondes, écartées et obtuses, soutenues à peu près horizontalement sur des pétioles moyens, de moyenne force et un peu souples.

Stipules en alènes extraordinairement courtes et recourbées.

Feuilles stipulaires manquant ordinairement.

Boutons à fruit assez gros, conico-ovoïdes, bien aigus ; écailles d'un marron rougeâtre très-intense.

Fleurs moyennes ; pétales ovales-élargis, à onglet court, se touchant entre eux ; divisions du calice longues et recourbées en dessous ; pédicelles courts, grêles et duveteux.

Feuilles des productions fruitières un peu moins petites que celles des pousses d'été, ovales-elliptiques ou exactement elliptiques, se terminant régulièrement en une pointe extraordinairement courte et fine, bien creusées en gouttière et peu arquées, entières ou presque entières par leurs bords, bien soutenues sur des pétioles longs, très-grêles, redressés et raides.

Caractère saillant de l'arbre : teinte générale du feuillage d'un vert bleu et terne ; toutes les feuilles bien creusées ; stipules remarquablement courtes.

Fruit moyen, ovoïde, court et épais, ordinairement uni dans son contour, atteignant sa plus grande épaisseur très-peu au-dessous du milieu de sa hauteur ; au-dessus de ce point, s'atténuant brusquement par une courbe à peine convexe ou à peine concave en une pointe courte, un peu épaisse et obtuse à son sommet ; au-dessous du même point, s'atténuant par une courbe largement convexe pour diminuer sensiblement d'épaisseur vers la cavité de l'œil.

Peau un peu ferme, d'abord d'un vert d'eau semé de points gris brun, larges et bien apparents. Une rouille fauve couvre ordinairement soit le sommet du fruit, soit la cavité de l'œil et se disperse un peu parfois sur sa surface. A la maturité, **août**, le vert fondamental passe au jaune citron clair, les points deviennent encore plus apparents et le côté du soleil est seulement doré.

Œil grand, demi-ouvert, placé dans une cavité étroite et peu profonde.

Queue courte, un peu forte, formant la continuation de la pointe ou attachée dans un pli charnu formé par la pointe du fruit et souvent repoussée un peu obliquement.

Chair blanche, demi-fine, demi-cassante, suffisante en eau bien sucrée, relevée, assez agréable, constituant un fruit d'assez bonne qualité.

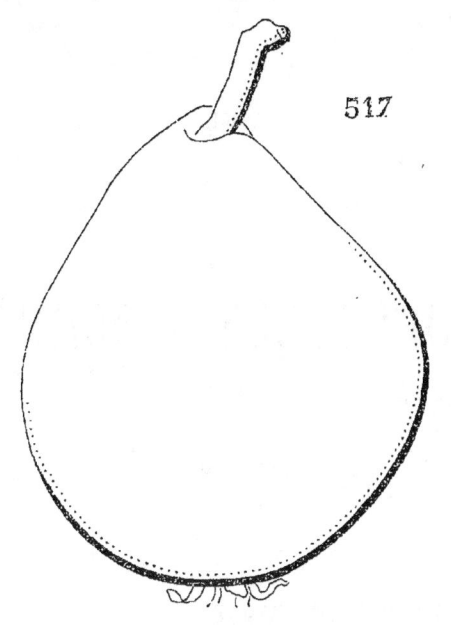
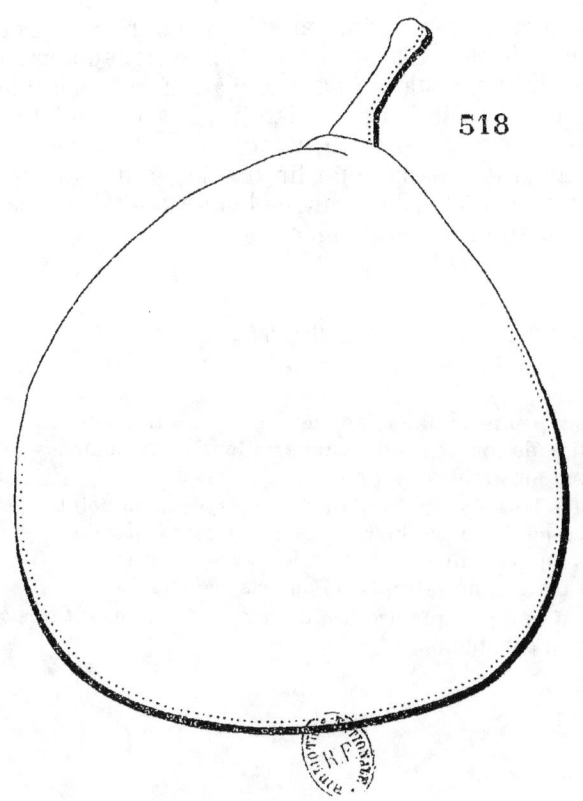

517, TAGLIORETTI.   518, ROUSSELET AELENS.

ROUSSELET AELENS

(N° 518)

Annales de Pomologie belge. Bivort.
Notice pomologique. de Liron d'Airoles.
The Fruits and the fruit-trees of America. Downing.

Observations. — Cette variété est un gain de la Société Van Mons et fut dédié à M. Aelens, pépiniériste à Namur. Son premier rapport eut lieu en 1853. — L'arbre, d'une bonne vigueur sur cognassier, est disposé par sa végétation naturelle à la forme pyramidale. Son rapport sur franc ne se fait pas attendre, aussi ce sujet peut-il être employé pour les grandes formes dont la conduite est facile. Cette variété est à cultiver dans le jardin fruitier et dans le verger. Elle est rustique et fertile, et son fruit, de bonne qualité, se recommande aussi par sa maturation prolongée.

DESCRIPTION.

Rameaux peu forts, unis dans leur contour, très-légèrement coudés à leurs entre-nœuds courts, d'un beau vert; lenticelles blanches, petites, bien arrondies, peu apparentes.

Boutons à bois petits, coniques, courts, épais, à pointe très-courte, à direction très-peu écartée du rameau ou presque parallèle, soutenus sur des supports un peu saillants et dont les côtés se prolongent très-finement; écailles d'un marron noirâtre bordé de gris argenté.

Pousses d'été presque droites, d'un vert gai devenant très-clair à leur sommet un peu cotonneux.

Feuilles des pousses d'été grandes, ovales, s'atténuant lentement pour se terminer régulièrement en une pointe longue, largement repliées sur leur nervure médiane et peu arquées, très-régulièrement bordées de dents fines, peu profondes et émoussées, assez bien soutenues sur des pétioles de moyenne longueur et redressés.

Stipules de moyenne longueur, en alênes très-fines et très-caduques.

Feuilles stipulaires manquant presque toujours.

Boutons à fruit petits, presque sphériques, à pointe très-courte; écailles d'un beau marron brillant.

Fleurs grandes; pétales elliptiques bien élargis, tronqués à leur sommet, à long onglet, bien écartés entre eux, étalés et presque planes, blancs avant l'épanouissement; divisions du calice de moyenne longueur, bien recourbées par leur pointe; pédicelles de moyenne longueur et de moyenne force, un peu duveteux.

Feuilles des productions fruitières très-différentes entre elles par leur grandeur et par leur forme, quelques-unes remarquablement longues et étroites, repliées sur leur nervure médiane et peu arquées, très-largement ondulées, bordées de dents fines et très-peu profondes, bien soutenues sur des pétioles de moyenne longueur et de moyenne force.

Caractère saillant de l'arbre : teinte générale du feuillage et des rameaux d'un joli vert gai; aspect lisse et brillant de tous les organes de l'arbre.

Fruit moyen, turbiné-piriforme, ventru, souvent un peu irrégulier dans son contour, atteignant sa plus grande épaisseur bien près de sa base; au-dessus de ce point, s'atténuant assez promptement par une courbe largement convexe en une pointe assez épaisse, charnue et plissée circulairement à son sommet; au-dessous du même point, s'arrondissant brusquement pour ensuite s'aplatir largement autour de la cavité de l'œil.

Peau un peu épaisse et cependant assez tendre, d'abord d'un vert pâle semé de petits points d'un gris noir, cernés d'un vert bien foncé qui les rend plus apparents. On remarque aussi quelques traits ou taches d'une rouille brune sur presque toute la base du fruit. A la maturité, **fin septembre, octobre et parfois jusqu'en novembre,** le vert fondamental passe au beau jaune citron, les points sont moins apparents et le côté du soleil se couvre assez souvent d'un léger nuage de rouge vermillon sur lequel les points sont cernés de jaune.

Œil grand, ouvert, à divisions larges et dures, placé presque à fleur du fruit entre des rudiments de côtes ou dans une cavité peu profonde, plissée dans ses parois.

Queue courte, peu forte, ligneuse, épaissie et charnue à son point d'attache sur le sommet du fruit et prenant le plus souvent une direction un peu oblique.

Chair blanche, demi-fine, fondante, abondante en eau sucrée, légèrement musquée, agréable, constituant un fruit de bonne qualité.

BEAUTÉ DE ZOAR
(ZOAR BEAUTY)

(N° 519)

The Fruits and the fruit-trees of America. Downing.
The American fruit Culturist. Thomas.

Observations. — Cette variété est originaire de l'Ohio (Etats-Unis). — L'arbre, d'une vigueur à peine suffisante sur cognassier, ne s'accommode guère sur ce sujet que de la forme de fuseau sur laquelle se groupent bien ses fruits nombreux et de la plus jolie apparence. Sa véritable destination est la haute tige sur franc, d'une grande vigueur, d'une croissance vive et cependant d'une fertilité précoce. Variété à introduire surtout dans le verger. Elle est saine, rustique, d'une belle végétation. Son fruit, des plus jolis, résiste bien au transport et se recommande aussi par la richesse de son sucre.

DESCRIPTION.

Rameaux de moyenne force, droits, bruns du côté de l'ombre, d'un brun rouge du côté du soleil; lenticelles petites, irrégulièrement espacées, peu apparentes.

Boutons à bois petits, coniques et finement aigus, à direction parallèle au rameau, soutenus sur des supports un peu saillants dont les côtés et l'arête médiane se prolongent d'une manière distincte; écailles d'un marron rougeâtre très-foncé, presque noir.

Pousses d'été à peine flexueuses, d'un vert très-clair, colorées de rouge à leur sommet peu duveteux.

Feuilles des pousses d'été moyennes, un peu obovales-elliptiques et allongées, s'atténuant régulièrement en une pointe longue et finement aiguë, à peine repliées sur leur nervure médiane et à peine arquées, bordées de dents fines, très-peu profondes et aiguës, soutenues presque horizontalement sur des pétioles de moyenne longueur, de moyenne force, peu redressés et souvent colorés de rouge.

Stipules très-caduques.

Feuilles stipulaires manquant le plus souvent.

Boutons à fruit assez gros, coniques, épaissis à leur base et s'atténuant à leur sommet en une pointe longue et très-finement aiguë; écailles d'un marron rougeâtre très-foncé et presque uniforme.

Fleurs à peine moyennes ou petites; pétales ovales, planes, à onglet court, écartés entre eux; divisions du calice assez courtes, très-finement aiguës, recourbées en dessous; pédicelles un peu longs, forts et peu duveteux.

Feuilles des productions fruitières à peu près de même grandeur que celles des pousses d'été, les unes ovales, les autres légèrement obovales-elliptiques, se terminant presque régulièrement en une pointe longue et très-finement aiguë, peu repliées sur leur nervure médiane ou presque planes, arquées, entières ou presque entières par leurs bords, assez peu soutenues sur des pétioles longs, grêles et flexibles.

Caractère saillant de l'arbre : teinte générale du feuillage d'un vert clair et mat; feuilles de la base des pousses d'été finement froncées dans tout leur contour; toutes les feuilles longuement et très-finement acuminées; nervure médiane des feuilles et pétioles bien colorés de rouge à l'automne.

Fruit petit ou à peine moyen, piriforme un peu ventru, ordinairement uni dans son contour, atteignant sa plus grande épaisseur bien au-dessous du milieu de sa hauteur; au-dessus de ce point, s'atténuant par une courbe d'abord largement convexe puis à peine concave en une pointe un peu épaisse, peu longue et bien obtuse; au-dessous du même point, s'arrondissant brusquement pour s'aplatir ensuite un peu autour de la cavité de l'œil.

Peau un peu épaisse et ferme, d'abord d'un vert pâle, blanchâtre, sur lequel il est difficile de reconnaître des points. On remarque aussi une légère teinte d'une rouille fauve autour de l'œil. A la maturité, **fin de juillet**, le vert fondamental passe au jaune pâle, largement recouvert du côté du soleil d'un rouge vermillon intense, se dispersant en raies sur les parties moins éclairées, ou même quelquefois sur toute la surface du fruit, et sur ce rouge de petits points jaunes, cernés de rouge plus foncé, se font remarquer très-nombreux.

Œil très-grand, ouvert, à divisions courtes, grisâtres, recourbées en dehors, placé dans une cavité bien évasée, sillonnée dans ses parois par des plis qui se prolongent jusque sur ses bords.

Queue un peu longue, plus ou moins forte, courbée et un peu charnue à son point d'attache sur la pointe du fruit déprimée un peu obliquement.

Chair d'un blanc un peu jaune, demi-fine, demi-cassante, suffisante en eau richement sucrée, mais souvent assez peu parfumée et constituant alors un fruit seulement de seconde qualité.

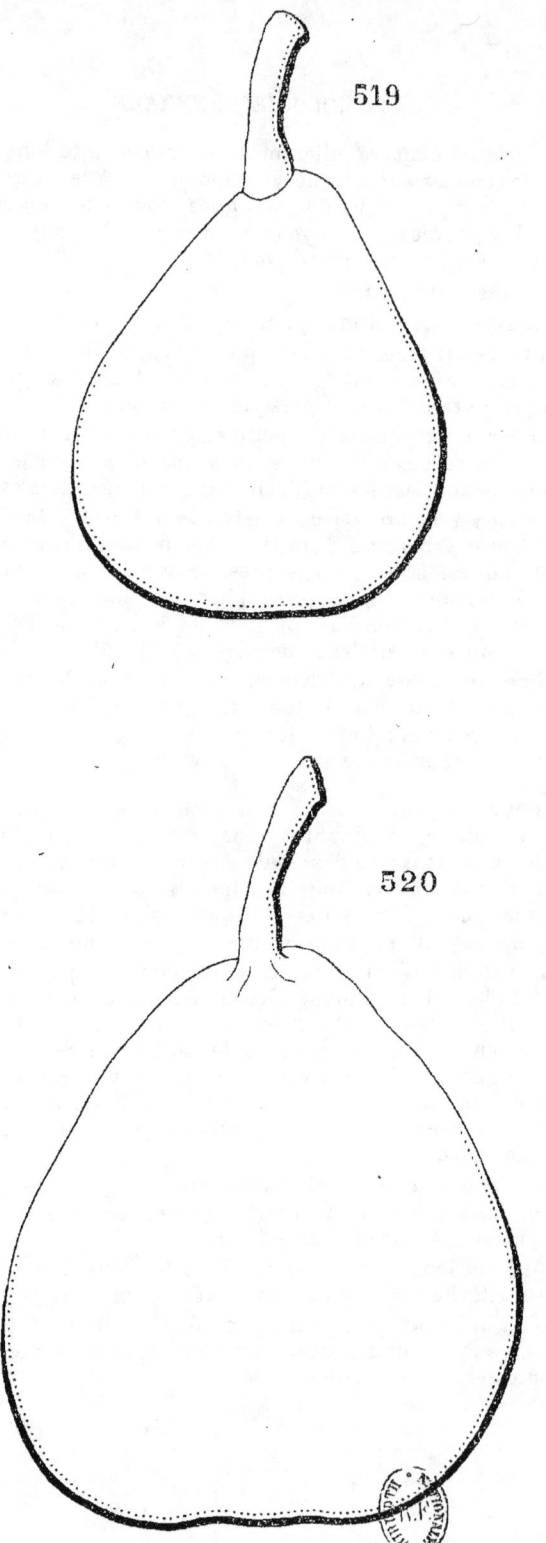

519. BEAUTÉ DE ZOAR.   520. FONDANTE D'ANGERS.

FONDANTE D'ANGERS

(N° 520)

Observations. — J'ai perdu le souvenir de la personne qui m'a procuré cette variété. — L'arbre, de vigueur normale sur cognassier, est d'une fertilité moyenne. Son fruit est de première qualité.

DESCRIPTION.

Rameaux assez forts, très-obscurément anguleux dans leur contour, coudés à leurs entre-nœuds courts, jaunâtres ; lenticelles d'un gris terne, assez peu nombreuses, irrégulières et très-peu apparentes.

Boutons à bois moyens, coniques, courts, épaissis à leur base, à pointe courte et bien aiguë, à direction écartée du rameau, quelquefois éperonnés et alors presque perpendiculaires au rameau ; écailles presque entièrement recouvertes de gris blanchâtre.

Pousses d'été moyennes, très-peu flexueuses, d'un vert très-clair, un peu jaune, lavées d'un rouge léger à leur sommet presque lisse.

Feuilles des pousses d'été moyennes, ovales-elliptiques, se terminant peu brusquement en une pointe courte, très-peu repliées et non arquées, bordées de dents larges, profondes et arrondies, paraissant plutôt crénelées, soutenues à peu près horizontalement sur des pétioles courts, grêles, se recourbant sous le poids de la feuille.

Stipules moyennes, presque filiformes.

Feuilles stipulaires fréquentes.

Boutons à fruit petits, coniques, maigres et aigus ; écailles d'un marron peu foncé et terne, les extérieures largement bordées de gris blanchâtre.

Fleurs assez grandes ; pétales ovales un peu élargis, arrondis à leur sommet, peu concaves, se recouvrant un peu les uns les autres, blancs avant l'épanouissement; divisions du calice longues et effilées, finement aiguës et étalées ; pédicelles de moyenne longueur, de moyenne force et presque lisses.

Feuilles des productions fruitières petites, les unes ovales-elliptiques, les autres elliptiques-arrondies ; les unes se terminant assez régulièrement en une pointe courte, les autres se terminant un peu brusquement en une pointe extraordinairement courte ou nulle, bordées de dents très-fines et très-peu profondes, peu appréciables, planes et bien soutenues sur des pétioles courts, grêles et raides.

Caractère saillant de l'arbre : teinte générale du feuillage d'un vert jaune; rameaux bien érigés; toutes les feuilles des productions fruitières à peu près planes et horizontales.

Fruit moyen ou assez gros, turbiné-ventru, tantôt uni, tantôt bosselé dans son contour, atteignant sa plus grande épaisseur bien près de sa base; au-dessus de ce point, s'atténuant par une courbe convexe ou concave en une pointe peu longue, bien épaisse et bien obtuse; au-dessous du même point, s'atténuant par une courbe largement convexe pour diminuer peu sensiblement d'épaisseur autour de la cavité de l'œil.

Peau fine, mince, cependant un peu ferme, d'abord d'un vert clair semé de points d'un gris verdâtre, assez peu nombreux, espacés et un peu apparents. Souvent une tache d'une rouille brune, épaisse, écailleuse couvre la cavité de l'œil. A la maturité, **octobre,** le vert fondamental passe au jaune paille seulement un peu doré du côté du soleil.

Œil petit, demi-fermé ou fermé, à très-courtes divisions, fermes, dressées, placé dans une cavité étroite, un peu profonde, plissée dans ses parois.

Queue longue, forte, ligneuse, contournée, semblant former la continuation d'une protubérance charnue qui termine le fruit.

Chair bien blanche, fine, entièrement fondante, abondante en eau sucrée, vineuse, acidulée, agréable, constituant un fruit de première qualité.

MANSUETTE

(N° 521)

A Guide to the Orchard. LINDLEY.
The Fruits and the fruit-trees of America. DOWNING.
Handbuch aller bekannten Obstsorten. BIEDENFELD.
MANSUETTE, SOLITAIRE. *Traité des arbres fruitiers.* DUHAMEL.

OBSERVATIONS. — Cette variété très-ancienne a été décrite par Duhamel. — L'arbre est d'assez bonne vigueur sur cognassier pour qu'on doive préférer ce sujet. Son fruit a quelque ressemblance avec le Bon-Chrétien d'hiver.

DESCRIPTION.

Rameaux extraordinairement forts, à peine anguleux dans leur contour, à peine flexueux, de couleur noisette; lenticelles blanchâtres, larges, un peu saillantes, peu nombreuses et un peu apparentes.

Boutons à bois moyens, coniques, courts et bien épais, un peu aigus, à direction écartée du rameau, soutenus sur des supports très-peu saillants surtout vers la partie inférieure du rameau ; écailles d'un marron rougeâtre largement recouvert de gris blanchâtre.

Pousses d'été bien fortes, bien droites, d'un vert pâle jaunâtre, couvertes à leur sommet d'un très-court duvet comme d'une sorte de poussière.

Feuilles des pousses d'été moyennes, ovales-arrondies, se terminant brusquement en une pointe courte, concaves ou très-peu repliées sur leur nervure médiane, bien saillantes, souvent colorées de rose, bordées de dents très-peu profondes et cependant assez aiguës, soutenues bien horizontalement par des pétioles de moyenne longueur, assez forts, peu redressés.

Stipules de moyenne longueur, lancéolées, très-caduques.

Feuilles stipulaires manquant toujours.

Boutons à fruit gros, conico-ovoïdes, un peu aigus ; écailles d'un marron rougeâtre peu foncé.

Fleurs grandes ; pétales ovales-arrondis, élargis, finement crénelés dans leur contour, entièrement blancs avant et après l'épanouissement ; divisions du calice de moyenne longueur, bien recourbées en dessous ; pédicelles longs, forts, presque lisses.

Feuilles des productions fruitières largement arrondies, obtuses ou se terminant en une pointe extrêmement courte, tantôt très-peu concaves, tantôt un peu convexes, bordées de dents très-peu profondes et aiguës, quelquefois presque inappréciables, soutenues exactement à l'horizontale par des pétioles de moyenne longueur, bien forts, raides et assez peu redressés.

Caractère saillant de l'arbre : toutes les feuilles bien épaisses, raides ; celles des productions fruitières presque toutes bien arrondies et bien horizontales.

Fruit gros, ovoïde-piriforme, ordinairement uni dans son contour, atteignant sa plus grande épaisseur bien au-dessous du milieu de sa hauteur ; au-dessus de ce point, s'atténuant par une courbe largement convexe puis largement concave en une pointe longue, peu épaisse, aiguë ou un peu obtuse ; au-dessous du même point, s'atténuant par une courbe largement convexe pour diminuer sensiblement d'épaisseur vers la cavité de l'œil.

Peau un peu ferme, bien unie, d'abord d'un vert d'eau clair sur lequel il est difficile de reconnaître de véritables points. On ne trouve ordinairement aucune trace de rouille sur sa surface. A la maturité, **août**, le vert fondamental passe au jaune citron des plus brillants et seulement doré du côté du soleil qui ne porte aucune trace de rouge.

Œil grand, demi-fermé, comme pressé entre des plis formés par les parois de la dépression peu prononcée dans laquelle il est placé.

Queue peu longue, grêle, ligneuse, à peine courbée, attachée à fleur de la pointe du fruit dans laquelle elle est parfois un peu repoussée.

Chair d'un blanc un peu jaune, grossière, demi-cassante, suffisante en eau richement sucrée et relevée, mais parfois un peu trop astringente.

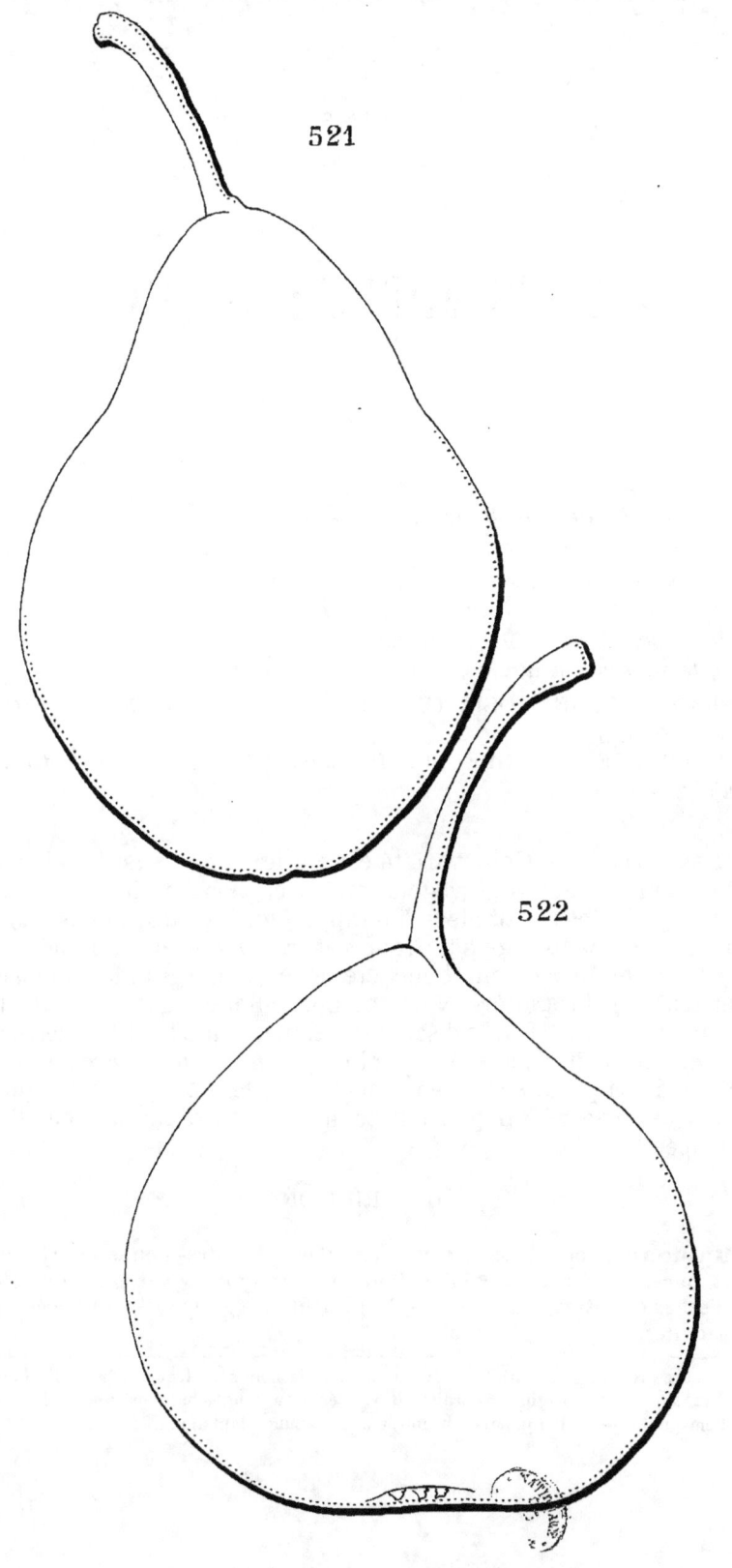

521, MANSUETTE. 522, GROS MUSCAT ROND.

GROS MUSCAT ROND

(N° 522)

Dictionnaire de pomologie. ANDRÉ LEROY.
FRANZÖSISCHE SÜSSE MUSKATELLER. *Versuch einer Systematischen Beschreibung der Kernobstsorten.* DIEL.
Anleitung des besten Obstes. OBERDIECK.
Handbuch der Pomologie. HINKERT.
Systematisches Handbuch der Obstkunde. DITTRICH.
FRANZÖSISCHE MUSKATELLER. *Illustrirtes Handbuch der Obstkunde.* SCHMIDT.
DE FRANSE SOETE BELLE. *Handbuch aller bekannten Obstsorten.* BIEDENFELD.

OBSERVATIONS. — Cette variété est d'origine douteuse[1]. — L'arbre est d'une belle et bonne végétation sur cognassier ; il forme sur ce sujet de grandes pyramides d'un rapport un peu tardif, mais ensuite soutenu. Sa haute tige sur franc est très-vigoureuse, d'une croissance vive et forme bientôt une tête élevée, d'une grande dimension, bien feuillue et régulière. Variété à multiplier dans le jardin fruitier et dans le verger. Elle est saine, rustique, d'une fertilité bien équilibrée. Son fruit, d'assez beau volume, d'une jolie apparence par la netteté de sa peau, sera bien accueilli sur le marché pour lequel il peut être réservé un peu longtemps d'avance par une cueillette anticipée.

DESCRIPTION.

Rameaux forts, obscurément anguleux, à entre-nœuds courts, d'un vert foncé à l'ombre et colorés d'un rouge sanguin vif du côté du soleil ; lenticelles grisâtres, assez petites, largement et régulièrement espacées, peu apparentes.

---

[1] Diel se procura cette variété en Hollande, mais le nom sous lequel il la publia indique qu'il la supposait d'origine française. Il y a environ vingt-cinq ans que je l'ai reçue d'Allemagne et je ne l'ai jamais rencontrée dans aucune plantation française.

Boutons à bois très-petits, courts, obtus, comprimés et appliqués au rameau, soutenus sur des supports larges, peu saillants, dont les côtés et l'arête médiane se prolongent peu distinctement; écailles rougeâtres, entr'ouvertes et recouvertes d'un duvet gris sombre.

Pousses d'été d'un vert clair, couvertes à leur sommet d'un duvet court et cotonneux.

Feuilles des pousses d'été grandes, ovales-elliptiques, bien atténuées à leurs deux extrémités, se terminant en une pointe effilée, celles du bas des pousses planes, celles de la partie supérieure repliées sur leur nervure médiane et bien contournées, régulièrement bordées de dents assez aiguës, bien soutenues sur des pétioles courts, forts et un peu redressés.

Stipules linéaires et très-longues vers la partie inférieure du rameau, plus courtes et lancéolées à mesure qu'elles sont plus rapprochées de son sommet.

Feuilles stipulaires ne manquant jamais.

Boutons à fruit assez petits, conico-ovoïdes, un peu anguleux et obtus; écailles d'un marron presque noir.

Fleurs grandes; pétales bien élargis et tronqués à leur sommet, d'un blanc verdâtre avant l'épanouissement; pédicelles de moyenne longueur et un peu duveteux.

Caractère saillant de l'arbre : teinte générale du feuillage d'un beau vert bien foncé et brillant; toutes les feuilles grandes et épaisses.

Fruit moyen ou presque gros, turbiné-piriforme, ventru, un peu irrégulier dans son contour, atteignant sa plus grande épaisseur bien au-dessous du milieu de sa hauteur; au-dessus de ce point, s'atténuant par une courbe d'abord bien convexe puis brusquement concave pour se terminer en une pointe courte, peu épaisse et presque aiguë; au-dessous du même point, s'arrondissant brusquement et quelquefois irrégulièrement par une courbe convexe pour ensuite s'aplatir un peu autour de la cavité de l'œil.

Peau fine, mince, tendre, d'abord d'un vert pâle et mat semé de points d'un vert un peu plus foncé, petits, nombreux et peu apparents. A la maturité, **fin d'août et commencement de septembre**, le vert fondamental s'éclaircit un peu en jaune, les points deviennent moins visibles et varient de couleur suivant leur position; ils sont verts et plus apparents sur le côté du soleil et c'est presque la seule marque distinctive de cette partie, car elle est rarement lavée d'un très-léger soupçon de rouge. Lorsque la maturité est à ses dernières limites, le vert fondamental passe au jaune paille brillant.

Œil grand, demi-ouvert, à divisions larges et d'un vert jaunâtre, comme écrasé au fond d'une cavité profonde, largement évasée, dans laquelle naissent de véritables côtes qui se prolongent plus ou moins sensiblement sur la hauteur du fruit.

Queue longue, un peu forte, élastique, un peu épaissie à son point d'attache au rameau, surmontant la pointe du fruit plissée circulairement et comme écrasée.

Chair bien blanche, fine, beurrée, un peu pierreuse vers le cœur, à peine suffisante en eau sucrée, vineuse, relevée d'un léger parfum, constituant un fruit seulement de seconde qualité.

BESI DE MONTIGNY DES BELGES

(N° 523)

WILDLING VON MONTIGNY. *Illustrirtes Handbuch der Obstkunde.*
Jahn.

Observations.— Cette variété est d'origine incertaine et ancienne; d'après M. André Leroy, elle aurait été propagée, vers 1750, par Daniel-Charles Trudaine. — L'arbre est de vigueur moyenne sur cognassier, s'accommodant des formes régulières et surtout de celle de vase. Sa fertilité est bonne, mais interrompue par des alternats. Son fruit est de bonne qualité.

DESCRIPTION.

Rameaux de moyenne force, souvent épaissis et surmontés d'un bouton à fruit à leur sommet, très-obscurément anguleux dans leur contour, presque droits, à entre-nœuds courts, d'un brun jaunâtre peu foncé; lenticelles grisâtres, assez nombreuses et peu apparentes.

Boutons à bois petits, coniques, courts, un peu épais et courtement aigus, à direction écartée du rameau, soutenus sur des supports un peu saillants dont l'arête médiane se prolonge peu distinctement; écailles d'un marron rougeâtre foncé presque entièrement recouvert de gris blanchâtre.

Pousses d'été fortes et courtes, droites, d'un vert mat, un peu lavées de rouge à leur sommet qui est un peu duveteux.

Feuilles des pousses d'été moyennes, à peu près exactement ovales, un peu allongées, se terminant brusquement en une pointe de moyenne longueur, bien creusées en gouttière, peu arquées, laineuses en dessous dans leur jeunesse, bordées de dents irrégulières, peu profondes et obtuses, soutenues à peu près horizontalement par des pétioles longs, forts, horizontaux.

Stipules de moyenne longueur, filiformes.

Feuilles stipulaires assez fréquentes.

Boutons à fruit assez gros, conico-ovoïdes, courtement aigus; écailles d'un marron rougeâtre.

Fleurs petites; pétales ovales-élargis, sensiblement atténués et quelquefois aigus à leur sommet, un peu roses, peu concaves; divisions du calice moyennes, finement aiguës, étalées ou très-peu recourbées; pédicelles assez courts, grêles, presque lisses.

Feuilles des productions fruitières ovales, plus élargies que celles des pousses d'été, cordiformes à leur base, se terminant souvent subitement en une pointe très-courte et obtuse, bien creusées en gouttière et un peu arquées, bordées de dents fines, régulières, très-peu profondes, émoussées, bien soutenues par des pétioles longs et forts.

Caractère saillant de l'arbre : teinte générale du feuillage d'un vert blond; raideur des pousses d'été.

Fruit moyen, piriforme bien ventru, uni dans son contour, atteignant sa plus grande épaisseur un peu au-dessous du milieu de sa hauteur; au-dessus de ce point, s'atténuant par une courbe convexe puis un peu concave en une pointe courte et obtuse; au-dessous du même point, s'atténuant par une courbe à peine concave pour ensuite s'aplatir sur une très-petite étendue autour de la cavité de l'œil.

Peau un peu épaisse, dure sous le couteau, d'abord d'un vert intense semé de petits points gris noir cernés de vert un peu plus foncé, assez espacés et bien apparents. A la maturité, **courant d'octobre**, elle s'éclaircit en beau jaune vif et le côté du soleil se reconnaît en ce qu'il reste plus longtemps vert et que les points y sont bien plus apparents; en outre, on aperçoit vers la base de la queue une tache de fine rouille brune qui se retrouve dans la cavité de l'œil et s'éparpille un peu sur ses bords.

Œil petit, demi-fermé, à fines et courtes divisions brunes, recourbées en dedans, placé dans une cavité large et très-peu profonde dont les bords se divisent en côtes aplaties sur lesquelles le fruit se trouve largement assis.

Queue assez courte, charnue, épaisse, de la même couleur que la rouille qui se trouve à sa base, implantée à peu près perpendiculairement au sommet du fruit dont elle ne forme pas tout à fait la continuation en ce qu'elle en est le plus souvent séparée par un léger pli.

Chair d'un blanc jaunâtre, bien fine, serrée, entièrement fondante, suffisante en eau sucrée, fortement musquée, ayant le plus grand rapport avec celle du William.

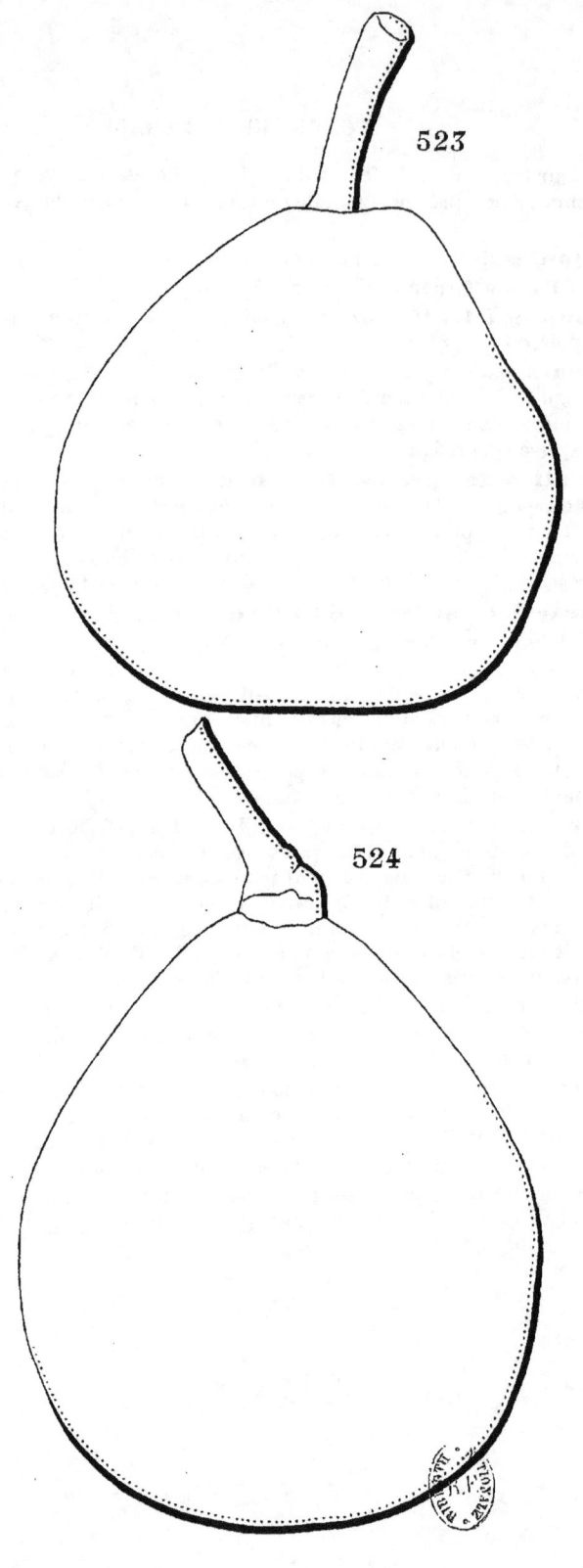

523. BESI DE MONTIGNY DES BELGES. 524. PASSE-COLMAR DES BELGES.

PASSE-COLMAR DES BELGES

(N° 524)

Dictionnaire de pomologie. ANDRÉ LEROY.

OBSERVATIONS. — Cette variété, d'après M. André Leroy, de qui je la tiens, aurait été tirée par lui des jardins du Comice horticole d'Angers où elle portait le nom que nous avons conservé, quoiqu'il lui convienne peu ; mais il n'a pu retrouver aucune trace de son origine. — L'arbre, de vigueur normale sur cognassier, exige de la surveillance pour le maintenir sous une forme régulière. Sa fertilité est assez précoce, bonne et soutenue. Son fruit, assez gros, ne peut être classé que parmi ceux de troisième qualité.

DESCRIPTION.

Rameaux assez forts, obscurément anguleux dans leur contour, droits, à entre-nœuds de moyenne longueur, d'un brun jaunâtre du côté de l'ombre, d'un brun rougeâtre ombré de gris du côté du soleil ; lenticelles grisâtres, un peu larges, un peu allongées, largement espacées et peu apparentes.

Boutons à bois moyens, coniques, un peu aigus, à direction peu écartée du rameau, soutenus sur des supports un peu saillants dont l'arête médiane se prolonge peu distinctement ; écailles d'un marron rougeâtre peu foncé.

Pousses d'été fortes, presque droites, d'un vert clair, lavées d'un beau rouge sanguin sur presque toute leur longueur, à peine duveteuses à leur sommet.

Feuilles des pousses d'été moyennes, ovales-arrondies, se terminant brusquement en une pointe un peu longue, bien concaves, bordées de dents assez larges, peu profondes et un peu aiguës, bien dressées sur des pétioles peu longs, forts, bien fermes, bien redressés.

Stipules en alênes courtes, fines et très-caduques.

Feuilles stipulaires manquant ordinairement.

Boutons à fruit à peine moyens, conico-ovoïdes, courtement aigus ; écailles d'un marron rougeâtre foncé.

Fleurs moyennes ; pétales elliptiques-arrondis, concaves, lavés de rose avant l'épanouissement ; divisions du calice de moyenne longueur, finement aiguës et un peu recourbées en dessous ; pédicelles de moyenne longueur, forts et peu duveteux.

Feuilles des productions fruitières grandes, elliptiques-élargies, se terminant brusquement en une pointe assez courte, bien concaves et souvent largement ondulées, entières ou presque entières dans leurs bords, bien soutenues sur des pétioles courts, forts et redressés.

Caractère saillant de l'arbre : teinte générale du feuillage d'un beau vert bleu intense ; toutes les feuilles bien épaisses, bien fermes, bien concaves ; aspect général d'une grande vigueur.

Fruit moyen ou assez gros, ovoïde plus ou moins court ou turbiné-ovoïde, ordinairement déformé dans son contour par des élévations très-aplanies, atteignant sa plus grande épaisseur tantôt plus, tantôt moins au-dessous du milieu de sa hauteur ; au-dessus de ce point, s'atténuant par une courbe peu convexe en une pointe plus ou moins courte, peu épaisse, un peu obtuse ou aiguë à son sommet ; au-dessous du même point, s'atténuant par une courbe largement convexe pour diminuer assez sensiblement d'épaisseur vers la cavité de l'œil.

Peau un peu épaisse, d'abord d'un vert pâle semé de points d'un gris noir, nombreux, assez peu larges et régulièrement espacés. Une rouille fine et de couleur fauve couvre le sommet du fruit, la cavité de l'œil se disperse en traits irréguliers et divergents sur la base du fruit et parfois sur sa hauteur. A la maturité, **octobre, novembre,** le vert fondamental passe au jaune paille et le côté du soleil se distingue seulement par un ton un peu plus chaud.

Œil moyen, demi-ouvert, à divisions fermes et dressées, placé dans une cavité étroite, peu profonde, largement plissée dans ses parois et par ses bords.

Queue de moyenne longueur, assez forte, ligneuse, charnue à son point d'attache à fleur de la pointe du fruit dont aussi, parfois, elle forme exactement la continuation.

Chair jaunâtre, peu fine, demi-beurrée, abondante en eau bien sucrée, vineuse, mais le plus souvent entachée d'une âpreté qui oblige à reléguer ce fruit parmi ceux de troisième qualité.

HATIVEAU

(N° 525)

Traité des arbres fruitiers. DUHAMEL.
Traité complet sur les pépinières. CALVEL.
Jardin fruitier du Muséum. DECAISNE.
PETIT HATIVEAU. Dictionnaire de pomologie. ANDRÉ LEROY.
MUSKIRTE FRÜHBIRNE. Versuch einer systematischen Beschreibung der Kernobstsorten. DIEL.

OBSERVATIONS. — Cette variété est d'origine ancienne et inconnue. — L'arbre est d'une vigueur presque insuffisante sur cognassier pour en obtenir même de petites formes. Sa véritable destination est la haute tige sur franc, d'une grande vigueur, d'une belle dimension et bientôt très-féconde. Variété admise autrefois surtout dans le grand verger de campagne pour sa rusticité et sa très-grande fertilité, et dont on peut continuer la culture dans les localités trop élevées pour être favorables au poirier et où elle peut encore donner de bons produits. Son fruit est de seconde qualité.

DESCRIPTION.

Rameaux fluets et allongés, presque droits, à entre-nœuds de moyenne longueur, d'un brun verdâtre du côté de l'ombre, rougeâtres du côté du soleil; lenticelles blanches, petites, ovales, rares et un peu apparentes.

Boutons à bois petits, courts, épais, presque obtus, à direction écartée du rameau, soutenus sur des supports très-peu saillants dont les côtés et l'arête médiane ne se prolongent pas d'une manière sensible ; écailles rougeâtres, maculées de blanc argenté.

Pousses d'été d'un brun rougeâtre à leur base, d'un rouge violacé à leur sommet bien effilé, couvert d'un duvet soyeux et blanchâtre.

Feuilles des pousses d'été petites, elliptiques, se terminant régulièrement en une pointe fine, très-aiguë et bien recourbée, peu repliées sur leur nervure médiane et arquées, convexes par leurs bords entiers ou irrégulièrement découpés et garnis d'un duvet blanc, bien soutenues sur des pétioles longs, grêles et bien raides.

Stipules très-courtes, en alênes fines.

Feuilles stipulaires se présentent quelquefois.

Boutons à fruit moyens, ovoïdes-épais et presque obtus ; écailles intérieures rougeâtres, les extérieures entièrement recouvertes de gris blanchâtre.

Fleurs grandes ; pétales ovales-elliptiques, planes, étalés, un peu roses avant l'épanouissement ; divisions du calice courtes, un peu recourbées en dessous seulement par leur pointe ; pédicelles de moyenne longueur, peu forts et duveteux.

Feuilles des productions fruitières plus grandes que celles des pousses d'été, elliptiques-élargies ou elliptiques-arrondies, se terminant brusquement en une pointe très-courte ou quelquefois nulle, concaves et un peu arquées, exactement entières dans leurs bords, assez bien soutenues sur des pétioles de moyenne longueur, grêles et divergents.

Caractère saillant de l'arbre : teinte générale du feuillage d'un vert foncé ; rameaux allongés et bien colorés ; toutes les feuilles entières dans leurs bords et souvent contournées par leur pointe.

Fruit petit, quelquefois presque moyen sur arbre taillé, ovoïde ou turbiné-ventru, uni dans son contour, atteignant sa plus grande épaisseur à peu près au milieu de sa hauteur ; au-dessus de ce point, s'atténuant promptement par une courbe convexe ou à peine concave pour se terminer en une pointe courte et un peu obtuse ; au-dessous du même point, s'atténuant aussi brusquement par une courbe légèrement convexe pour ensuite former une saillie bosselée dans laquelle l'œil se trouve peu enchâssé.

Peau un peu épaisse, ferme, croquante, d'abord d'un joli vert gai semé de petits points gris vert, nombreux, serrés, bien régulièrement espacés. On remarque ordinairement une légère tache d'une rouille fauve sur le sommet du fruit. A la maturité, **commencement d'août,** le vert fondamental passe au jaune paille toujours un peu verdâtre, et le côté du soleil n'est appréciable que par le ton vert qu'il conserve toujours.

Œil grand, demi-ouvert, à divisions scarieuses, recourbées en dehors, toujours bien saillantes hors du creux dans lequel il est placé.

Queue un peu longue, un peu forte, ligneuse, d'un brun clair, attachée dans un pli charnu dont un côté plus élevé la repousse le plus souvent un peu obliquement.

Chair blanche, un peu grosse, cassante, abondante en eau très-sucrée, relevée d'un léger acide rafraîchissant, constituant un fruit assez agréable, mais cependant à peine de seconde qualité.

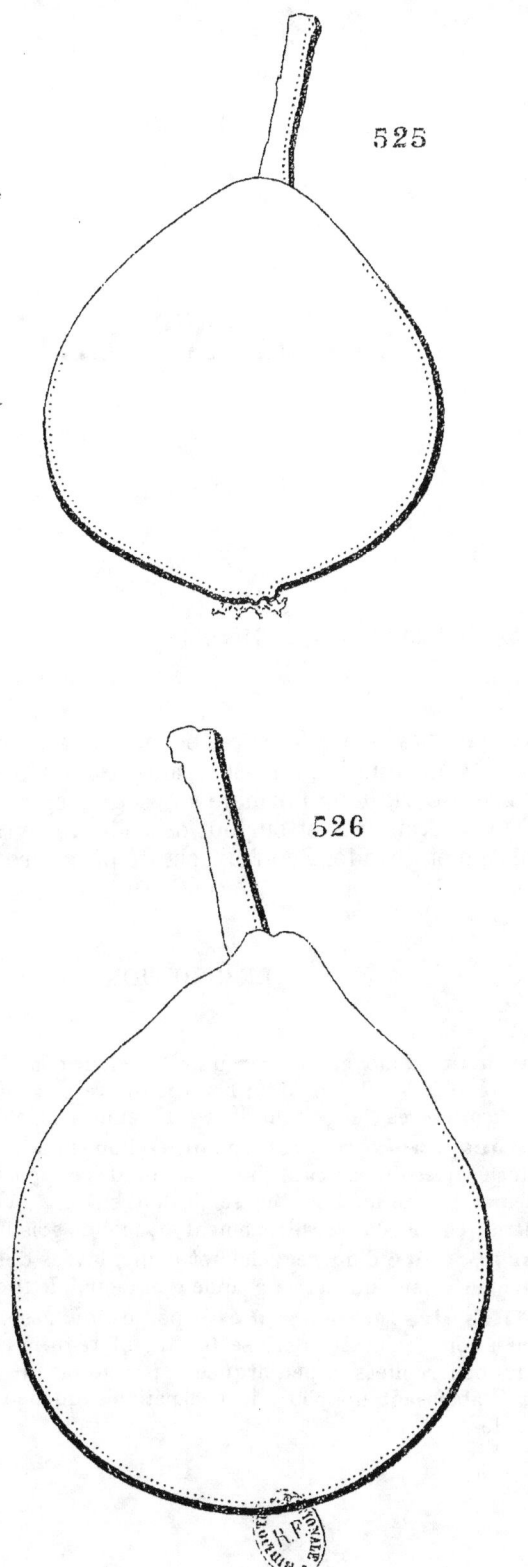

525, HATIVEAU.   526, CONSTANT CLAES.

CONSTANT CLAES

(N° 526)

Catalogue Simon-Louis, de Metz.

Observations. — Cette variété nous vient de Belgique; je l'ai reçue de M. de Jonghe, en 1863, sous le nom de Constantin Claes. — L'arbre, de vigueur normale sur cognassier, s'accommode bien des formes régulières et surtout de celle de pyramide. Sa fertilité est précoce et grande. Son fruit est de première qualité.

DESCRIPTION.

Rameaux de moyenne force, unis dans leur contour, à peine flexueux, à entre-nœuds assez longs, d'un brun jaunâtre peu foncé; lenticelles blanchâtres, peu larges, largement et régulièrement espacées et apparentes.

Boutons à bois très-gros, coniques-allongés et aigus, à direction plus ou moins écartée du rameau, soutenus sur des supports bien saillants dont les côtés et l'arête médiane ne se prolongent pas; écailles d'un marron rougeâtre très-foncé et très-largement maculé de gris blanchâtre.

Pousses d'été d'un vert clair et jaune, lavées d'un rouge très-clair et peu duveteuses sur une assez grande longueur à leur sommet.

Feuilles des pousses d'été petites ou assez petites, ovales ou obovales-allongées et étroites, se terminant régulièrement en une pointe bien fine, peu repliées et peu arquées, grossièrement crénelées plutôt que dentées, s'abaissant un peu sur des pétioles un peu longs, grêles et un peu souples.

Stipules moyennes ou un peu longues, linéaires-étroites ou presque filiformes.

Feuilles stipulaires fréquentes.

Boutons à fruit moyens, conico-ovoïdes, allongés, assez maigres et bien aigus; écailles d'un beau marron rougeâtre foncé.

Fleurs moyennes; pétales elliptiques, un peu concaves, à onglet court, se touchant à peine entre eux; divisions du calice de moyenne longueur et recourbées en dessous; pédicelles longs, peu forts et peu duveteux.

Feuilles des productions fruitières assez petites, ovales ou ovales-elliptiques et un peu allongées, se terminant régulièrement en une pointe bien aiguë, un peu creusées et à peine arquées, très-peu profondément et irrégulièrement crénelées plutôt que dentées, assez bien soutenues sur des pétioles longs, grêles et fermes.

Caractère saillant de l'arbre : teinte générale du feuillage d'un vert clair et gai; toutes les feuilles plutôt petites et un peu allongées; tous les pétioles longs et grêles.

Fruit moyen ou assez gros, conique-piriforme, plus ou moins ventru, parfois un peu bosselé dans son contour, atteignant sa plus grande épaisseur bien au-dessous du milieu de sa hauteur; au-dessus de ce point, s'atténuant par une courbe peu convexe ou à peine concave en une pointe un peu longue, un peu épaisse et aiguë à son sommet; au-dessous du même point, s'arrondissant par une courbe largement convexe pour s'aplatir ensuite un peu autour de la cavité de l'œil.

Peau mince et tendre, d'abord d'un vert pâle sur lequel il est difficile de reconnaître de véritables points. Une tache d'une rouille brune et fine s'étale ordinairement en étoile dans la cavité de l'œil. A la maturité, **septembre,** le vert fondamental passe au jaune pâle blanchâtre et le côté du soleil, sur les fruits bien exposés, est lavé d'un nuage léger de rouge orangé.

Œil grand, demi-ouvert, placé dans une cavité peu profonde, un peu évasée et un peu plissée par ses bords.

Queue de moyenne longueur, forte, un peu charnue et cependant bien raide, formant la continuation de la pointe du fruit sur laquelle elle est repoussée un peu obliquement.

Chair blanche, bien fine, entièrement fondante, abondante en eau sucrée, vineuse et agréablement parfumée, constituant un fruit de première qualité.

EDOUARD MORREN

(N° 527)

Dictionnaire de pomologie. ANDRÉ LEROY.

OBSERVATIONS. — Cette variété provient des semis du pépiniériste Gathoy, de Liége (Belgique). Son premier rapport eut lieu vers 1852 et elle fut dédiée, en 1854, à M. Edouard Morren, professeur de botanique à l'Université de cette ville. — L'arbre, de bonne vigueur sur cognassier, s'accommode bien de la forme de pyramide. Sa fertilité est grande et soutenue. Son fruit est de bonne qualité.

DESCRIPTION.

Rameaux de moyenne force, unis dans leur contour, presque droits, à entre-nœuds inégaux entre eux, verdâtres à l'ombre, un peu teintés de brun rouge du côté du soleil ; lenticelles blanchâtres, très-petites, peu nombreuses et peu apparentes.

Boutons à bois assez petits, coniques, un peu épais, à direction peu écartée du rameau vers lequel ils se recourbent un peu par leur pointe ; écailles presque entièrement recouvertes de gris blanchâtre.

Pousses d'été allongées, peu fortes, bien effilées à leur sommet, un peu flexueuses, légèrement lavées sur toute leur étendue d'un rouge qui devient plus intense à leur sommet qui est duveteux.

Feuilles des pousses d'été moyennes, ovales-élargies, légèrement atténuées à leur sommet, puis atteignant leur plus grande largeur plus près de leur sommet et se terminant ensuite brusquement en une pointe courte et bien fine, un peu repliées sur leur nervure médiane et non arquées, bordées de larges dents peu profondes, irrégulières et bien obtuses, assez bien soutenues par des pétioles courts, un peu forts, recourbés.

Stipules longues, lancéolées, très-étroites.

Feuilles stipulaires fréquentes.

Boutons à fruit moyens, coniques, un peu allongés, un peu renflés et peu aigus ; écailles d'un marron clair à peine ombré de gris.

Fleurs moyennes ou assez grandes ; pétales ovales bien élargis, se recouvrant entre eux, arrondis ou quelquefois un peu atténués à leur sommet, un peu concaves et recourbés en dessus, peu roses avant l'épanouissement ; divisions du calice longues, effilées et finement aiguës, un peu cotonneuses comme les pédicelles de moyenne longueur et grêles.

Feuilles des productions fruitières très-allongées, très-étroites, bien repliées et arquées, se terminant lentement et régulièrement en une pointe longue, bordées de dents irrégulières, peu profondes et obtuses, assez bien soutenues par des pétioles de moyenne longueur et de moyenne force.

Caractère saillant de l'arbre : feuilles des productions fruitières remarquablement étroites et différant pour la forme entièrement des feuilles des pousses d'été ; feuilles stipulaires rougeâtres.

Fruit moyen, turbiné-ovoïde, court et ventru, parfois un peu irrégulier dans sa forme, atteignant sa plus grande épaisseur bien au-dessous du milieu de sa hauteur ; au-dessus de ce point, s'atténuant par une courbe peu convexe ou à peine concave en une pointe courte, épaisse et plus ou moins obtuse à son sommet ; au-dessous du même point, s'arrondissant par une courbe largement convexe jusque dans la cavité de l'œil.

Peau épaisse, dure au couteau, d'abord d'un vert herbacé, rugueuse comme une peau d'orange, semée de petits points gris noirâtre, assez espacés et bien régulièrement distancés. A la maturité, **octobre,** le vert fondamental s'éclaircit un peu en blanc jaune et le côté du soleil se lave d'un léger rouge terreux.

Œil moyen, presque ouvert, à très-courtes divisions grisâtres, scarieuses, dressées, et placé dans une cavité étroite et peu profonde, bien régulière dans ses bords de sorte que le fruit peut se tenir debout.

Queue de moyenne longueur, quelquefois presque courte, forte, verte et brune, élastique et attachée au sommet du fruit avec un pli à sa base qui forme solution de continuité.

Chair bien verte, demi-fine, grenue et ruisselante en eau hautement sucrée formant sirop et relevée d'un très-léger parfum de musc rafraîchissant, constituant un bon fruit de second ordre à cause du peu de finesse de sa chair.

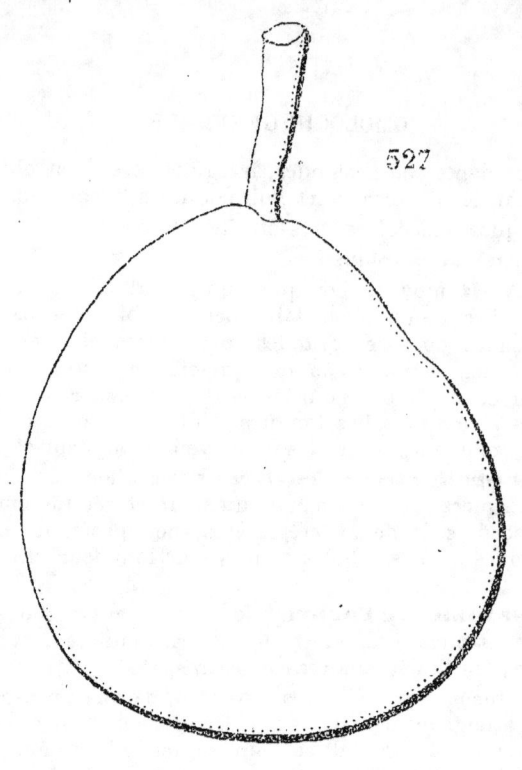

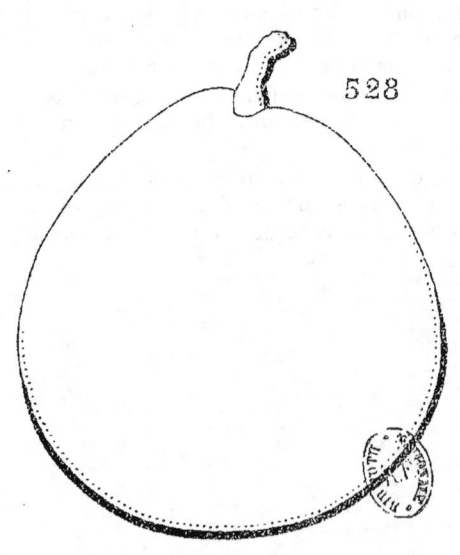

527. ÉDOUARD MORREN. 528. SANGUINE D'ITALIE.

SANGUINE D'ITALIE

(N° 528)

Traité complet sur les pépinières. Calvel.
Dictionnaire de pomologie. André Leroy.
HERBST-BLUTBIRNE. *Illustrirtes Handbuch der Obstkunde.* Jahn.

Observations.— Le nom de cette variété indique-t-il son origine ? — L'arbre est d'une bonne vigueur aussi bien sur cognassier que sur franc. Sa végétation, bien équilibrée, s'accommode facilement des formes régulières et surtout de la forme pyramidale. Variété d'une grande rusticité, d'une fertilité seulement moyenne, curieuse par son fruit d'assez bonne qualité et méritant une place dans les grandes collections.

DESCRIPTION.

Rameaux de moyenne force, coudés à leurs entre-nœuds, d'un rouge violacé très-foncé ; lenticelles blanchâtres, bien arrondies et apparentes.

Boutons à bois moyens, coniques, obtus, à direction peu écartée du rameau, soutenus sur des supports saillants ; écailles rougeâtres et un peu maculées de gris blanchâtre.

Pousses d'été de bonne heure colorées de rouge violacé et couvertes d'un duvet gris sur toute leur longueur.

Feuilles des pousses d'été ovales-arrondies, se terminant brusquement en une pointe courte et recourbée, bien repliées sur leur nervure médiane et arquées, entières ou comme festonnées par leurs bords, se recourbant sur des pétioles longs, forts, colorés de rouge lie de vin à leur attache et cotonneux sur toute leur longueur.

Stipules moyennes, lancéolées.

Feuilles stipulaires rares.

Boutons à fruit gros, coniques, allongés et à pointe courte ; écailles larges, d'un rouge jaunâtre et presque uniforme.

Fleurs moyennes ; pétales ovales, concaves, à onglet court, roses avant l'épanouissement ; pédicelles courts, assez forts et bien cotonneux.

Feuilles des productions fruitières bien plus grandes que celles des pousses d'été, ovales bien élargies, se terminant un peu brusquement en une pointe très-courte, concaves et peu arquées, souvent largement ondulées dans leur contour et entières par leurs bords, assez mal soutenues sur des pétioles longs, forts et un peu flexibles.

Caractère saillant de l'arbre : teinte générale du feuillage d'un vert très-foncé et les plus jeunes feuilles lavées de rouge violacé ; différence remarquable de grandeur entre les feuilles des pousses d'été et celles des productions fruitières.

Fruit petit ou presque moyen, turbiné-sphérique ou turbiné-piriforme, quelquefois un peu bosselé dans son contour, atteignant sa plus grande épaisseur peu au-dessous du milieu de sa hauteur ; au-dessus de ce point, s'atténuant brusquement par une courbe entièrement convexe ou d'abord convexe puis un peu concave en une pointe courte, plus ou moins épaisse et tronquée à son sommet ; au-dessous du même point, s'arrondissant régulièrement jusque dans la cavité de l'œil.

Peau épaisse, un peu rude au toucher, d'abord d'un vert terne semé de points d'un gris cendré, assez larges et nombreux. Une rouille d'un gris verdâtre s'étend parfois sur une partie de sa surface. A la maturité, **fin d'août et courant de septembre**, le vert fondamental s'éclaircit un peu en jaune pâle, et le côté du soleil est maculé de rouge cerise comme si l'on apercevait la couleur de la chair à travers l'épaisseur de la peau.

Œil grand, demi-ouvert, à divisions longues, noirâtres, redressées ou un peu étalées, placé tantôt presque à fleur de la base du fruit, tantôt dans une cavité plus prononcée lorsque le fruit tend à être piriforme.

Queue assez courte, assez forte, verdâtre, élastique, attachée tantôt obliquement, tantôt perpendiculairement dans un pli charnu formé par la pointe du fruit.

Chair rosée et d'un rose vif sous la peau, grossière, demi-cassante, abondante en eau bien sucrée et bien parfumée, constituant un fruit seulement de seconde qualité.

BEURRÉ DU CERCLE

(N° 529)

Notices pomologiques. DE LIRON D'AIROLES.
Bulletin de la Société d'horticulture de la Seine-Inférieure. BOISBUNEL.
The Fruits and the fruit-trees of America. DOWNING.
BEURRÉ DU CERCLE PRATIQUE DE ROUEN. *Dictionnaire de pomologie.* ANDRÉ LEROY.

OBSERVATIONS. — Cette variété est un gain de M. Boisbunel fils, de Rouen. Son premier rapport eut lieu en 1856 et son fruit fut soumis, en 1864, à l'appréciation d'un Comité d'arboriculture de la Société d'horticulture de Paris. — L'arbre est d'une bonne vigueur sur cognassier et sa fertilité est seulement moyenne. Son fruit, sujet à varier dans sa qualité, est parfois un peu entaché d'âpreté.

DESCRIPTION.

Rameaux un peu forts, allongés, unis dans leur contour, un peu flexueux, à entre-nœuds inégaux entre eux, d'un brun verdâtre à l'ombre, un peu teintés de rouge du côté du soleil et surtout à leur partie supérieure ; lenticelles très-petites, étroites et allongées, assez nombreuses et apparentes.

Boutons à bois petits, coniques, maigres et aigus, à direction peu écartée du rameau, soutenus sur des supports peu saillants dont les côtés et l'arête médiane ne se prolongent pas ; écailles d'un marron noir, terne et uniforme.

Pousses d'été d'un vert clair, lavées de rouge et duveteuses à leur sommet.

Feuilles des pousses d'été petites, ovales-élargies, s'atténuant très-promptement pour se terminer brusquement en une pointe longue et souvent recourbée, un peu repliées sur leur nervure médiane et un peu arquées, irrégulièrement découpées plutôt que dentées par leurs bords, s'abaissant un peu sur des pétioles de moyenne longueur, de moyenne force et peu redressés.

Stipules moyennes, linéaires-étroites.

Feuilles stipulaires fréquentes.

Boutons à fruit petits, coniques-allongés, maigres et finement aigus, souvent un peu courbés sur leur longueur ; écailles d'un marron rougeâtre, peu foncé et terne.

Fleurs presque moyennes ; pétales ovales-élargis, tronqués à leur sommet ; divisions du calice de moyenne longueur, finement aiguës et étalées ; pédicelles courts, forts et glabres.

Feuilles des productions fruitières plus grandes que celles des pousses d'été, ovales-elliptiques et élargies, se terminant un peu brusquement en une pointe courte, peu repliées sur leur nervure médiane et arquées, entières ou bordées de dents inappréciables, se recourbant ordinairement sur des pétioles courts, grêles et bien raides.

Caractère saillant de l'arbre : teinte générale du feuillage d'un vert gai et brillant ; nervure médiane des feuilles des pousses d'été longtemps couverte d'un duvet blanc.

Fruit moyen, turbiné ou turbiné-piriforme, atteignant sa plus grande épaisseur bien au-dessous du milieu de sa hauteur ; au-dessus de ce point, s'atténuant par une courbe d'abord peu convexe puis à peine concave en une pointe peu longue ou courte, épaisse et obtuse à son sommet ; au-dessous du même point, s'arrondissant brusquement jusque vers la cavité de l'œil.

Peau un peu épaisse et croquante, d'abord d'un vert intense semé de points d'un gris brun, assez larges, assez nombreux et que l'on aperçoit à peine à travers un réseau d'une rouille brune qui recouvre presque entièrement sa surface. A la maturité, **fin de septembre et commencement d'octobre,** le vert fondamental passe au jaune citron, la rouille se dore et le côté du soleil, sur les fruits bien exposés, se lave d'un peu de rouge brun.

Œil grand, demi-ouvert, à divisions fermes, souvent caduques, placé dans une cavité large, plus ou moins profonde et dont les bords se divisent en côtes épaisses et aplanies sur lesquelles le fruit peut se tenir solidement debout.

Queue courte, forte, ligneuse, attachée obliquement à la pointe charnue du fruit déjetée un peu de côté.

Chair jaune, demi-fine, fondante, pierreuse vers le cœur, bien abondante en eau sucrée, acidulée et bien parfumée.

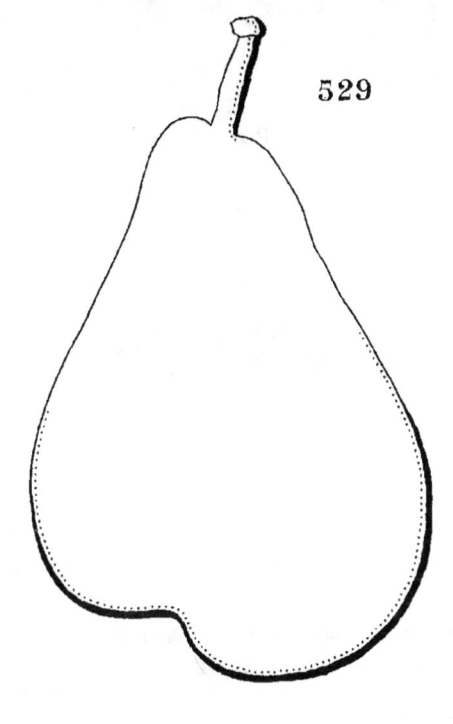

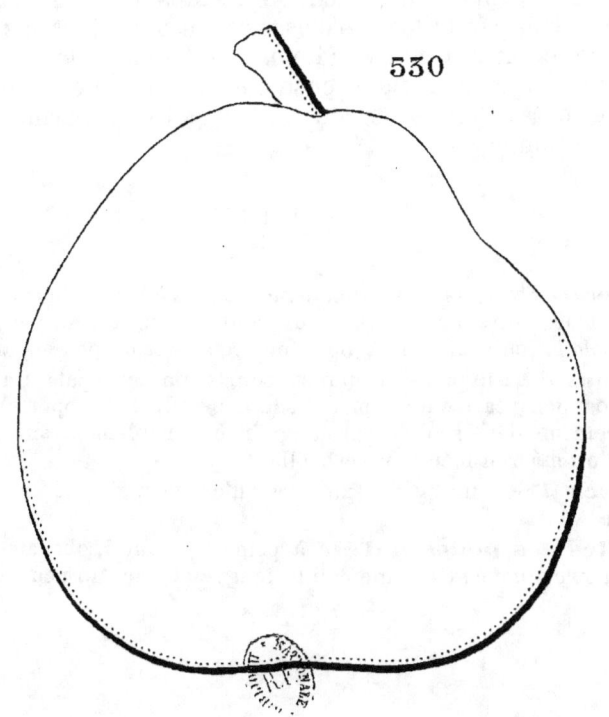

529. BEURRÉ DU CERCLE.   530. RICHARDS.

RICHARDS

(N° 530)

The Fruits and the fruit-trees of America. Downing.
The American fruit Culturist. Thomas.

Observations. — Cette variété est originaire de Wilmington, Delaware (Etats-Unis). — L'arbre est d'une vigueur très-contenue sur cognassier, ne pouvant suffire qu'à de petites formes sur ce sujet. Sa charpente se maintient longtemps dans une bonne régularité favorisée par la facilité d'essor de ses productions fruitières d'une longue durée. Cette variété est à introduire dans nos jardins fruitiers. Quoique peu vigoureuse elle est rustique. Sa fertilité est peu sujette à l'alternat et son fruit prend rang parmi les bonnes poires d'automne.

DESCRIPTION.

Rameaux peu forts, remarquablement fluets à leur sommet, légèrement coudés à leurs entre-nœuds courts, de couleur noisette un peu brunie du côté du soleil ; lenticelles arrondies, nombreuses et un peu apparentes.

Boutons à bois petits, coniques, courts, un peu épais, un peu aigus, à direction peu écartée du rameau, soutenus sur des supports saillants et dont l'arête médiane seule se prolonge bien sensiblement sur le rameau ; écailles d'un marron bien foncé et brillant.

Pousses d'été un peu flexueuses, d'un vert décidé sur toute leur longueur.

Feuilles des pousses d'été à peine moyennes, obovales, se terminant peu brusquement en une pointe longue et fine, un peu convexes par leurs côtés et arquées, bordées de dents larges, peu profondes et arrondies, se recourbant sur des pétioles longs, peu forts et flexibles.

Stipules de moyenne longueur, linéaires, fines et très-aiguës.

Feuilles stipulaires fréquentes.

Boutons à fruit petits, un peu ovoïdes, maigres, aigus, un peu anguleux ; écailles d'un marron foncé.

Fleurs moyennes ou petites ; pétales ovales-allongés, à long onglet, écartés entre eux, un peu concaves, entièrement blancs avant l'épanouissement ; divisions du calice courtes, bien étroites, recourbées en dessous ; pédicelles courts, assez forts, presque lisses.

Feuilles des productions fruitières à peine moyennes, obovales-allongées et étroites, se terminant un peu brusquement en une pointe courte, très-fine et bien recourbée, bordées de dents très-peu profondes et quelquefois presque entières, mal soutenues sur des pétioles de moyenne longueur, très-grêles et très-flexibles.

Caractère saillant de l'arbre : teinte générale du feuillage d'un vert gai ; toutes les feuilles obovales et plus ou moins allongées, toutes sensiblement arquées ; feuilles stipulaires bien développées.

Fruit moyen, conique-épais, quelquefois un peu irrégulier dans son contour, atteignant sa plus grande épaisseur au-dessous du milieu de sa hauteur ; au-dessus de ce point, s'atténuant plus ou moins par une courbe tantôt convexe, tantôt concave en une pointe assez courte, bien épaisse et largement tronquée ; au-dessous du même point, s'atténuant par une courbe largement convexe jusque dans la cavité de l'œil.

Peau épaisse, d'abord d'un vert gai semé de points bruns, très-petits, nombreux et régulièrement espacés. Parfois on n'aperçoit qu'une partie de ce vert, car une rouille épaisse et brune recouvre largement le sommet et la base du fruit et se disperse en taches sur sa surface. A la maturité, **fin de septembre et commencement d'octobre,** le vert fondamental passe au beau jaune citron brillant, et le côté du soleil se teint parfois un peu de rouge brun sur lequel les points sont d'un gris blanchâtre.

Œil petit, fermé, placé dans une petite cavité très-étroite, un peu plissée dans ses parois et irrégulière dans ses bords.

Queue courte, forte, courbée, épaissie à ses deux extrémités et charnue à son point d'insertion dans une cavité peu profonde, à bords arrondis, dans laquelle elle est étreinte par une sorte de pli.

Chair d'un blanc légèrement verdâtre, presque verte sous la peau, fine, fondante, cependant un peu pierreuse vers le cœur, abondante en eau sucrée, vineuse, très-agréablement acidulée et parfumée, constituant un fruit de première qualité.

HESSEL

(N° 531)

Pomologie de la Seine-Inférieure. Prévost.
Illustrirtes Handbuch der Obstkunde. Jahn.
The Fruits and the fruit-trees of America. Downing.
Dictionnaire de pomologie. André Leroy.
HAZEL. *A Guide to the Orchard.* Lindley.

Observations. — Cette variété est d'origine douteuse [1]. — L'arbre est d'une végétation insuffisante sur cognassier pour sa grande fertilité ; greffé sur franc, il forme bientôt de belles pyramides, d'un rapport précoce et un peu interrompu par un alternat régulier, mais des plus riches dans les années favorables. Toutefois, son fruit ne pouvant être considéré comme fruit de luxe, sa meilleure destination est la haute tige en plein verger. Variété à multiplier surtout dans le verger de campagne. Elle est de la plus grande rusticité, et si son fruit n'atteint pas toute la finesse exigée par les consommateurs les plus difficiles, il est assez bon et d'une résistance au transport assez sûre pour constituer une poire dont la vente sur le marché sera toujours avantageuse.

DESCRIPTION.

Rameaux peu forts, bien coudés à leurs entre-nœuds courts, d'un rouge sanguin sombre ; lenticelles grisâtres, nombreuses et allongées.

---

[1] Lindley dit que l'origine de cette variété est incertaine et qu'elle était, à l'époque où il écrivait, multipliée dans de grandes proportions par les pépiniéristes de l'Ecosse. Downing croit qu'elle est originaire de cette contrée. Quelques pomologistes voudraient qu'elle ait été obtenue en France. Il est possible d'expliquer cette incertitude par l'existence de deux variétés différentes et portant le nom de Hessel. Je les cultive toutes les deux ; l'une est celle que je viens de décrire et l'autre semble être celle décrite dans le *Jardin fruitier du Muséum* sous le nom de Hasel et aussi la poire Hessel décrite dans le *Illustrirtes Handbuch*, Tome II, page 219.

Boutons à bois petits, un peu épais et obtus, à direction bien écartée du rameau; écailles largement maculées de gris blanchâtre.

Pousses d'été d'un vert teinté de rouge brun à leur base, d'un vert pâle et laineuses à leur sommet.

Feuilles des pousses d'été petites, ovales un peu allongées et bien atténuées à leurs deux extrémités, un peu concaves ou creusées en gouttière et rarement arquées, entières ou bordées de quelques dents espacées, peu profondes et inégales entre elles, assez bien soutenues sur des pétioles de moyenne longueur, de moyenne force, le plus souvent redressés et un peu colorés de rouge.

Stipules courtes, lancéolées.

Feuilles stipulaires fréquentes.

Boutons à fruit petits, conico-ovoïdes, aigus; écailles de couleur marron et largement maculées de gris blanchâtre.

Fleurs moyennes; pétales obovales, bien élargis et obtus à leur sommet; pédicelles de moyenne longueur, très-grêles et presque glabres.

Feuilles des productions fruitières tantôt ovales-allongées, tantôt presque elliptiques, bien atténuées à leurs deux extrémités, planes, entières ou irrégulièrement bordées de dents larges et très-peu profondes, bien soutenues sur des pétioles tantôt courts, tantôt longs, assez forts et raides.

Caractère saillant de l'arbre : toutes les feuilles sensiblement atténuées à leurs deux extrémités; rameaux d'une couleur sombre.

Fruit moyen, ovoïde, uni dans son contour, atteignant sa plus grande épaisseur un peu au-dessous du milieu de sa hauteur; au-dessus de ce point, s'atténuant par une courbe largement convexe ou à peine concave en une pointe épaisse, peu longue, bien obtuse ou tronquée à son sommet; au-dessous du même point, s'atténuant brusquement par une courbe peu convexe pour diminuer sensiblement d'épaisseur vers la cavité de l'œil.

Peau épaisse, d'abord d'un vert gai sur lequel ressortent vigoureusement des points bruns, larges, nombreux et très-régulièrement espacés; une large tache de rouille d'un brun clair recouvre ordinairement la cavité de la queue. A la maturité, **courant d'août**, le vert fondamental passe au jaune clair et le côté du soleil se couvre d'un rouge peu intense sur lequel les points sont encore plus larges.

Œil petit, mi-clos, à divisions courtes, fermes et dressées, enfoncé dans une petite cavité à bords peu épais ou seulement dans une dépression peu creusée qui ne le contient pas entièrement.

Queue de moyenne longueur, assez forte, ligneuse, d'un vert brun, implantée perpendiculairement dans une cavité assez profonde, régulière par ses bords ou quelquefois attachée à fleur de la pointe du fruit.

Chair d'un blanc jaunâtre, demi-fine, un peu grenue, beurrée, fondante, suffisante en eau sucrée, parfumée à la manière du vin doux, constituant un fruit seulement de seconde qualité.

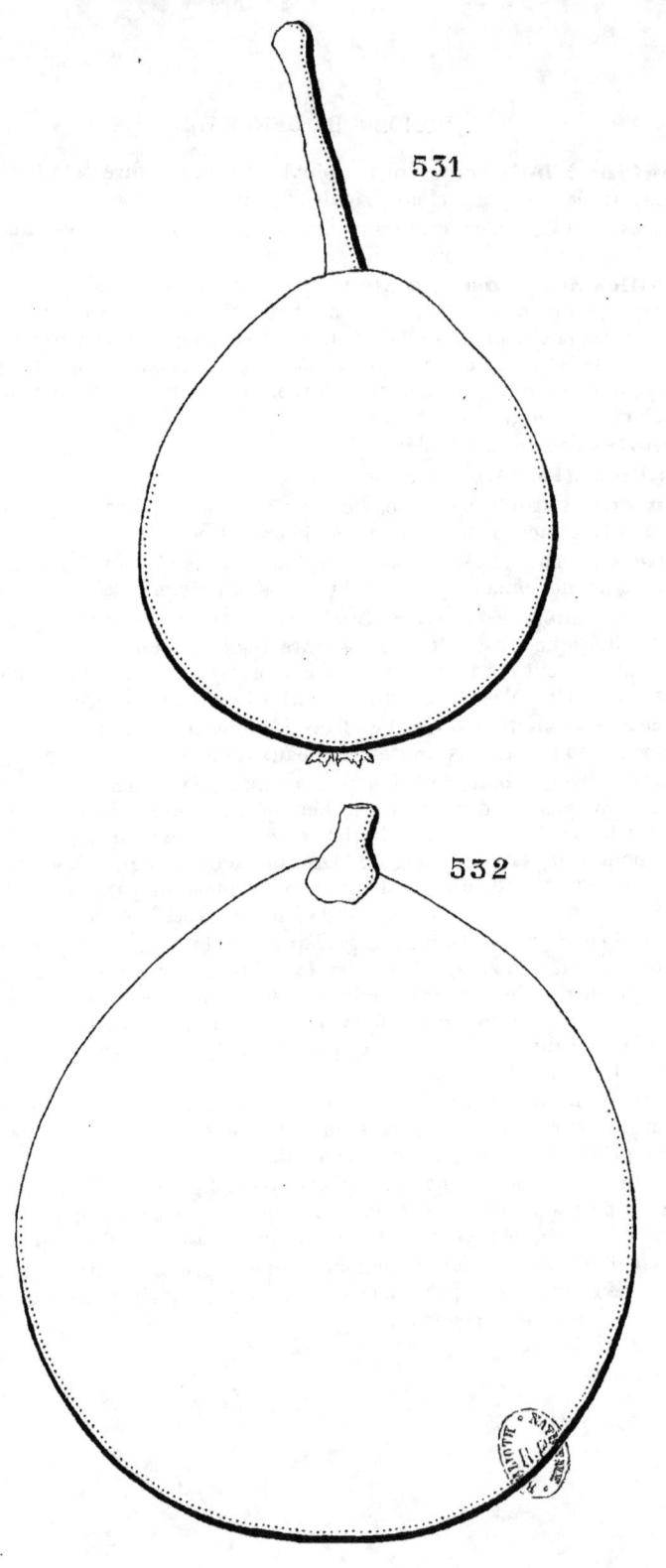

531, HESSEL.   532, PRINCE IMPÉRIAL DE FRANCE.

PRINCE IMPÉRIAL DE FRANCE

(N° 532)

Annales de Pomologie belge. BIVORT.
Les fruits du jardin Van Mons. BIVORT.
Dictionnaire de pomologie. ANDRÉ LEROY.
The Fruits and the fruit-trees of America. DOWNING.

OBSERVATIONS. — Cette variété a été obtenue par M. Grégoire, de Jodoigne; son premier rapport eut lieu en 1850. Elle a été propagée par M. de Jonghe duquel je la tiens depuis l'année 1863. — L'arbre est d'une vigueur normale sur cognassier, se pliant facilement à toutes formes sur ce sujet et surtout à celle de pyramide. Il semble assez rustique pour que sa haute tige de bonne tenue soit aussi bien productive. Cette variété est à multiplier dans le jardin fruitier. Elle est d'une belle végétation et d'une fertilité très-précoce. Le mérite de son fruit est contesté; pour nous, jusqu'à présent, nous l'avons trouvé digne d'être rangé au nombre des bonnes poires d'automne et nous croyons que s'il a été quelquefois mal apprécié, c'est sur la dégustation de fruits provenant d'arbres chétifs ou cueillis à une époque trop rapprochée de celle de leur maturité.

DESCRIPTION.

Rameaux forts, presque droits, un peu anguleux surtout à leur sommet, à entre-nœuds très-inégaux entre eux, d'un vert gris et teintés de jaune; lenticelles d'un blanc jaunâtre, larges, allongées et apparentes.

Boutons à bois moyens, coniques, un peu courts et épais, à pointe très-courte, à direction presque parallèle au rameau, soutenus sur des supports peu saillants et dont les côtés se prolongent sensiblement; écailles d'un marron rougeâtre foncé largement bordé de gris blanchâtre.

Pousses d'été à peine flexueuses, d'un brun verdâtre à leur base, peu colorées de rouge à leur sommet peu duveteux.

Feuilles des pousses d'été moyennes, elliptiques plus ou moins élargies, se terminant assez brusquement en une pointe courte, très-peu repliées sur leur nervure médiane et convexes par leurs bords, même quelquefois entièrement convexes, bordées de dents larges et bien obtuses, soutenues à peu près horizontalement sur des pétioles longs, forts et redressés.

Stipules de moyenne longueur, en alênes fines.

Feuilles stipulaires assez fréquentes.

Boutons à fruit moyens, coniques, un peu renflés, à pointe courte et un peu aiguë; écailles d'un marron foncé et uniforme.

Fleurs petites; pétales obovales-étroits, obtus à leur sommet, peu concaves, écartés entre eux; divisions du calice de moyenne longueur, rarement un peu recourbées en dessous; pédicelles très-courts, forts, peu duveteux.

Feuilles des productions fruitières ovales-allongées, s'atténuant lentement pour se terminer régulièrement en une pointe longue et aiguë, un peu repliées sur leur nervure médiane ou creusées en gouttière et arquées, paraissant plutôt profondément crénelées que dentées, mal soutenues sur des pétioles longs, forts et cependant flexibles.

Caractère saillant de l'arbre : beau feuillage d'un vert intense; tous les pétioles longs et forts.

Fruit gros, ovoïde-renflé ou presque ellipsoïde, uni dans son contour, atteignant sa plus grande épaisseur tantôt un peu au-dessus, tantôt un peu au-dessous du milieu de sa hauteur; au-dessus de ce point, s'atténuant par une courbe convexe en une pointe très-courte, épaisse et obtuse; au-dessous du même point, s'atténuant par une courbe un peu moins convexe pour diminuer sensiblement d'épaisseur autour de la cavité de l'œil.

Peau fine, mince, d'abord d'un vert clair semé de points bruns, petits, irréguliers, très-espacés. On remarque aussi parfois quelques traces de rouille dispersées sur sa surface et qui se condensent en une tache sur le sommet du fruit, mais non dans la cavité de l'œil. A la maturité, **octobre**, le vert fondamental passe au jaune citron pâle et le côté du soleil se dore légèrement.

Œil petit, ouvert, à divisions très-courtes, dressées, placé dans une cavité peu profonde, bien évasée, bien régulière dans son contour et dans ses bords, très-légèrement plissée dans ses parois.

Queue bien courte, peu forte, charnue à sa base et comme repoussée obliquement dans un pli au sommet du fruit.

Chair blanche, demi-fine, fondante, abondante en eau sucrée, vineuse, sans parfum spécial, cependant agréable, constituant un fruit de bonne qualité.

FRANGIPANE D'HIVER

(N° 533)

WINTER FRANCHIPANNE. *Illustrirtes Handbuch der Obstkunde.* Jahn.

Sichere Führer. Dochnal.

FRANGIPANA. *Handbuch aller bekannten Obstsorten.* Biedenfeld.

Observations. — Cette variété, dont l'origine n'a pu être constatée par les auteurs qui s'en sont occupés, ne doit pas être confondue avec la poire Frangipane que nous avons déjà décrite et qui, mûrissant en automne, est de plus petit volume et d'une autre forme. — L'arbre n'offre rien de remarquable dans sa végétation qui est bonne et régulière. Son fruit, de longue conservation, n'est propre qu'aux usages de la cuisine.

DESCRIPTION.

Rameaux forts, anguleux dans leur contour, droits, à entre-nœuds courts et inégaux entre eux, de couleur verdâtre ; lenticelles d'un blanc jaunâtre, très-nombreuses, serrées, petites et un peu apparentes.

Boutons à bois petits, coniques, très-courts, épais, peu aigus, à direction parallèle ou presque parallèle au rameau, soutenus sur des supports très-saillants dont les côtés et l'arête médiane se prolongent bien distinctement ; écailles un peu entr'ouvertes et presque noires.

Pousses d'été d'un vert clair, non colorées de rouge à leur sommet et duveteuses sur toute leur longueur.

Feuilles des pousses d'été ovales-elliptiques, se terminant un peu brusquement en une pointe fine et courte, concaves, bordées de dents larges, assez profondes, bien couchées et un peu aiguës, bien soutenues sur des pétioles peu longs, de moyenne force et bien redressés.

Stipules assez courtes, lancéolées, peu aiguës.

Feuilles stipulaires fréquentes.

Boutons à fruit moyens, ellipsoïdes, obtus; écailles d'un beau marron foncé et uniforme.

Fleurs moyennes; pétales elliptiques-arrondis, peu concaves, à onglet très-court, se recouvrant un peu entre eux; divisions du calice assez courtes, épaisses, étalées ou à peine recourbées en dessous; pédicelles un peu longs, de moyenne force et un peu duveteux.

Feuilles des productions fruitières moyennes ou presque moyennes, elliptiques-arrondies, se terminant très-brusquement en une pointe très-courte, régulièrement et peu concaves, bordées de dents fines, peu profondes et aiguës, bien soutenues sur des pétioles courts, de moyenne force et bien raides.

Caractère saillant de l'arbre : teinte générale du feuillage d'un vert intense; la plupart des feuilles tendant à la forme arrondie, bien raides dans leur tenue aussi bien que leurs pétioles.

Fruit gros, turbiné-ventru et ordinairement irrégulier dans son contour, atteignant sa plus grande épaisseur peu au-dessous du milieu de sa hauteur; au-dessus de ce point, s'atténuant promptement par une courbe tantôt largement convexe, tantôt d'abord convexe, puis brusquement concave en une pointe courte, peu épaisse et presque aiguë à son sommet; au-dessous du même point, s'arrondissant brusquement par une courbe plus ou moins convexe pour ensuite s'aplatir un peu autour de la cavité de l'œil.

Peau mince et un peu ferme, d'abord d'un vert intense semé de points d'un vert encore plus foncé, très-nombreux, serrés et bien régulièrement espacés. Une tache d'une rouille brune, épaisse, squammeuse couvre la cavité de l'œil et s'étend sur la base du fruit. A la maturité, **courant et fin d'hiver,** le vert fondamental passe au jaune citron, les points brunissent et le côté de soleil est couvert d'un nuage de rouge brun ou de rouge orange.

Œil grand, ouvert, à divisions courtes, noirâtres, placé dans une cavité étroite, peu profonde, divisée par ses bords en larges côtes bien aplanies qui se continuent plus ou moins distinctement sur le ventre du fruit et le déforment un peu dans son contour.

Queue assez longue, forte et épaissie à son point d'attache au rameau; d'un brun rougeâtre, parfois un peu courbée et attachée, tantôt presque perpendiculairement, tantôt un peu obliquement à fleur de la pointe du fruit dont elle semble former la continuation.

Chair blanche, demi-fine, serrée, cassante, suffisante en eau un peu sucrée, un peu acidulée, d'une saveur herbacée ou presque sans parfum appréciable.

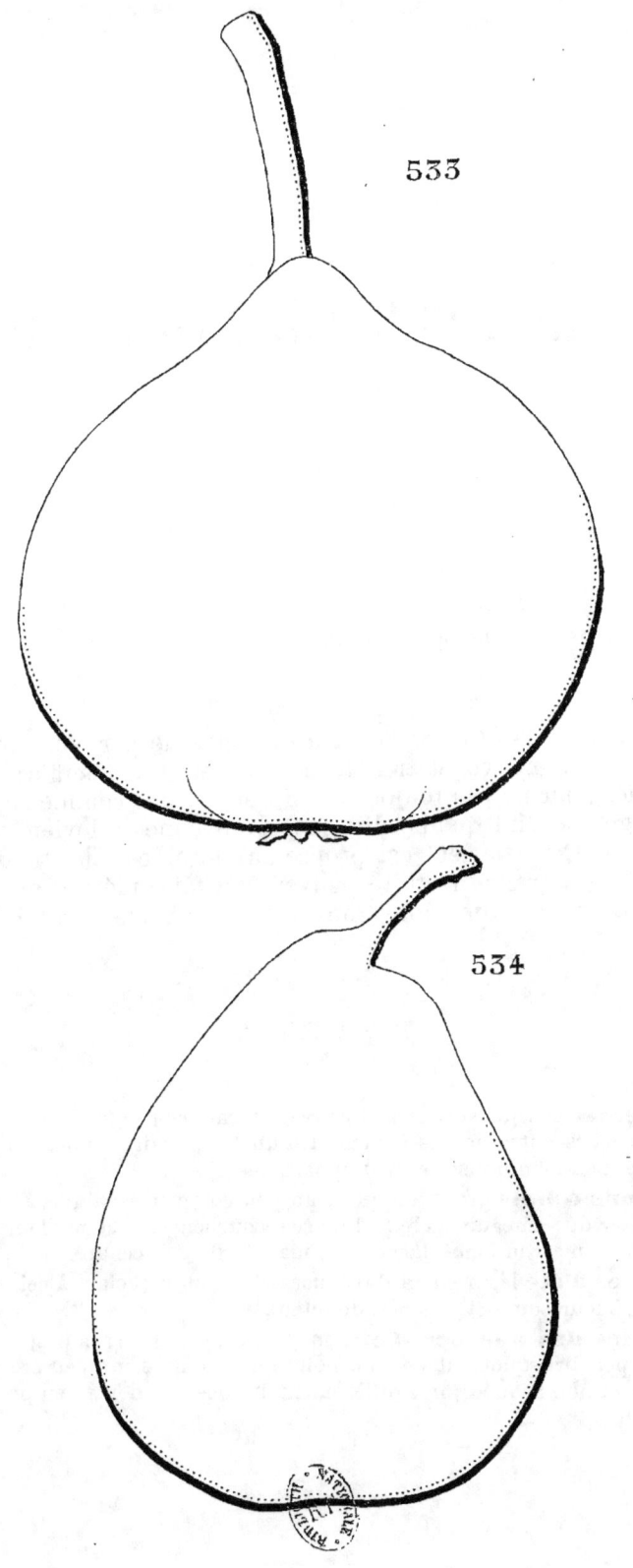

533. FRANGIPANE D'HIVER. 534. BEURRÉ POINTILLÉ DE ROUX.

BEURRÉ POINTILLÉ DE ROUX

(N° 534)

Album de pomologie. BIVORT.
Dictionnaire de pomologie. ANDRÉ LEROY.

OBSERVATIONS. — Cette variété a été obtenue par Van Mons. — L'arbre est d'une végétation trop lente et trop insuffisante sur cognassier pour ne pas toujours préférer le franc comme sujet. Sa haute tige n'atteint qu'une dimension moyenne et devient bientôt très-fertile. Cette variété est propre aux grandes collections et sa rusticité et sa grande fertilité peuvent lui faire mériter une place dans le verger de campagne. Son fruit est de bonne qualité.

DESCRIPTION.

Rameaux peu forts, courts et souvent terminés par un bouton à fruit, coudés à leurs entre-nœuds courts et d'un brun clair ; lenticelles petites, arrondies, peu nombreuses et peu apparentes.
Boutons à bois gros, coniques, un peu comprimés, aigus, à direction bien écartée du rameau vers lequel ils se recourbent un peu par leur pointe; écailles d'un marron foncé largement maculé de gris cendré.
Pousses d'été légèrement flexueuses, d'un joli vert clair, à peine lavées de rouge à leur sommet très-peu duveteux.
Feuilles des pousses d'été moyennes, ovales-arrondies, se terminant un peu brusquement en une pointe peu longue, un peu creusées en gouttière et non arquées, irrégulièrement bordées de dents peu profondes,

inégales et bien obtuses, assez mal soutenues sur des pétioles longs, grêles, un peu redressés et flexibles.

Stipules moyennes, filiformes.

Feuilles stipulaires grandes et fréquentes.

Boutons à fruit gros, ovoïdes-allongés, aigus ; écailles d'un marron peu foncé.

Fleurs presque grandes, souvent semi-doubles ; pétales obovales, largement arrondis à leur sommet, peu concaves, presque blancs avant l'épanouissement ; divisions du calice de moyenne longueur, étroites, bien réfléchies en dessous ; pédicelles longs, presque grêles et peu duveteux.

Feuilles des productions fruitières plus petites que celles des pousses d'été, exactement ovales ou ovales un peu élargies, se terminant presque régulièrement en une pointe courte, peu repliées sur leur nervure médiane et non arquées, entières dans leurs bords et imperceptiblement dentées, assez peu soutenues sur des pétioles longs et extraordinairement grêles.

Caractère saillant de l'arbre : teinte générale du feuillage d'un beau vert brillant ; les plus jeunes feuilles et les feuilles stipulaires bien colorées de rouge ; tous les pétioles grêles.

Fruit à peine moyen, piriforme, le plus souvent uni dans son contour, atteignant sa plus grande épaisseur bien au-dessous du milieu de sa hauteur ; au-dessus de ce point, s'atténuant par une courbe d'abord convexe puis légèrement concave pour se terminer en une pointe un peu longue, un peu épaisse et obtuse ; au-dessous du même point, s'atténuant par une courbe peu convexe pour diminuer assez sensiblement d'épaisseur autour de la cavité de l'œil.

Peau un peu épaisse, d'abord d'un vert clair et jaunâtre semé de petits points d'un roux fauve, nombreux et irréguliers. On remarque aussi souvent des tavelures d'une rouille fauve dispersées sur la surface du fruit et se concentrant en une petite tache dans la cavité de l'œil. A la maturité, **octobre,** le vert fondamental s'éclaircit un peu en jaune et le côté du soleil se dore ou se lave d'un léger rouge terreux.

Œil petit, ouvert, à divisions courtes, jaunâtres, étalées dans une petite cavité qui le contient à peine.

Queue de moyenne longueur, peu forte, d'un beau brun, souvent attachée obliquement au sommet du fruit sans pli ni dépression.

Chair d'un blanc un peu verdâtre, fine, fondante, un peu pierreuse vers le cœur, abondante en eau sucrée, acidulée, rafraîchissante, pas assez parfumée pour constituer un fruit de première qualité.

BEAU DE LA COUR

(N° 535)

BÔ DE LA COUR. *Bulletin de la Société Van Mons.* 1855. (Fruits à l'étude.)

Observations. — Le nom de Beau de la Cour a fait supposer à tort que cette variété était synonyme de Conseiller de la Cour ou Maréchal de Cour. — L'arbre, d'une vigueur contenue sur cognassier, s'accommode de la forme pyramidale et surtout de celle de fuseau ; sur franc, il convient au grand verger. La beauté de son fruit, qui est de bonne qualité pour les usages du ménage, lui mérite une place dans le jardin d'amateur.

DESCRIPTION.

Rameaux de moyenne force, anguleux dans leur contour, droits, à entre-nœuds assez courts et inégaux entre eux, de couleur olivâtre ; lenticelles blanchâtres, petites, très-nombreuses et très-peu apparentes.

Boutons à bois très-petits, très-courts, épatés et obtus, appliqués au rameau, soutenus sur des supports saillants dont l'arête médiane se prolonge bien distinctement ; écailles d'un marron foncé et brillant largement bordé de gris blanchâtre.

Pousses d'été d'un rouge brun sombre à la base, d'un rouge brun plus clair à leur sommet qui est fortement cotonneux.

Feuilles des pousses d'été ovales-arrondies, bien recourbées en dessous comme annulaires, bordées de dents très-peu appréciables, souvent comme crispées ; nervure rouge couverte longtemps d'une soie blanche qui se retrouve aussi sur les bords de la feuille ; pétioles pas tout-à-fait courts, gros, redressés.

Stipules courtes, lancéolées, très-caduques.

Feuilles stipulaires ne se présentant presque jamais.

Boutons à fruit moyens, sphérico-ovoïdes et obtus; écailles d'un marron presque noir et peu brillant.

Fleurs grandes; pétales élargis, tronqués à leur extrémité, un peu froncés et ondulés; divisions calicinales de moyenne longueur, annulaires, bien cotonneuses ainsi que les pédicelles qui sont assez longs et forts.

Feuilles des productions fruitières ovales-élargies, un peu allongées, convexes, entières dans leurs bords; nervure rouge sanguin; pétioles assez courts, presque minces, un peu lavés de rouge, redressés.

Caractère saillant de l'arbre: couleur sanguine de la nervure des feuilles des productions fruitières.

Fruit petit ou presque moyen, sphérico-ovoïde, uni dans son contour, atteignant sa plus grande épaisseur bien au milieu de sa hauteur; au-dessus de ce point, s'atténuant par une courbe convexe en une pointe courte, épaisse et obtuse à son sommet; au-dessous du même point, s'arrondissant par une courbe plus convexe pour s'aplatir ensuite vers la cavité de l'œil.

Peau épaisse, d'abord d'un vert pâle semé de points vert foncé, très-nombreux, très-visibles. A la maturité, **fin d'août,** elle s'éclaircit bien en jaune paille brillant, sur lequel les points restent toujours verts, mais sont bien moins visibles; le côté du soleil est couvert d'une large tache de rouge vermillon d'un grand éclat et sur lequel les points deviennent d'un jaune brillant.

Œil moyen, à divisions verdâtres, demi-fermé, comme pressé au fond d'une cavité très-profonde et cependant largement évasée, plissée dans ses parois de manière que les plis se continuent largement sur le fruit et le font paraître comme côtelé.

Queue de moyenne longueur, épaisse, charnue, vert jaune à sa base, brune à son point d'attache au rameau, semblant être la continuation du fruit sur le haut duquel il semblerait qu'on a opéré une pression qui l'a repoussée obliquement.

Chair grossière, sèche, bien sucrée, musquée, rendant le fruit très-propre à faire cuire.

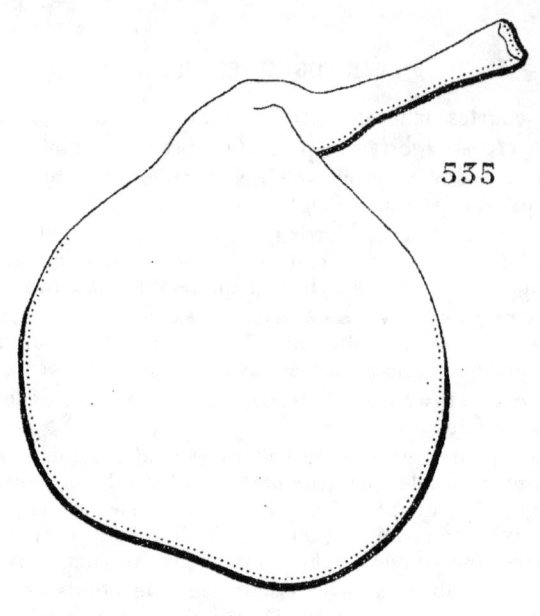

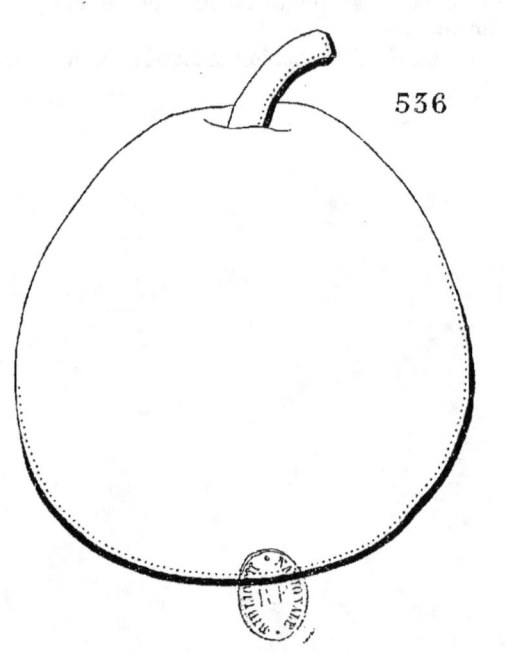

535, BEAU DE LA COUR.   536, BESI DE CAISSOY.

BESI DE CAISSOY

(N° 536)

GROSSE ROUSSETTE DE BRETAGNE. *Dictionnaire de pomologie.* ANDRÉ LEROY.
Traité des arbres fruitiers. DUHAMEL.
ROUSSETTE DE BRETAGNE. *Traité des fruits.* COUVERCHEL.
DE QUESSOY. *Jardin fruitier du Muséum.* DECAISNE.
RUSSETTE VON BRETAGNE. *Illustrirtes Handbuch der Obstkunde.* JAHN.
Systematisches Beschreibung der Kernobstsorten. DIEL.

OBSERVATIONS. — Cette variété nous vient de la Bretagne où elle est très-répandue et très-estimée. — L'arbre, de vigueur modérée sur cognassier, forme cependant de jolies pyramides après quelques années de plantation. Sur franc, il est d'une grande fertilité. Son fruit n'est que de seconde qualité.

DESCRIPTION.

Rameaux peu forts, remarquablement droits, à entre-nœuds courts, d'un brun verdâtre recouvert du côté du soleil d'une teinte plombée; lenticelles d'un gris sale, peu nombreuses, peu apparentes.
Boutons à bois moyens, courts, obtus, épatés et presque aplatis contre le rameau ; écailles lisses, d'un marron rougeâtre intense.

Pousses d'été peu fortes, droites, d'un vert intense, longtemps couvertes sur une longue étendue d'un duvet blanc, soyeux et épais.

Feuilles des pousses d'été petites, ovales-arrondies, se terminant peu brusquement en une pointe extrêmement courte et scarieuse, bien creusées et arquées, bordées de dents fines, très-peu profondes et aiguës, très-bien soutenues sur des pétioles très-courts, forts et raides.

Stipules à peine moyennes, lancéolées, persistantes.

Feuilles stipulaires manquant le plus souvent.

Boutons à fruit gros, exactement coniques, bien allongés, aigus; écailles bien lâches, les intérieures aiguës et d'un marron rougeâtre terne et peu foncé, les extérieures entièrement recouvertes de gris cendré.

Fleurs petites; pétales ovales-arrondis, peu concaves, entièrement blancs avant et après l'épanouissement; divisions du calice courtes, fines, peu recourbées en dessous; pédicelles courts, grêles, duveteux.

Feuilles des productions fruitières moins petites que celles des pousses d'été, exactement ovales, se terminant régulièrement en une pointe courte et fine, peu repliées et bien arquées, bordées de dents fines et très-peu profondes, se recourbant sur des pétioles courts, grêles et raides.

Caractère saillant de l'arbre : toutes les feuilles petites et très-finement dentées; aspect général de raideur; tous les pétioles remarquablement courts.

Fruit petit, conico-ovoïde, ordinairement uni dans son contour, atteignant sa plus grande épaisseur peu au-dessous du milieu de sa hauteur; au-dessus de ce point, s'atténuant peu par une courbe peu convexe pour se terminer en une pointe courte, épaisse et largement tronquée; au-dessous du même point, s'atténuant brusquement par une courbe peu convexe et paraissant un peu déprimé du côté de l'œil.

Peau fine, mince, d'abord d'un vert d'eau clair, mais que le plus souvent on n'aperçoit pas caché qu'il est sous une couche épaisse de rouille brune qui rend même sa surface un peu rude au toucher. A la maturité, **novembre,** la rouille se dore un peu surtout du côté du soleil, mais sur les fruits mal exposés, aucun indice ne peut faire distinguer cette partie.

Œil petit, fermé ou demi-fermé, à divisions extraordinairement courtes, aiguës et dressées, placé dans une très-petite dépression, le plus souvent sillonnée dans ses parois.

Queue de moyenne longueur, forte, épaissie à son point d'attache au rameau, enfoncée perpendiculairement dans une cavité remarquablement large et profonde, un peu irrégulière dans ses bords.

Chair blanche, bien fine, beurrée, fondante, un peu pierreuse vers le cœur, suffisante en eau sucrée, vineuse, relevée, quelquefois un peu altérée dans sa qualité par une légère âpreté qui cependant le plus souvent ne contribue qu'à la rendre plus rafraîchissante.

BON-CHRÉTIEN FONDANT

(N° 537)

The Fruit Manual. Robert Hogg.
BON-CHRÉTIEN FONDANT. *The Fruits and the fruit-trees of America.* Downing.
A Guide to the Orchard. Lindley.
BON CHRÉTIEN DE BRUXELLES. *Dictionnaire de pomologie.* André Leroy.
Pomologie de la Seine-Inférieure. Prévost.

Observations. — Variété très-ancienne. Son nom lui vient de ce que sa forme la plus habituelle rappelle les Bon-Chrétien. — L'arbre est d'une vigueur insuffisante sur cognassier ; sur franc, il ne peut former que des pyramides peu élevées et d'une végétation lente. Son fruit est de bonne qualité et de maturation prolongée.

DESCRIPTION.

Rameaux peu forts, presque unis dans leur contour, un peu flexueux, à entre-nœuds courts, d'un brun verdâtre ; lenticelles blanchâtres, petites, assez nombreuses et peu apparentes.

Boutons à bois moyens, conico-ovoïdes, aigus, à direction écartée du rameau, soutenus sur des supports un peu saillants dont l'arête médiane se prolonge à peine ; écailles d'un marron rouge peu foncé et presque entièrement recouvert de gris cendré.

Pousses d'été flexueuses, d'un vert d'eau, lavées de rouge sanguin à leur sommet, un peu duveteuses sur toute leur longueur.

Feuilles des pousses d'été moyennes, ovales, se terminant peu brusquement en une pointe bien longue et finement aiguë, bien creusées et bien arquées, entières ou presque entières, se recourbant sur des pétioles un peu courts, grêles, peu redressés, colorés de rouge.

Stipules en alênes courtes, très-caduques.

Feuilles stipulaires manquant presque toujours.

Boutons à fruit moyens, conico-ovoïdes, aigus; écailles d'un marron rougeâtre.

Fleurs bien petites; pétales ovales, souvent aigus à leur sommet, à peine concaves, à onglet peu long, bien écartés entre eux ; divisions du calice longues, étroites, bien recourbées en dessous; pédicelles assez longs, grêles, à peine duveteux.

Feuilles des productions fruitières petites, ovales-elliptiques, se terminant un peu brusquement en une pointe courte et large, bien creusées en gouttière et un peu arquées, entières ou presque entières dans leur contour, bien soutenues sur des pétioles courts, grêles et raides.

Caractère saillant de l'arbre : teinte générale du feuillage d'un vert bleu ; toutes les feuilles entières ou presque entières, bien creusées en gouttière; tous les pétioles courts et grêles.

Fruit moyen ou presque gros, piriforme un peu ventru, tantôt régulier, tantôt un peu déformé dans son contour par des élévations très-aplanies, atteignant sa plus grande épaisseur bien au-dessous du milieu de sa hauteur; au-dessus de ce point, s'atténuant par une courbe d'abord peu convexe puis à peine concave en une pointe longue, maigre et aiguë à son sommet; au-dessous du même point, s'atténuant par une courbe plus ou moins convexe pour diminuer plus ou moins d'épaisseur vers la cavité de l'œil.

Peau un peu épaisse et ferme, d'abord d'un vert décidé semé de petits points d'un vert intense, très-nombreux, serrés et régulièrement espacés. Une tache d'une rouille de couleur cannelle couvre ordinairement la cavité de l'œil et se disperse parfois en traits fins sur quelques parties de sa surface. A la maturité, **octobre et novembre,** le vert fondamental passe au jaune citron conservant souvent un ton encore un peu verdâtre, le côté du soleil se dore et les points deviennent encore plus apparents.

Œil grand, tantôt ouvert, tantôt fermé, placé dans une cavité étroite, peu profonde, qui le contient exactement.

Queue courte, peu forte, un peu courbée, attachée un peu obliquement à la pointe du fruit, souvent un peu déjetée de côté.

Chair blanchâtre, fine, beurrée, fondante, suffisante en eau douce, sucrée, délicatement parfumée, constituant un fruit de bonne qualité et de maturation prolongée.

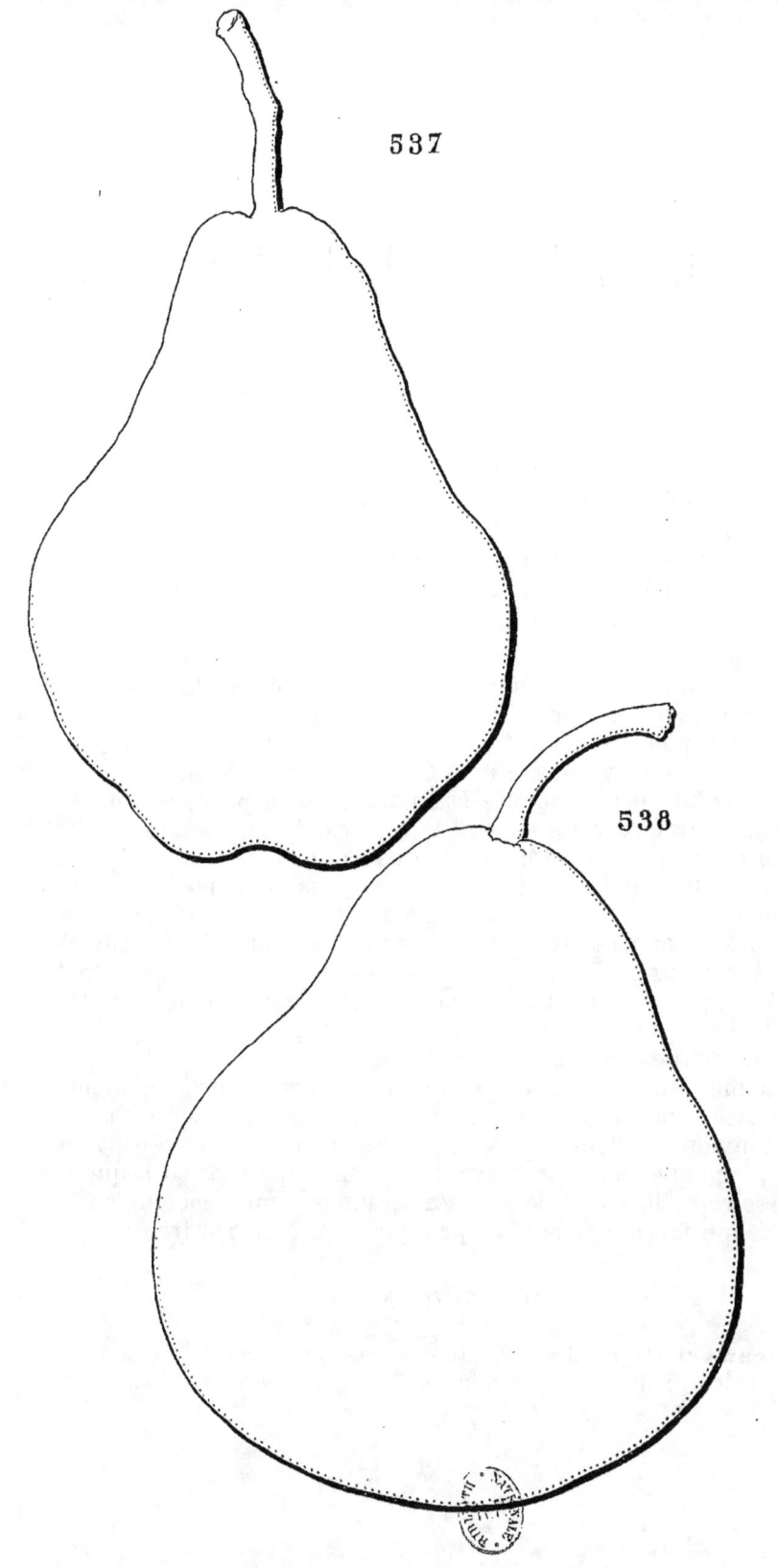

537. BON-CHRÉTIEN FONDANT.   538. BELLISSIME D'HIVER.

BELLISSIME D'HIVER

(N° 538)

Traité des arbres fruitiers. Duhamel.
Jardin fruitier du Muséum. Decaisne.
Nouveau traité des arbres fruitiers. Duhamel.
Traité complet sur les pépinières. Calvel.
Handbuch aller bekannten Obstsorten. Biedenfeld.
ANGLETERRE D'HIVER. *Dictionnaire de pomologie.* André Leroy.
Traité des fruits. Couverchel.

Observations. — Je ne puis me ranger à l'opinion de M. Leroy, et d'après mes observations, qui datent de 25 ans, je tiens l'Angleterre d'hiver pour le même fruit que le Rateau blanc que j'ai reçu il y a bien des années sous le nom de Tarquin des Pyrénées et plus tard sous celui de Bergamotte Drouet. Ce qui a pu faire croire à l'existence de deux variétés distinctes, c'est l'aspect et la qualité variable des fruits de cette variété que j'ai vus, chez moi, revêtir une livrée toute différente suivant les saisons et l'exposition; être réellement bons parfois, et d'autrefois d'une qualité très-inférieure, et toujours cependant produits par les mêmes arbres. MM. Couverchel et Loiseleur Deslongchamps n'accordent pas à cette poire tout son mérite, probablement à cause du sol où elle est venue. — Cette variété végète suffisamment sur cognassier; elle peut servir à former de petites pyramides sur ce sujet, pourvu qu'on la maintienne à une taille courte, autrement elle se dégarnit promptement; elle est assez délicate et perd facilement des branches, aussi la place qui lui convient réellement est l'espalier ou même le contre-espalier abrité, parce que son fruit pouvant être cueilli très-tard y acquiert toutes ses qualités qui sont assez grandes pour l'époque où il mûrit, ce qui fait que je le place presque en premier ordre.

DESCRIPTION.

Rameaux fluets, coudés aux entre-nœuds qui sont courts et d'un brun jaunâtre mélangé de rouge sanguin; lenticelles grandes, gris blanchâtre, assez apparentes.

Boutons à bois très-petits, grêles, un peu obtus, écartés du rameau, soutenus sur des supports saillants; écailles d'un marron rougeâtre.

Pousses d'été d'un rouge brun à la base, d'un brun verdâtre au sommet qui est couvert d'une poussière grisâtre.

Feuilles des pousses d'été arrondies, à peu près planes ou retournées en dessous seulement par leur pointe finement aiguë, bordées d'assez grosses dents aiguës et recourbées; nervure jaunâtre; pétioles gros, courts, redressés.

Stipules de moyenne longueur, vertes, en forme de poignard.

Feuilles stipulaires se présentant quelquefois.

Boutons à fruit gros, coniques-allongés, aigus, bien rétrécis vers leur base; écailles intérieures d'un marron rougeâtre, très-courtement ciliées de fauve, les extérieures seulement maculées de gris blanchâtre.

Fleurs moyennes; pétales ovales, plus élargis à leur extrémité qu'à leur point d'attache, planes, séparés entre eux, un peu roses avant l'épanouissement; pédicelles assez courts, cotonneux.

Feuilles des productions fruitières les unes entièrement arrondies, les autres seulement ovales bien élargies; planes ou un peu retournées en dessous, se terminant brusquement en une pointe très-courte, bordées de dents assez irrégulières et peu profondes, obtuses; nervure assez fine, blanc jaunâtre, un peu saillante; pétioles de moyenne force, courts, et redressés.

Caractère saillant de l'arbre : beaucoup de feuilles bien arrondies.

Fruit moyen ou presque gros, piriforme-allongé, uni dans son contour, atteignant sa plus grande épaisseur bien près de sa base; au-dessus de ce point, s'atténuant par une courbe d'abord convexe puis un peu concave en une pointe longue, un peu épaisse, parfois recourbée à son sommet; au-dessous du même point, s'atténuant par une courbe bien convexe pour s'arrondir ensuite autour de la cavité de l'œil.

Peau mince et cependant un peu ferme, d'abord d'un vert pâle, jaunâtre, semé de points brun fauve, fort nombreux, serrés, également espacés, mélangés de traits et de taches d'une rouille de la même couleur qui se condensent quelquefois sur le haut du fruit, dans la cavité de l'œil et du côté exposé au soleil. A la maturité, **fin d'hiver,** le vert fondamental passe au jaune paille qui se dore du côté du soleil et quelquefois encore se recouvre d'un léger nuage d'un rouge rosat.

Œil petit, ouvert, à folioles courtes, très-aiguës, jaunâtres, placé dans une cavité plus ou moins élargie, peu profonde, dont les bords s'aplatissent de manière que le fruit s'asseoit largement.

Queue longue, contournée ou crochue, brun clair, un peu élastique, attachée plus ou moins obliquement au sommet du fruit dont elle semble former la continuation.

Chair blanche, fine, serrée, un peu pierreuse vers le cœur, demi-beurrée, peu abondante et cependant suffisante en eau douce, bien sucrée, parfumée à l'amande, relevée d'un léger acide qui fait de cette poire un excellent fruit d'arrière-saison.

GROS ROUSSELET

(N° 539)

Dictionnaire de pomologie. André Leroy.
Jardin fruitier du Muséum. Decaisne.
The Fruit Manual. Robert Hogg.
ROY D'ÉTÉ, GROS ROUSSELET. *Traité des arbres fruitiers.* Duhamel.
ROI D'ÉTÉ. *A Guide to the Orchard.* Lindley.
The Fruits and the fruit-trees of America. Downing.
GROSSE SOMMERROUSSELET. *Systematische Beschreibung der Kernobstsorten.* Diel.
Systematisches Handbuch der Obstkunde. Dittrich.
BRAUNER SOMMERKÖNIG. *Illustrirtes Beschreibung der Obstkunde.* Oberdieck.

Observations. — Cette variété est d'une origine très-ancienne. — L'arbre, de bonne vigueur sur cognassier, convient à la forme pyramidale. Par sa rusticité, il est propre surtout au grand verger. Sa fertilité est soutenue. Son fruit est d'une assez longue conservation.

DESCRIPTION.

Rameaux de moyenne force, finement anguleux dans leur contour, un peu flexueux, à entre-nœuds courts ou de moyenne longueur, d'un rouge violacé intense; lenticelles blanches, peu nombreuses, très-largement espacées et apparentes.

Boutons à bois moyens, coniques, bien aigus, à direction écartée du rameau, soutenus sur des supports peu saillants dont l'arête médiane se prolonge finement et distinctement ; écailles d'un marron rougeâtre très-foncé et largement maculé de gris cendré.

Pousses d'été d'un vert décidé, de bonne heure colorées de rouge sanguin sur presque toute leur longueur et peu duveteuses à leur sommet.

Feuilles des pousses d'été moyennes, obovales-arrondies, se terminant un peu brusquement en une pointe longue et large, régulièrement concaves, bordées de dents un peu profondes et peu aiguës, assez peu soutenues sur des pétioles longs, grêles et un peu souples.

Stipules moyennes ou un peu longues, linéaires très-étroites.

Feuilles stipulaires se présentent quelquefois.

Boutons à fruit assez gros, conico-ovoïdes, bien aigus ; écailles d'un beau marron rougeâtre largement maculé de gris cendré.

Fleurs moyennes ; pétales ovales-élargis, concaves, bien ouverts et écartés entre eux, un peu roses avant l'épanouissement ; divisions du calice longues, finement aiguës, bien réfléchies en dessous ; pédicelles de moyenne longueur, grêles, un peu duveteux.

Feuilles des productions fruitières moyennes, obovales-elliptiques, se terminant presque régulièrement en une pointe peu longue, concaves, bordées de dents assez fines, un peu profondes et un peu aiguës, mal soutenues sur des pétioles longs, grêles et souples.

Caractère saillant de l'arbre : teinte générale du feuillage d'un vert bleu ; toutes les feuilles sensiblement atténuées du côté des pétioles et régulièrement concaves ; tous les pétioles longs, grêles et souples.

Fruit presque moyen, tantôt piriforme-allongé, tantôt plus court et bien ventru, bien uni dans son contour, atteignant sa plus grande épaisseur au-dessous du milieu de sa hauteur ; au-dessus de ce point, s'atténuant par une courbe d'abord peu convexe puis ensuite un peu concave en une pointe un peu longue ou courte, maigre et aiguë ; au-dessous du même point, s'atténuant par une courbe largement convexe pour diminuer sensiblement d'épaisseur vers la cavité de l'œil.

Peau un peu épaisse et ferme, d'abord d'un vert vif semé de petits points bruns, extraordinairement nombreux et serrés. Souvent on trouve un peu de rouille dans la cavité de l'œil et sur quelques parties de sa surface. A la maturité, **fin d'août et commencement de septembre,** le vert fondamental passe au jaune citron brillant, et le côté du soleil est largement lavé d'un rouge sanguin dont la vivacité est un peu atténuée par la multitude de petits points grisâtres dont il est recouvert.

Œil moyen, ouvert ou demi-ouvert, placé dans une cavité étroite et peu profonde, lorsque le fruit est plus allongé, plus large et plus profonde lorsqu'il est plus court, ordinairement plissée dans ses parois et par ses bords.

Queue longue, grêle, ligneuse, courbée ou contournée, semblant former la continuation de la pointe du fruit.

Chair jaunâtre, demi-fine, demi-cassante, à peine pierreuse vers le cœur, peu abondante en eau richement sucrée et parfumée, constituant un fruit assez agréable cru et de première qualité pour les usages de la cuisine.

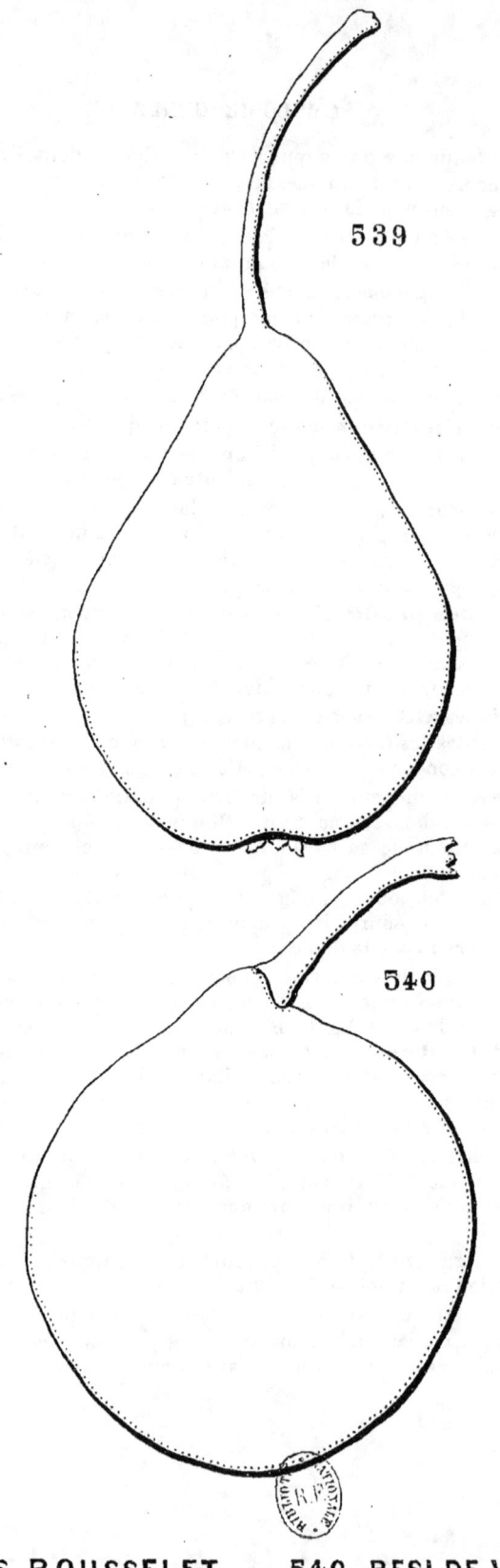

539, GROS ROUSSELET.   540, BESI DE WUTZUM.

BESI DE WUTZUM

(N° 540)

Observations. — Variété d'origine incertaine. — L'arbre, de bonne vigueur sur cognassier, est peu propre aux formes régulières ; il convient plutôt à la haute tige sur franc, parce que, soumis à la taille, sa fertilité est peu précoce. Il est sujet à des alternats complets. Son fruit est seulement de seconde qualité.

DESCRIPTION.

Rameaux peu forts, unis dans leur contour, un peu flexueux, à entre-nœuds longs, d'un vert jaunâtre ombré de gris ; lenticelles grisâtres, extraordinairement petites, nombreuses et très-peu apparentes.

Boutons à bois moyens, coniques, assez courts, épais, courtement aigus, à direction peu écartée du rameau, soutenus sur des supports un peu saillants dont les côtés et l'arête médiane ne se prolongent pas ; écailles entièrement recouvertes de gris blanchâtre.

Pousses d'été d'un vert d'eau, lavées de rouge et duveteuses à leur sommet.

Feuilles des pousses d'été moyennes, ovales-elliptiques, se terminant un peu brusquement en une pointe très-courte et bien aiguë, bien creusées et non arquées, bordées de dents un peu profondes, un peu couchées et un peu aiguës, soutenues horizontalement sur des pétioles longs, grêles, à peine redressés ou presque horizontaux et peu flexibles.

Stipules moyennes, linéaires très-étroites, presque filiformes.

Feuilles stipulaires manquant ordinairement.

Boutons à fruit assez gros, conico-ovoïdes, allongés, aigus ; écailles d'un marron rougeâtre peu foncé et brillant.

Fleurs petites; pétales ovales, chiffonnés, ondulés dans leurs bords, un peu roses avant l'épanouissement; pédicelles courts, minces, un peu cotonneux.

Feuilles des productions fruitières plus grandes que celles des pousses d'été, ovales ou ovales-elliptiques et un peu allongées, se terminant presque régulièrement en une pointe courte, bien creusées et non arquées, bordées de dents peu profondes, bien couchées et peu aiguës, irrégulièrement soutenues sur des pétioles longs, de moyenne force et divergents.

Caractère saillant de l'arbre : teinte générale du feuillage d'un vert bleu vif et brillant; toutes les feuilles remarquablement creusées et non arquées; tous les pétioles longs.

Fruit assez petit, ovoïde, court, uni dans son contour, atteignant sa plus grande épaisseur à peu près au milieu de sa hauteur; au-dessus de ce point, s'atténuant assez promptement par une courbe plus ou moins convexe en une pointe courte, un peu obtuse ou presque aiguë à son sommet; au-dessous du même point, s'atténuant par une courbe largement convexe pour diminuer assez sensiblement d'épaisseur vers la cavité de l'œil.

Peau un peu épaisse, d'abord d'un vert pâle semé de points fauves, assez nombreux, un peu saillants et assez peu apparents. Une rouille très-fine, d'un fauve rougeâtre recouvre souvent le sommet du fruit et forme quelques traits dans la cavité de l'œil. A la maturité, **octobre,** le vert fondamental passe au jaune paille et le côté du soleil est doré et parfois lavé ou marbré d'un peu de rouge.

Œil grand, demi-ouvert, placé dans une cavité étroite, peu profonde et souvent obscurément plissée dans ses parois et par ses bords.

Queue longue, forte, bien ligneuse, d'un beau brun brillant finement moucheté de blanc, un peu courbée, formant obliquement la continuation de la pointe du fruit.

Chair d'un blanc un peu veiné ou teinté de jaune, demi-fine, fondante, un peu pierreuse vers le cœur, très-abondante en eau douce, sucrée, mais peu relevée, constituant un fruit seulement de seconde qualité.

COLMAR D'HIVER

(N° 541)

Bulletin de la Société Van Mons. 1854.

OBSERVATIONS. — Cette variété est d'origine ancienne et incertaine. — L'arbre végète assez bien sur cognassier sans être vigoureux. Son bois raide et court le rend peu propre aux formes en espalier ; du reste sa rusticité et celle de son fruit, toujours sain en plein air, ne nécessitent nullement l'abri du mur ; sa véritable destination est la petite pyramide et le fuseau. Variété bien à propager, à cause de la facilité d'en tirer bon parti dans toutes les localités, et aussi par rapport à la conservation assez longue de son fruit de bonne qualité.

DESCRIPTION.

Rameaux raides, à direction perpendiculaire, un peu coudés ; épiderme couleur chocolat; lenticelles grisâtres, assez peu nombreuses et bien apparentes.

Boutons à bois moyens, portés sur des supports un peu saillants, coniques, un peu obtus, à direction parallèle au rameau ; écailles brun foncé, largement bordées de blanc grisâtre.

Pousses d'été assez fortes, d'un brun noirâtre à la base, rouge brun foncé au sommet couvert d'une poussière grisâtre.

Feuilles des pousses d'été petites, bien élargies à la base, se terminant assez subitement en une pointe effilée et bien aiguë, un peu pliées et un peu arquées, bordées de dents peu profondes; nervure fine, vert jaunâtre; pétioles courts, gros, redressés.

Stipules assez longues, lancéolées, étroites, foliacées, dentées.

Feuilles stipulaires se présentant quelquefois.

Boutons à fruit moyens, un peu rétrécis à leur base, élargis aux deux tiers de leur hauteur, se terminant ensuite en une pointe aiguë assez courte; écailles marron peu foncé, maculées de marron très-clair.

Fleurs petites; pétales ovales-arrondis, tronqués à leur extrêmité, un peu roses avant l'épanouissement; pédicelles courts, très-grêles, laineux.

Feuilles des productions fruitières ovales bien élargies à la base ou ovales un peu allongées, se terminant en une pointe effilée et aiguë, entières dans leurs bords, un peu pliées et assez arquées, bien portées par des pétioles courts, minces, dressés.

Caractère saillant de l'arbre : raideur et couleur foncée des bourgeons.

Fruit petit ou moyen, conico-ovoïde, atteignant sa plus grande épaisseur au-dessous du milieu de sa hauteur; au-dessus de ce point, s'atténuant par une courbe concave en une pointe assez longue, obtuse à son sommet; au-dessous du même point, s'atténuant par une courbe largement convexe pour diminuer assez sensiblement d'épaisseur vers la cavité de l'œil.

Peau fine, tendre, d'abord d'un vert intense dont on n'aperçoit le plus souvent aucune partie en ce qu'il est entièrement recouvert d'une fine rouille couleur canelle qui n'est pas rude au toucher. A la maturité, **courant d'hiver**, la rouille s'éclaircit et se dore du côté du soleil, où l'on remarque de nombreux et gros points grisâtres bien apparents.

Œil grand, ouvert, à larges divisions noirâtres, scarieuses, presque étalées dans une cavité étroite et peu profonde qui le contient à peine.

Queue assez courte, peu forte, ligneuse, brun rouge, semblant former la continuation du fruit.

Chair jaune, bien fondante, suffisante en eau bien sucrée, bien relevée.

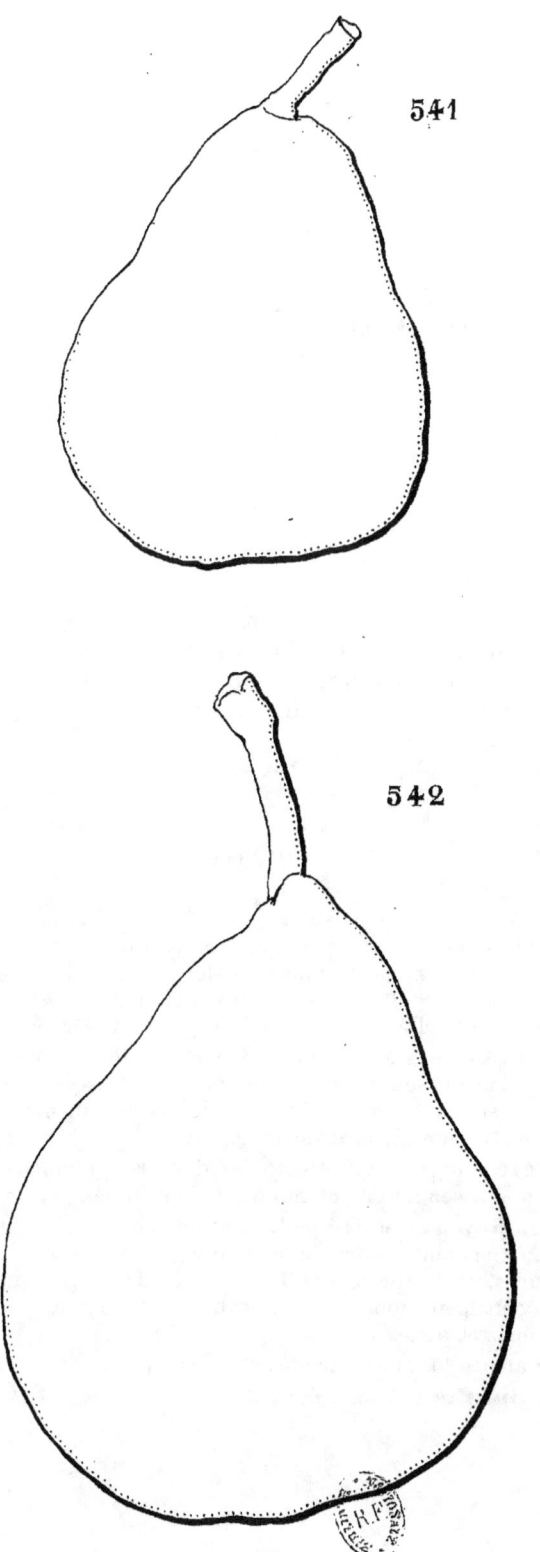

541, COLMAR D'HIVER VAN MONS.   542, CALEBASSE ROSE.

CALEBASSE ROSE

(N° 542)

Observations. — Cette variété est d'origine incertaine. — L'arbre, de vigueur normale sur cognassier, est naturellement disposé à la forme pyramidale et d'une conduite facile. Sa fertilité, assez précoce, est bonne. Son fruit ne peut être classé que parmi les poires de seconde qualité.

DESCRIPTION.

Rameaux de moyenne force, allongés, presque unis dans leur contour, peu flexueux, à entre-nœuds de moyenne longueur ou un peu longs, de couleur noisette à peine teintée de rouge du côté du soleil, souvent ombrée de gris par places ; lenticelles grisâtres, très-larges, rares et peu apparentes.

Boutons à bois assez gros, courts, épais, courtement aigus, à direction écartée du rameau, soutenus sur des supports très-peu saillants dont l'arête médiane ne se prolonge pas ou très-peu distinctement; écailles d'un marron rougeâtre très-foncé, presque noir.

Pousses d'été d'un vert vif et colorées d'un rouge vineux intense et duveteuses sur une assez longue étendue à leur sommet.

Feuilles des pousses d'été petites, exactement ovales, se terminant régulièrement en une pointe courte et bien aiguë, bien creusées en gouttière et un peu arquées, irrégulièrement bordées de dents peu profondes et émoussées, souvent peu appréciables, s'abaissant peu sur des pétioles courts, un peu forts et dressés.

Stipules en alènes longues, étroites et finement aiguës.

Feuilles stipulaires assez fréquentes.

Boutons à fruit assez gros ou moyens, conico-ovoïdes, aigus; écailles d'un marron rougeâtre très-foncé.

Fleurs petites; pétales ovales-elliptiques, concaves, à onglet court, peu écartés entre eux; divisions du calice moyennes, finement aiguës, à peine recourbées; pédicelles assez longs, grêles et un peu duveteux.

Feuilles des productions fruitières moyennes, ovales un peu allongées et peu larges, se terminant régulièrement en une pointe peu aiguë, creusées en gouttière et arquées, entières ou presque entières par leurs bords, bien soutenues sur des pétioles courts, grêles et raides.

Caractère saillant de l'arbre : teinte générale du feuillage d'un vert assez intense, mais peu brillant; les plus jeunes feuilles bien colorées de rouge; nervure des feuilles des pousses d'été colorée de même; toutes les feuilles plutôt creusées en gouttière.

Fruit moyen ou assez gros, piriforme-ventru, ordinairement un peu irrégulier ou bosselé dans son contour, atteignant sa plus grande épaisseur bien au-dessous du milieu de sa hauteur; au-dessus de ce point, s'atténuant par une courbe d'abord convexe puis largement concave en une pointe longue, maigre, aiguë à son sommet; au-dessous du même point, s'arrondissant par une courbe assez convexe jusque dans la cavité de l'œil.

Peau un peu épaisse, d'abord d'un vert clair semé de points d'un gros vert, nombreux, un peu larges, bien régulièrement espacés et bien apparents. Une tache d'une rouille brune couvre le sommet du fruit et la même rouille s'étale en étoile dans la cavité de l'œil. A la maturité, **octobre,** le vert fondamental passe au jaune citron pâle et le côté du soleil, un peu doré, se lave parfois d'un peu de rose.

Œil fermé, placé dans une cavité étroite et peu profonde, divisée dans ses bords par des côtes un peu saillantes et qui se prolongent souvent assez distinctement jusque vers le ventre du fruit.

Queue de moyenne longueur, un peu forte, bien ligneuse, formant souvent exactement la continuation de la pointe du fruit.

Chair blanchâtre, demi-fine, beurrée, fondante, suffisante en eau sucrée, acidulée, relevée d'un parfum assez semblable à celui du Doyenné blanc, constituant un fruit d'assez bonne qualité.

GROS BLANQUET ROND

(N° 543)

Traité des fruits. Couverchel.

Observations. — Cette variété se prête, par sa disposition naturelle, la raideur de son bois, à la forme de fuseau, mais sa destination la plus avantageuse est pour de robustes hautes tiges qui pourraient être placées dans le verger de campagne, où sa précocité et sa rusticité seraient appréciées. Cette variété ancienne est à conserver quoique je ne puisse l'indiquer que comme étant d'un mérite ordinaire.

DESCRIPTION.

Rameaux assez gros, bien coudés ; épiderme rouge sanguin foncé, semé de lenticelles gris sombre, pas très-apparentes.

Boutons à bois très-petits, très-écartés du rameau qui est renflé à leur point d'attache ; écailles noirâtres un peu recouvertes de gris sombre.

Pousses d'été flexueuses, à entre-nœuds rapprochés, d'un brun jaune nuancé de rougeâtre, bien cotonneuses sur une grande partie de leur étendue.

Feuilles des pousses d'été petites, ovales-arrondies ou un peu atténuées à la base, se terminant brusquement en une pointe courte, concaves ou pliées en gouttière, d'un vert pâle, irrégulièrement dentées ou presque entières ; pétioles de même couleur que la nervure, blanchâtres, de moyenne longueur, assez forts, redressés, quelques-uns horizontaux.

Stipules courtes, en alênes recourbées.

Feuilles stipulaires fréquentes.

Boutons à fruit moyens, étranglés à leur base, courts, coniques, se rétrécissant subitement en une pointe courte; écailles brun clair, recouvertes d'un fin duvet fauve rougeâtre.

Fleurs petites; pétales arrondis, presque planes, réguliers, entièrement blancs avant l'épanouissement; pédicelles courts, duveteux.

Feuilles des productions fruitières plus grandes que celles des pousses d'été, ovales-arrondies, planes ou concaves, bordées de dents peu profondes et inégales; nervure médiane large, vert blanchâtre; très-longs pétioles grêles, laissant tomber les feuilles.

Caractère saillant de l'arbre : toutes les feuilles des productions fruitières tombantes et recouvrant le fruit.

Fruit petit ou assez petit, turbiné-sphérique, presque toujours bosselé dans sa surface, atteignant sa plus grande épaisseur au milieu de sa hauteur; au-dessus de ce point, s'atténuant par une courbe largement convexe pour se terminer en une pointe très-courte; au-dessous du même point, s'arrondissant par une courbe plus convexe pour s'aplatir ensuite souvent un peu autour de la cavité de l'œil.

Peau ferme, croquante, sans points, d'un vert blanchâtre passant au jaune pâle et rayée de rouge un peu sanguin du côté du soleil à l'époque de la maturité, **fin juin et commencement de juillet**.

Œil presque grand par rapport à la grosseur du fruit, demi-ouvert, à divisions calicinales courtes, scarieuses, dressées, placé dans une cavité irrégulière dans ses bords, mais cependant large et évasée de manière que le fruit peut se tenir debout. Couverchel dit que l'œil est presque à fleur du fruit, il est vrai que sa cavité est peu profonde, mais cependant le plus souvent il ne fait pas saillie.

Queue assez fine, cassante, ligneuse, vert pâle, bien droite et insérée bien perpendiculairement dans quelques gibbosités inégales formant le sommet du fruit.

Chair blanche, demi-fine, cassante, sucrée et légèrement acidulée, ayant quelques concrétions autour du cœur.

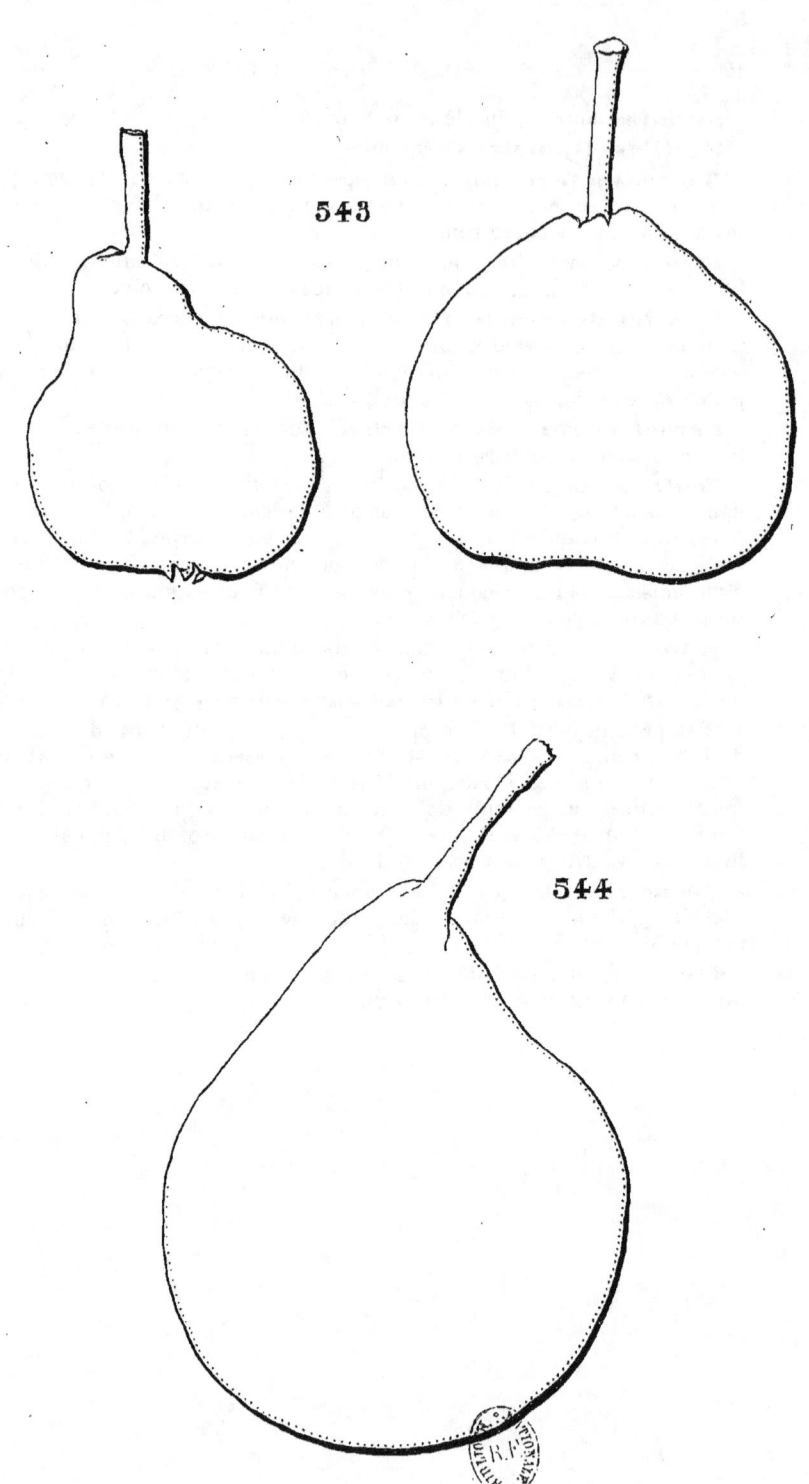

543, GROS BLANQUET ROND.   544, FONDANTE DE BREST.

FONDANTE DE BREST

(N° 544)

Dictionnaire de pomologie. André Leroy.
A Guide to the Orchard. Lindley.
INCONNUE CHENEAU. *Traité des arbres fruitiers.* Duhamel.
CASSANTE DE BREST. *Traité complet sur les pépinières.* Calvel.
SCHMALZBIRNE VON BREST. *Versuch einer systematischen Beschreibung der Kernobstsorten.* Diel.
Illustrirtes Handbuch der Obstkunde. Jahn.
Systematisches Handbuch der Obstkunde. Dittrich.

Observations. — Cette variété est d'origine très-ancienne. — L'arbre, d'une vigueur contenue sur cognassier, est propre à la forme pyramidale ; sa fertilité est précoce et grande. Son fruit est seulement de troisième qualité.

DESCRIPTION.

Rameaux de moyenne force, bien anguleux dans leur contour, droits, à entre-nœuds assez courts, d'un brun jaunâtre peu foncé ; lenticelles blanchâtres, petites, assez peu nombreuses, assez peu apparentes.

Boutons à bois moyens, coniques, un peu courts, épais et courtement aigus, à direction parallèle ou presque parallèle au rameau, soutenus sur des supports saillants dont l'arête médiane se prolonge bien distinctement ; écailles d'un marron rougeâtre et presque entièrement recouvertes de gris blanchâtre.

Pousses d'été d'un vert d'eau pâle, colorées de rouge et duveteuses à leur sommet.

Feuilles des pousses d'été moyennes, obovales ou ovales-elliptiques et allongées, se terminant peu brusquement en une pointe très-courte et bien recourbée, bien repliées et souvent un peu contournées sur leur longueur, entières ou presque entières par leurs bords, assez peu soutenues sur des pétioles un peu longs, grêles et souples.

Stipules moyennes, en forme d'alènes.

Feuilles stipulaires manquant ordinairement.

Boutons à fruit presque moyens, conico-ovoïdes, un peu aigus; écailles d'un marron rougeâtre assez foncé.

Fleurs petites; pétales bien élargis, presque planes, lavés de rose avant l'épanouissement; divisions du calice courtes, étroites et étalées; pédicelles de moyenne longueur, grêles et presque glabres.

Feuilles des productions fruitières plus grandes que celles des pousses d'été, ovales-élargies, se terminant régulièrement en une pointe courte, peu repliées et peu arquées, bordées de dents extraordinairement peu profondes, bien couchées et aiguës, très-mollement soutenues sur des pétioles longs, grêles et souples.

Caractère saillant de l'arbre : teinte générale du feuillage d'un vert bleu et brillant; nervure médiane souvent colorée de rouge; toutes les feuilles mollement soutenues sur leurs pétioles longs et flexibles.

Fruit moyen ou presque moyen, ovoïde-piriforme, plus ou moins ventru, uni dans son contour, atteignant sa plus grande épaisseur au-dessous du milieu de sa hauteur; au-dessus de ce point, s'atténuant par une courbe d'abord peu convexe puis largement concave en une pointe peu longue, maigre et aiguë à son sommet; au-dessous du même point, s'arrondissant par une courbe assez convexe jusque dans la cavité de l'œil.

Peau épaisse, d'abord d'un vert clair semé de points d'un gris brun, petits, très-nombreux et apparents. Rarement on trouve quelques traces de rouille sur sa surface. A la maturité, **septembre,** le vert fondamental passe au jaune citron et le côté du soleil est seulement un peu doré ou parfois lavé de rouge.

Œil grand, ouvert, placé dans une dépression très-étroite, très-peu profonde, parfois largement plissée par ses bords.

Queue de moyenne longueur, de moyenne force, formant le plus souvent, un peu obliquement, la continuation de la pointe du fruit.

Chair d'un blanc jaunâtre, grossière, cassante, marcescente, peu abondante en eau sucrée, acidulée, un peu relevée, constituant un fruit seulement de troisième qualité.

EPINE ROSE (ESPEREN)

(N° 545)

Catalogue Dauvesse, à Orléans.

Observations. — Cette variété, d'origine peu ancienne, nous vient de Belgique. — L'arbre, de vigueur normale sur cognassier, est bien propre à la forme pyramidale. Sa fertilité est assez précoce, bonne et soutenue. Son fruit est de toute première qualité.

DESCRIPTION.

Rameaux assez forts et allongés, presque unis dans leur contour, presque droits, à entre-nœuds assez courts, plus allongés à leur partie supérieure, d'un brun jaunâtre teinté de rouge; lenticelles blanches, peu larges, souvent allongées, nombreuses et apparentes.

Boutons à bois petits, coniques, courts, épaissis à leur base, courtement aigus, à direction écartée du rameau, soutenus sur des supports peu saillants dont l'arête médiane ne se prolonge pas ou très-peu distinctement; écailles d'un marron rougeâtre intense.

Pousses d'été d'un vert extraordinairement clair et jaune, lavées de rose et couvertes sur une assez grande longueur à leur sommet d'un duvet très-court et peu abondant.

Feuilles des pousses d'été moyennes, ovales-allongées et peu larges, s'atténuant brusquement et régulièrement en une pointe recourbée, peu repliées et peu arquées, irrégulièrement bordées de dents couchées, peu profondes et émoussées ou presque entières, s'abaissant sur des pétioles moyens, peu forts, redressés et souples.

Stipules en alênes moyennes et souvent courbées.

Feuilles stipulaires manquant ordinairement.

Boutons à fruit assez gros, coniques, un peu renflés et bien aigus; écailles d'un marron rougeâtre largement maculé de gris blanchâtre.

Fleurs petites; pétales elliptiques-arrondis, concaves, à onglet très-court, se touchant presque entre eux; divisions du calice de moyenne longueur, finement aiguës et peu recourbées en dessous; pédicelles assez courts, de moyenne force et laineux.

Feuilles des productions fruitières moyennes, ovales-elliptiques, se terminant plus ou moins brusquement en une pointe très-courte et très-fine, repliées et un peu arquées, entières ou presque entières par leurs bords, s'abaissant un peu sur des pétioles un peu longs, assez forts et un peu flexibles.

Caractère saillant de l'arbre : teinte générale du feuillage d'un vert d'eau peu foncé et mat; toutes les feuilles repliées plutôt que creusées, entières ou presque entières et recourbées en dessous par leur pointe très-aiguë.

Fruit moyen, ovoïde-piriforme, uni dans son contour, atteignant sa plus grande épaisseur bien au-dessous du milieu de sa hauteur; au-dessus de ce point, s'atténuant par une courbe d'abord peu convexe puis très-largement concave en une pointe un peu longue, épaisse et bien obtuse à son sommet; au-dessous du même point, s'atténuant par une courbe peu convexe pour diminuer sensiblement d'épaisseur vers la cavité de l'œil.

Peau peu épaisse, tendre, d'abord d'un vert d'eau semé de points d'un gris brun, larges, assez nombreux et apparents. Une large tache d'une rouille brune et épaisse couvre le sommet du fruit et cette même rouille forme une tache dans la cavité de l'œil et se disperse en tavelures sur la base du fruit. A la maturité....., le vert fondamental passe au jaune blanchâtre et le côté du soleil est doré plus ou moins chaudement.

Œil assez petit, demi-ouvert, placé dans une cavité étroite, peu profonde, unie dans ses parois et par ses bords.

Queue courte, forte, ligneuse, attachée obliquement dans un pli irrégulier formé par la pointe du fruit.

Chair rose, bien fine, bien fondante, suffisante en eau sucrée, agréablement relevée d'un parfum distingué et difficile à qualifier, constituant un fruit de première qualité.

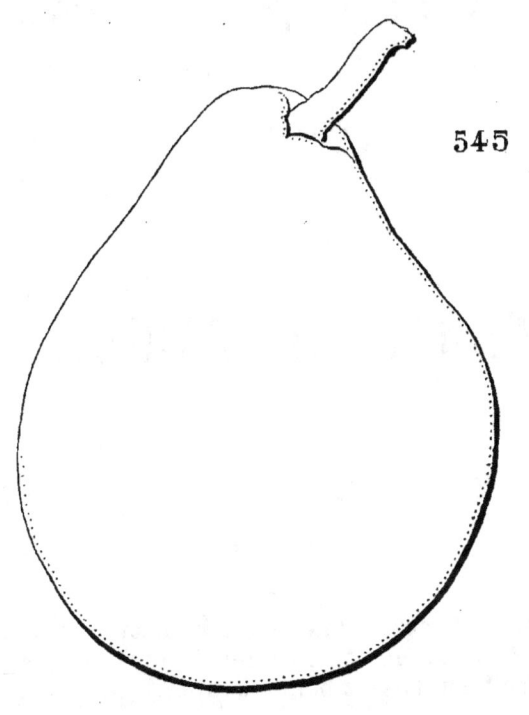

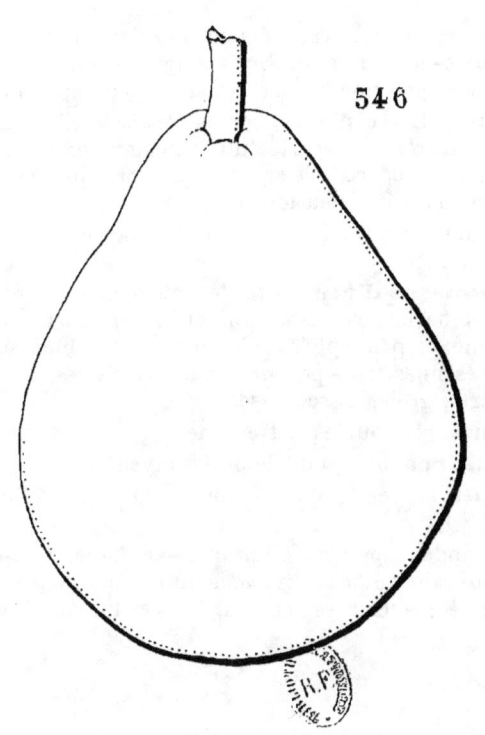

545, ÉPINE ROSE (ESPEREN).   546, COLMAR DE MARNIX.

COLMAR DE MARNIX

(N° 546)

Observations. — L'arbre, d'une végétation contenue sur cognassier, est propre à toutes formes. Sa fertilité précoce est sujette à l'alternat. Son fruit est d'assez bonne qualité.

DESCRIPTION.

Rameaux assez peu forts, obscurément anguleux dans leur contour, presque droits, à entre-nœuds de moyenne longueur, jaunâtres; lenticelles blanches, petites, assez peu nombreuses et assez peu apparentes.

Boutons à bois petits, coniques, courts, épaissis à leur base, courtement aigus, à direction très-peu écartée du rameau, ceux de la partie inférieure du rameau souvent éperonnés et à direction presque perpendiculaire; écailles d'un marron rougeâtre peu foncé.

Pousses d'été d'un vert très-clair, un peu lavées de rouge et peu duveteuses à leur sommet.

Feuilles des pousses d'été petites, exactement elliptiques, les unes étroites, les autres plus larges, se terminant brusquement en une pointe très-courte et très-fine, un peu repliées et à peine arquées, bien régulièrement bordées de dents très-fines, très-peu profondes et aiguës, bien soutenues sur des pétioles courts, grêles et redressés.

Stipules en alènes très-courtes et très-fines.

Feuilles stipulaires manquant le plus souvent.

Boutons à fruit moyens, conico-ovoïdes, aigus; écailles d'un beau marron rougeâtre.

Fleurs assez grandes; pétales elliptiques-arrondis, très-concaves, à onglet court, se recouvrant un peu; divisions du calice courtes, très-aiguës, à peine recourbées; pédicelles assez courts, forts et un peu duveteux.

Feuilles des productions fruitières moyennes, exactement elliptiques, se terminant un peu brusquement en une pointe assez courte, un peu concaves, bordées de dents fines, extraordinairement peu profondes et aiguës, assez peu soutenues sur des pétioles de moyenne longueur, très-grêles et souples.

Caractère saillant de l'arbre : teinte générale du feuillage d'un vert clair un peu jaune ; toutes les feuilles elliptiques, très-finement et très-peu profondément serretées ; tous les pétioles grêles.

Fruit presque moyen, ordinairement uni dans son contour, atteignant sa plus grande épaisseur bien au-dessous du milieu de sa hauteur ; au-dessus de ce point, s'atténuant par une courbe à peine convexe ou à peine concave en une pointe longue, un peu épaisse et obtuse à son sommet ; au-dessous du même point, s'atténuant par une courbe largement convexe pour diminuer sensiblement d'épaisseur vers la cavité de l'œil.

Peau fine, mince, d'abord d'un vert d'eau pâle semé de points d'un gris vert, peu larges, bien régulièrement espacés et peu apparents, souvent cachés sous des traits ou des taches d'une rouille fauve, qui se dispersent sur la surface du fruit et se condensent sur son sommet et dans la cavité de l'œil. A la maturité, **octobre,** le vert fondamental passe au jaune paille et le côté du soleil est plus ou moins chaudement doré.

Œil grand, ouvert, un peu saillant sur la base du fruit ou un peu enfoncé dans une très-petite cavité parfois un peu irrégulière.

Queue très-courte, forte, de couleur bois, un peu charnue, attachée le plus souvent perpendiculairement entre des plis divergents et peu prononcés formés par la pointe du fruit.

Chair jaunâtre, bien fine, bien fondante, abondante en eau sucrée et vineuse, constituant un fruit de bonne qualité lorsqu'elle est relevée d'un parfum suffisamment développé.

DÉLICES DE CHAUMONT

(N° 547)

Catalogue SIMON-LOUIS, de Metz.

OBSERVATIONS. — L'arbre, de bonne vigueur sur cognassier, s'accommode bien de la forme pyramidale. Sa fertilité est grande et soutenue. Son fruit, qui n'est que de seconde qualité, demande à être entre-cueilli.

DESCRIPTION.

Rameaux peu forts, allongés et fluets à leur sommet, presque unis dans leur contour, un peu flexueux, à entre-nœuds courts, d'un brun rouge clair et plus foncé vers les nœuds ; lenticelles très-petites, un peu allongées, peu nombreuses et à peine visibles.

Boutons à bois petits, coniques, courts, bien élargis à leur base et peu aigus, à direction un peu écartée du rameau, soutenus sur des supports très-peu saillants dont l'arête médiane se prolonge seule et très-peu distinctement ; écailles d'un marron rougeâtre terne.

Pousses d'été d'un vert clair et vif, lavées de rouge vineux du côté du soleil et un peu duveteuses sur la plus grande partie de leur longueur.

Feuilles des pousses d'été moyennes, ovales, se terminant peu brusquement en une pointe très-courte et fine, repliées ou creusées et à peine arquées, largement et peu profondément crénelées, soutenues horizontalement sur des pétioles moyens, de moyenne force et un peu souples.

Stipules assez longues, linéaires ou linéaires-lancéolées.

Feuilles stipulaires manquant ordinairement.

Boutons à fruit petits, ovoïdes, émoussés ; écailles d'un marron peu foncé.

Fleurs moyennes ; pétales arrondis-élargis, concaves ; divisions du calice longues, larges, le plus souvent étalées ; pédicelles de moyenne longueur et de moyenne force, un peu duveteux.

Feuilles des productions fruitières moyennes, régulièrement ovales, se terminant régulièrement en une pointe bien aiguë, un peu creusées et bien arquées, bordées de dents un peu profondes et un peu aiguës, se recourbant sur des pétioles moyens, de moyenne force et divergents.

Caractère saillant de l'arbre : teinte générale du feuillage d'un beau vert vif et brillant ; pousses d'été colorées et duveteuses sur une longue étendue.

Fruit moyen, conique ou conico-ovoïde, bien uni dans son contour, atteignant sa plus grande épaisseur peu au-dessous du milieu de sa hauteur ; au-dessus de ce point, s'atténuant par une courbe d'abord à peine convexe puis à peine concave en une pointe un peu longue, assez peu épaisse et tronquée ou obtuse à son sommet ; au-dessous du même point, s'atténuant peu par une courbe très-peu convexe pour diminuer un peu d'épaisseur vers la cavité de l'œil autour de laquelle il s'aplatit parfois un peu.

Peau un peu épaisse, douce au toucher, d'abord d'un vert d'eau mat semé de petits points bruns, nombreux, très-peu apparents, se confondant quelquefois avec des traits très-fins, ou une sorte de nuage d'une rouille d'un brun très-clair se condensant en une petite tache soit sur le sommet du fruit, soit dans la cavité de l'œil. A la maturité, **septembre,** le vert fondamental s'éclaircit en restant mat sans passer véritablement au jaune et le côté du soleil se distingue seulement par une teinte un peu plus chaude.

Œil moyen ou petit, ouvert, placé presque à fleur dans une légère dépression bien unie plutôt que dans une cavité.

Queue un peu longue, peu forte, bien ligneuse, d'un brun clair, un peu courbée, attachée au sommet du fruit dans un pli un peu irrégulier et peu prononcé.

Chair blanche, beurrée, fondante, peu abondante en eau très-sucrée, mais sans parfum bien appréciable, exigeant une cueillette anticipée du fruit pour qu'il arrive à la seconde qualité.

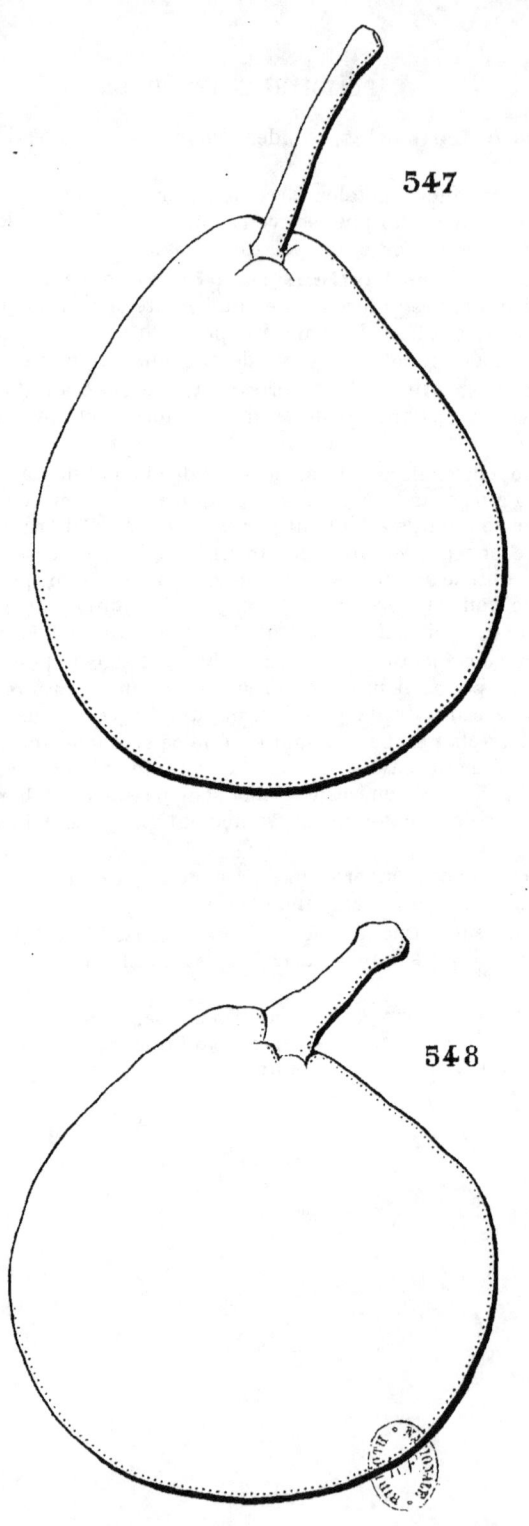

547, DÉLICES DE CHAUMONT. 548, FOURON.

FOURON

(N° 548)

Catalogue Bruant et Cie, de Poitiers.

DESCRIPTION.

Rameaux assez forts, courts et souvent épaissis à leur sommet, unis dans leur contour, à peine flexueux, à entre-nœuds courts, d'un rougeâtre un peu violacé vers les nœuds ; lenticelles blanchâtres, larges, un peu allongées, peu nombreuses et assez apparentes.

Boutons à bois gros, coniques-allongés et aigus, à direction plus ou moins écartée du rameau vers lequel ils se recourbent un peu par leur pointe, soutenus sur des supports très-peu saillants dont les côtés et l'arête médiane ne se prolongent pas ; écailles d'un marron rougeâtre largement bordé de gris blanchâtre.

Pousses d'été d'un vert décidé, colorées de rouge à leur sommet et duveteuses sur toute leur longueur.

Feuilles des pousses d'été moyennes ou petites, obovales-allongées et étroites, se terminant tantôt plus, tantôt moins brusquement en une pointe longue et finement aiguë, souvent inégalement partagées par leur nervure médiane sur laquelle elles sont un peu repliées et parfois largement contournées, entières ou presque entières par leurs bords, bien soutenues sur des pétioles assez longs, grêles, dressés et raides.

Stipules un peu longues, linéaires très-étroites.

Feuilles stipulaires manquant ordinairement.

Boutons à fruit moyens, conico-ovoïdes, maigres, allongés et un peu aigus ; écailles d'un marron foncé.

Fleurs petites ; pétales arrondis, bien concaves, striés de rose vif avant et après l'épanouissement; divisions du calice courtes, finement aiguës, étalées; pédicelles courts, de moyenne force, un peu colorés de rouge et cotonneux.

Feuilles des productions fruitières moyennes ou petites, obovales-elliptiques, se terminant régulièrement en une pointe courte et recourbée, creusées en gouttière et arquées, exactement entières par leurs bords, s'abaissant peu sur des pétioles courts, grêles, divergents et peu flexibles.

Caractère saillant de l'arbre : teinte générale du feuillage d'un vert d'eau ; toutes les feuilles entières ou presque entières; les plus jeunes feuilles recouvertes d'un duvet blanc et fin surtout à leur page inférieure.

Fruit moyen, sphérico-ovoïde ou turbiné-sphérique, bien ventru, uni ou un peu bosselé dans son contour, atteignant son plus grand diamètre à peu près au milieu de sa hauteur; au-dessus de ce point, s'atténuant brusquement par une courbe convexe pour se terminer en une pointe très-courte et obtuse; au-dessous du même point, s'arrondissant par une courbe bien convexe jusque dans la cavité de l'œil.

Peau épaisse, grenue, d'abord d'un vert olive sombre semé de points gris blanchâtre, larges, nombreux, saillants, régulièrement espacés. On trouve aussi quelquefois une tache d'une rouille verdâtre sur le sommet du fruit. A la maturité, **octobre,** le vert fondamental passe au jaune citron intense, le côté du soleil se dore bien et sur les fruits bien exposés se lave d'un léger rouge orangé.

Œil moyen, ouvert, à divisions courtes, aiguës, scarieuses, un peu pressé dans une cavité étroite et peu profonde dont les bords sont unis ou se partagent en quelques petites côtes émoussées qui se prolongent quelquefois d'une manière irrégulière sur la hauteur du fruit.

Queue un peu courte, bien forte, charnue, un peu souple, un peu épaissie à son point d'attache entre des plis charnus et souvent dirigée un peu obliquement.

Chair jaunâtre, fine, fondante, abondante en eau sucrée, vineuse, relevée d'un musc vif et pénétrant, constituant un fruit de bonne qualité.

LONGUE VERTE D'HIVER

(N° 549)

LANGE GRÜNE WINTERBIRNE. *Illustrirtes Handbuch der Obstkunde.* Jahn.

SACHSISCHE LANGE, GRÜNE WINTERBIRNE, MEISSNER LANGE, GRÜNE WINTERBERGAMOTTE. *Systematisches Handbuch der Obstkunde.* Dittrich.

SACHSISCHE LANGE GRÜNE WINTERBIRNE. *Versuch einer Systematischen Beschreibung Kernobstsorten.* Diel.

Handbuch über die Obstbaumzucht. Christ.

Observations. — Cette variété d'origine allemande est cultivée surtout dans la Thuringe et la Saxe. La maturité hâtive, dès la fin d'octobre et le commencement de novembre, remarquée par M. Jahn, à Meiningen, s'est reproduite chez moi. — L'arbre, de végétation contenue sur cognassier, est naturellement disposé à la forme pyramidale; il a beaucoup de rapport avec celui de l'ancienne Louise-Bonne. Sa fertilité est très-grande. Son fruit, de bonne qualité, a aussi de la ressemblance avec celui de cette dernière variété.

DESCRIPTION.

Rameaux de moyenne force, unis dans leur contour, flexueux, à entre-nœuds de moyenne longueur, de couleur noisette un peu teintée de verdâtre du côté de l'ombre; lenticelles blanches, assez petites, irrégulièrement et souvent largement espacées, peu apparentes.

Boutons à bois assez gros, coniques, maigres, allongés et bien finement aigus, à direction peu écartée du rameau, soutenus sur des supports très-peu saillants dont les côtés et l'arête médiane ne se prolongent pas; écailles d'un marron presque noir, largement bordées de gris argenté.

Pousses d'été d'un vert pâle, colorées de rouge et duveteuses sur une assez grande longueur à leur sommet.

Feuilles des pousses d'été petites, elliptiques-arrondies, se terminant très-brusquement en une pointe très-courte et très-finement aiguë, bien creusées et un peu arquées, bordées de dents très-fines, très-peu profondes et aiguës, se recourbant un peu sur des pétioles courts, peu forts et peu redressés.

Stipules moyennes, en alênes bien fines, presque filiformes.

Feuilles stipulaires manquant ordinairement.

Boutons à fruit moyens, ovoïdes-allongés, finement aigus; écailles d'un marron très-foncé, presque noir.

Fleurs petites; pétales ovales-élargis, presque planes, à onglet court, peu écartés entre eux; divisions du calice de moyenne longueur, étroites et presque annulaires; pédicelles assez courts, grêles et peu duveteux.

Feuilles des productions fruitières petites, exactement cordiformes, se terminant un peu brusquement en une pointe courte, bien creusées et extraordinairement arquées, très-irrégulièrement et très-peu profondément dentées ou presque entières par leurs bords, bien soutenues sur des pétioles courts, grêles et cependant bien fermes et divergents.

Caractère saillant de l'arbre : teinte générale du feuillage d'un vert vif et brillant; toutes les feuilles petites, bien raides dans leur tenue, bien creusées, et celles des productions fruitières remarquablement arquées.

Fruit moyen ou presque moyen, conique-piriforme, parfois un peu déformé dans son contour par un sillon se prolongeant depuis le sommet du fruit jusque dans la cavité de l'œil, atteignant sa plus grande épaisseur bien au-dessous du milieu de sa hauteur; au-dessus de ce point, s'atténuant par une courbe d'abord à peine convexe puis à peine ou même nullement concave en une pointe longue, peu épaisse et plus ou moins tronquée à son sommet; au-dessous du même point, s'arrondissant par une courbe largement convexe jusque dans la cavité de l'œil.

Peau un peu ferme, d'abord d'un vert d'eau mat semé de points d'un vert plus foncé, nombreux, régulièrement espacés et peu apparents. Une large tache d'une rouille brune, épaisse, couvre ordinairement la cavité de l'œil et s'étale en étoile sur la base du fruit. A la maturité, **automne et commencement d'hiver,** le vert fondamental passe au blanc verdâtre ou au blanc jaunâtre, les points deviennent plus apparents et le côté du soleil est à peine reconnaissable à un ton un peu plus chaud.

Œil grand, bien ouvert, à divisions longues, étroites, appliquées aux parois d'une cavité peu profonde, évasée, le contenant à peine et dont les bords se divisent souvent en côtes très-obscures qui se prolongent peu sensiblement sur la base du fruit.

Queue de moyenne longueur ou assez courte, bien ligneuse, peu forte, épaissie à ses deux extrémités, souvent courbée, attachée dans un pli irrégulier dans lequel elle est parfois repoussée obliquement par une petite bosse charnue.

Chair blanche, assez fine, demi-fondante, abondante en eau douce, sucrée, agréable, mais sans parfum bien appréciable, constituant un fruit de bonne qualité.

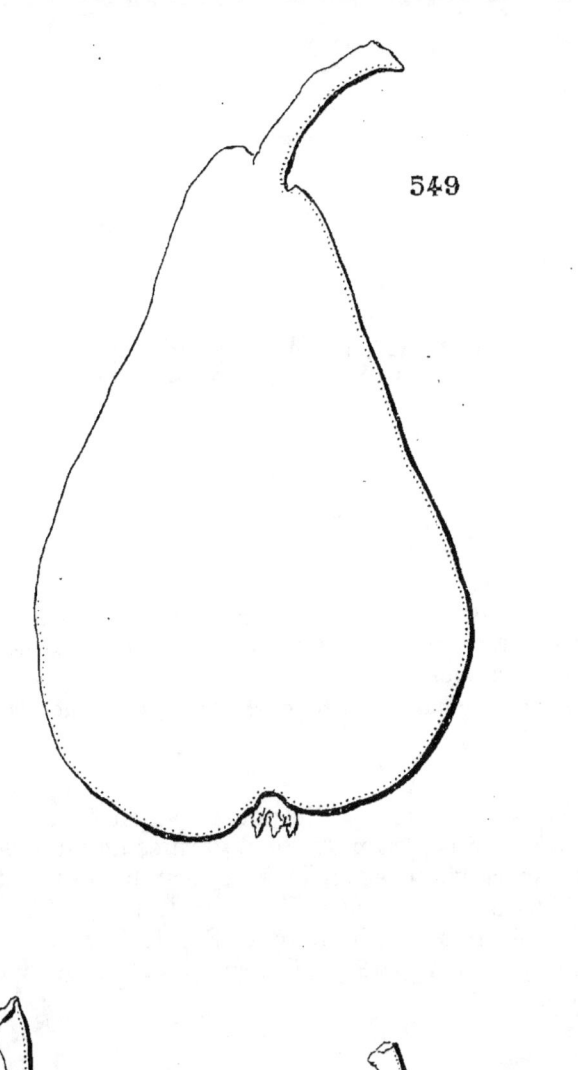
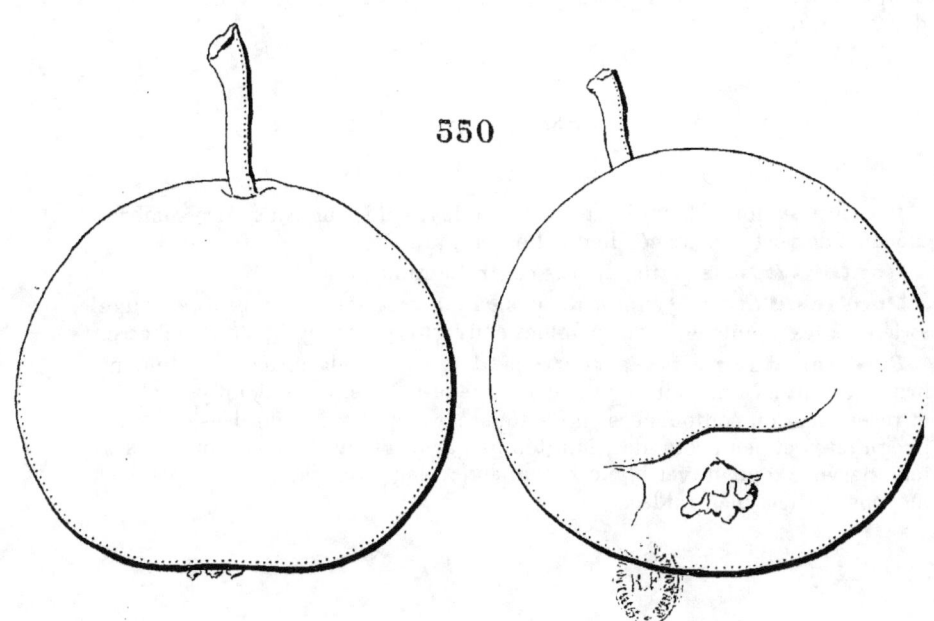

549, LONGUE VERTE D'HIVER.   550, ORANGE ROUGE.

ORANGE ROUGE

(N° 550)

ORANGE MUSQUÉE. *Jardin fruitier du Muséum.* Decaisne.
GROSSE MUSKIRTE POMERANZENBIRNE. *Systematisches Handbuch der Obstkunde.* Dittrich.
Versuch einer Systematischen Beschreibung der Kernobstsorten. Diel.

Observations. — Cette variété pousse vigoureusement sur cognassier et forme des pyramides bien garnies de feuilles d'un vert foncé, d'un aspect vigoureux ; mais sa véritable destination est la haute tige sur franc, où sa rusticité, sa fertilité, peuvent préparer d'abondantes récoltes pour le marché. Son fruit n'est que de troisième ordre, par son parfum, il peut plaire cependant à bien des amateurs.

DESCRIPTION.

Rameaux forts, bien droits, non coudés ; épiderme rougeâtre sombre, mélangé de vert très-foncé ; lenticelles gris jaunâtre.

Boutons à bois petits, aplatis contre le rameau.

Pousses d'été moyennes, droites, d'un vert jaune, lavées de rouge strié vers les nœuds et à leur sommet couvert d'un court duvet blanchâtre.

Feuilles des pousses d'été petites, ovales-élargies, se terminant brusquement en une pointe un peu longue et finement aiguë, un peu pliées et recourbées ou contournées en dessous par leur pointe, bordées de dents irrégulières et peu profondes, longtemps garnies dans leur contour et sur leur nervure d'un duvet blanc cotonneux, bien dressées sur des pétioles moyens, grêles, bien raides.

Stipules moyennes, filiformes, très-caduques.

Feuilles stipulaires assez fréquentes.

Boutons à fruit assez gros, exactement coniques-aigus ; écailles brun foncé, lisses, bien appliquées les unes sur les autres.

Fleurs moyennes ; pétales ovales-élargis, tronqués ou échancrés au sommet, bien concaves, dressés, légèrement roses ; divisions du calice se terminant en une pointe courte et très-aiguë, cotonneuses comme les pédicelles assez longs et forts.

Feuilles des productions fruitières plus grandes, plus élargies que celles des pousses d'été, se terminant brusquement en une pointe aiguë, scarieuse, recourbée, creusées en gouttière, un peu arquées et contournées en dessous par leur pointe, soutenues par des pétioles assez courts, peu forts, redressés.

Caractère saillant de l'arbre : teinte générale du feuillage d'un vert bleu ; feuilles longtemps recouvertes à leur page inférieure d'un léger duvet cotonneux ; toutes les feuilles munies d'une pointe aiguë, scarieuse, recourbée ou contournée.

Fruit presque moyen, presque sphérique, un peu plus atténué du côté de la queue et assez largement comprimé à sa base, bien uni et régulier dans son contour, atteignant sa plus grande épaisseur à peu près au milieu de sa hauteur, puis s'arrondissant par des courbes à peu près également convexes soit du côté de la queue, soit du côté de l'œil autour duquel il s'aplatit un peu.

Peau épaisse, ferme, un peu rude au toucher, d'un vert décidé voilé par des taches irrégulières d'une rouille gris de cendre ; le vert passe au beau jaune citron que l'on n'aperçoit souvent qu'à travers la rouille qui se dore. A la maturité, **fin juillet et commencement d'août,** le côté du soleil est teint de rouge orangé sur lequel les points se détachent en gris clair, ainsi que quelques raies d'un rouge plus foncé.

Œil assez grand, à demi-ouvert, à divisions desséchées et en parties détachées au moment de la maturité, placé dans une cavité peu profonde et très-évasée sur laquelle le fruit est largement assis.

Queue un peu forte, un peu élastique, tantôt droite, tantôt un peu oblique, vert brun à son point d'attache au rameau, vert blanchâtre à son point d'insertion au fruit dans une petite cavité à bords arrondis, insérée peu perpendiculairement.

Chair blanche, verte sous la peau, grenue, croquante, assez abondante en eau sucrée, d'un parfum propre aux poires Orange.

GRIS DE CHIN

(N° 551)

Pomone Tournaisienne. Du Mortier.

Observations.—Cette variété a été obtenue en 1832, par M. Norbert Bouzin, doyen de Chin. — L'arbre, de vigueur moyenne sur cognassier, s'accommode bien de la forme pyramidale. Il est d'une grande fertilité sur franc et convient surtout au verger de campagne. Dans un sol favorable, son fruit est d'assez bonne qualité.

DESCRIPTION.

Rameaux forts, très-obscurément anguleux, presque droits ou à peine flexueux, à entre-nœuds un peu longs, d'un brun verdâtre sombre; lenticelles blanc jaunâtre, un peu larges, arrondies, saillantes et apparentes.

Boutons à bois très-gros, coniques, peu aigus, à direction parallèle ou presque parallèle au rameau, soutenus sur des supports très-peu saillants dont les côtés et l'arête médiane se prolongent très-peu distinctement; écailles d'un marron rougeâtre foncé, largement recouvertes de blanc argenté.

Pousses d'été fortes, bien droites, d'un vert sombre, lavées de rouge brun à leur sommet qui est couvert d'un duvet blanc jaunâtre.

Feuilles des pousses d'été moyennes, ovales plus ou moins élargies, presque également atténuées à leurs deux extrémités, se terminant brusquement en une pointe très-fine, creusées en gouttière et non arquées, bordées de dents peu profondes et assez aiguës, assez mal soutenues par des pétioles longs, grêles, tantôt redressés, tantôt horizontaux,

Stipules assez longues, en alênes fines.

Feuilles stipulaires manquant presque toujours.

Boutons à fruit assez gros, coniques, un peu aigus; écailles intérieures d'un marron rougeâtre assez vif; les extérieures largement bordées de gris argenté.

Fleurs moyennes; pétales presque elliptiques, bien atténués à leurs deux extrémités, à long onglet, finement striés de rose avant l'épanouissement; pédicelles de moyenne longueur, grêles, peu duveteux.

Feuilles des productions fruitières beaucoup plus grandes que celles des pousses d'été, remarquablement allongées, repliées sur leur nervure médiane, blanc verdâtre, un peu arquées, bordées de dents très-peu profondes, assez souvent entières dans leurs bords et ondulées, bien soutenues par des pétioles longs, forts, raides.

Caractère saillant de l'arbre : longueur des feuilles des productions fruitières qui sont sensiblement ondulées.

Fruit moyen ou presque moyen, piriforme, atteignant sa plus grande épaisseur au-dessous du milieu de sa hauteur; au-dessus de ce point, s'atténuant par une courbe à peine convexe puis concave en une pointe peu longue; au-dessous du même point, s'atténuant par une courbe d'abord convexe pour s'aplatir ensuite un peu autour de l'œil.

Peau fine, douce au toucher et cependant épaisse et cassante, d'abord d'un vert très-clair et pâle semé de points gris brun, très-petits, très-espacés et très-peu apparents. A la maturité, **octobre,** le vert passe au jaune paille brillant et les points sont encore moins apparents; le côté du soleil se lave d'un léger rouge un peu disposé en flammes et sur lequel les points paraissent cernés d'un peu de blanchâtre.

Œil grand, fermé, à longues et larges divisions vertes en dehors, brunâtres en dedans, comme serré dans une cavité très-peu profonde et plissée dans ses bords.

Queue assez longue, très-fine, verte et brune, insérée obliquement dans un pli dont un côté plus relevé la repousse obliquement.

Chair bien blanche, demi-cassante, suffisante en eau sucrée, acidulée, sans parfum appréciable, ce qui doit faire ranger cette variété dans celles produisant des fruits à cuire.

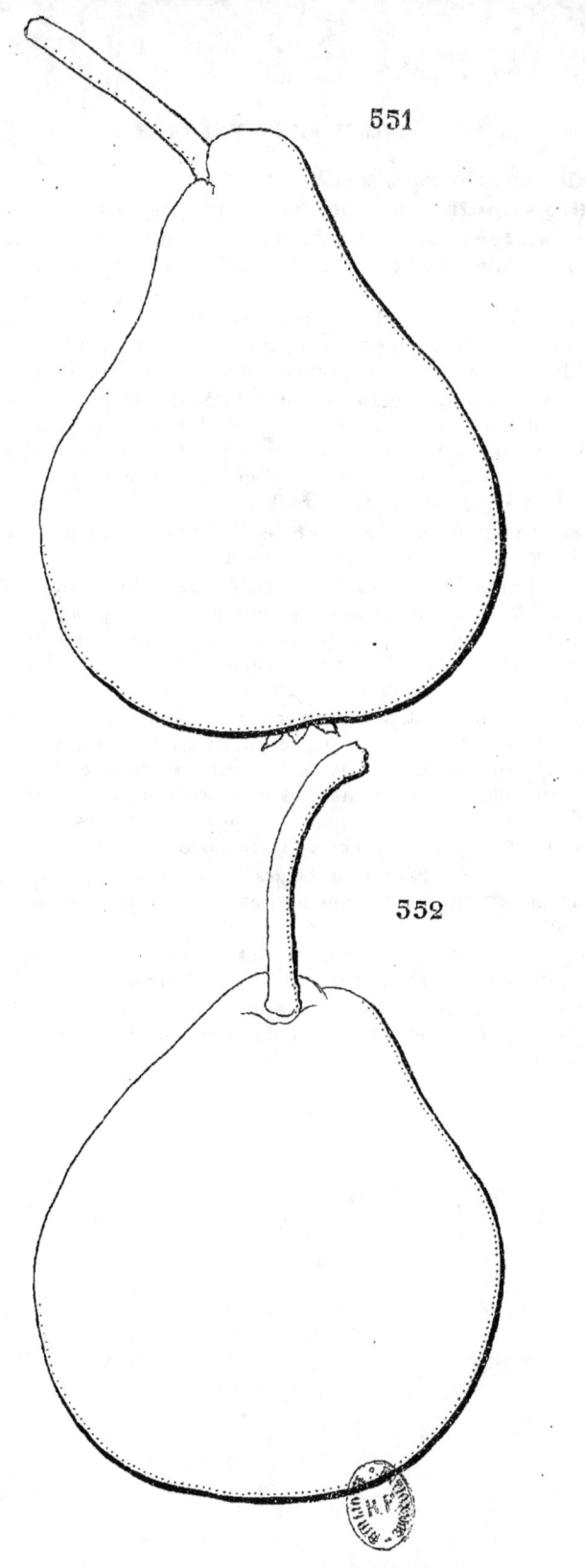

551. GRIS DE CHIN.   552. POIRE CANELLE.

POIRE CANELLE

(N° 552)

KNOOPS ZIMMTBIRNE. *Illustrirtes Handbuch der Obstkunde.* OBERDIECK.

KNOOPS FRANZOSISCHE ZIMMTBIRNE. *Versuch einer Systematischen Beschreibung der Kernobstsorten.* DIEL.

Systematisches Handbuch der Obstkunde. DITTRICH.

OBSERVATIONS. Diel reçut cette variété de Harlem, sous le nom de Franse Canneel-Peer. Knoop décrit effectivement sous le nom de Fondante de Brest, en lui donnant le synonyme de Franse Canneel-Peer, une variété dont la courte description et la figure semblent peu se rapporter à celle qui nous occupe, et qui n'est certainement pas la même que l'Inconnue Cheneau ou Fondante de Brest de Duhamel et des autres auteurs français. — L'arbre, de végétation faible sur cognassier, réclame le franc et convient mieux au verger par sa végétation ne se pliant pas facilement aux formes taillées. Sa fertilité est précoce et bonne. Son fruit est d'assez bonne qualité.

DESCRIPTION.

Rameaux peu forts, presque unis dans leur contour, droits, à entre-nœuds courts, d'un brun rougeâtre à leur partie inférieure, d'un rouge vineux à leur partie supérieure.

Boutons à bois petits, coniques, bien aigus, à direction bien écartée du rameau, soutenus sur des supports peu saillants dont l'arête médiane se prolonge très-obscurément; écailles d'un marron noir et brillant bordé de gris argenté.

Pousses d'été presque droites, d'un vert pâle, lavées de rouge sanguin vif à leur sommet et plus terne sur presque toute leur longueur, un peu duveteuses aussi sur la même étendue.

Feuilles des pousses d'été moyennes, ovales-arrondies, se terminant brusquement en une pointe peu longue, concaves et non arquées, bordées de dents un peu profondes, couchées et aiguës, mal soutenues sur des pétioles un peu longs, bien grêles, colorés de rouge et duveteux.

Stipules longues, filiformes.

Feuilles stipulaires rares.

Boutons à fruit assez petits, conico-ovoïdes, un peu maigres et finement aigus; écailles jaunâtres.

Fleurs moyennes; pétales ovales-élargis, bien concaves, d'un rose vif; divisions du calice très-déliées et recourbées en dessous par leur pointe; pédicelles assez courts, grêles et duveteux.

Feuilles des productions fruitières moyennes, ovales-élargies ou ovales-arrondies, se terminant brusquement en une pointe courte, bien concaves et non arquées, très-régulièrement bordées de dents très-fines, très-peu profondes et un peu aiguës, assez peu soutenues sur des pétioles de moyenne longueur, bien grêles et un peu flexibles.

Caractère saillant de l'arbre : teinte générale du feuillage d'un vert vif et brillant; toutes les feuilles bien concaves; tous les pétioles grêles; feuilles des productions fruitières finement et régulièrement dentées d'une manière remarquable; pousses d'été bien rouges.

Fruit presque conique-court et parfois conique un peu piriforme, uni dans son contour, atteignant sa plus grande épaisseur au-dessous du milieu de sa hauteur; au-dessus de ce point, s'atténuant par une courbe à peine convexe ou parfois à peine concave en une pointe peu longue, épaisse, bien obtuse ou un peu tronquée à son sommet; au-dessous du même point, s'arrondissant par une courbe assez convexe jusque dans la cavité de l'œil.

Peau fine, mince, d'abord d'un vert clair semé de petits points d'un brun clair, très-nombreux, un peu apparents, presque toujours confondus sous un nuage d'une rouille de même couleur qui devient plus dense sur certaines parties et prend un ton fauve soit sur le sommet du fruit, soit dans la cavité de l'œil. A la maturité, **septembre,** le vert fondamental passe au jaune mat, la rouille se dore et le côté du soleil est indiqué seulement par un ton un peu plus chaud.

Œil grand, tantôt demi-ouvert, tantôt presque fermé, placé dans une cavité étroite, parfois un peu profonde, obscurément plissée dans ses parois et par ses bords.

Queue longue, un peu forte, ligneuse, courbée, attachée le plus souvent perpendiculairement dans un pli ou une petite cavité formée par la pointe du fruit.

Chair d'un blanc à peine teinté de jaune, peu fine, beurrée ou demi-beurrée, pierreuse vers le cœur, suffisante en eau richement sucrée et bien parfumée, constituant un fruit de bonne qualité cru et délicieux pour les usages de la cuisine.

POIRE DE LARD BRUNE

(N° 553)

BRAUNROTHE SPECKBIRNE. *Illustrirtes Handbuch Beschreibung der Obstkunde.* OBERDIECK.

OBSERVATIONS. — Cette variété est bien répandue dans le Hanovre, où elle est connue aussi sous les noms de Poire Pendante et de Poire Bourrée de Hambourg ; elle n'est pas la même que Speckbirne reçue de M. Jahn, et qui est peut-être Spèck Peer de Knoop. — L'arbre croit vigoureusement ; élevé en haute tige, il acquiert promptement de fortes dimensions ; ses branches sont érigées, bien feuillues, se couvrant bientôt de productions fruitières. Par sa fertilité grande et soutenue, cette variété convient surtout au verger de campagne. Dans les localités où elle est cultivée, son fruit est d'une grande ressource et très-apprécié pour les usages du ménage ; il devient d'un beau rouge à la cuisson, et donne, desséché, un excellent mets ; il doit être cueilli encore tout-à-fait dur, autrement il devient bientôt blet ou pâteux.

DESCRIPTION.

Rameaux forts, à peine flexueux, unis dans leur contour, à entre-nœuds longs, d'un brun rougeâtre peu foncé et terne ; lenticelles blanc jaunâtre, larges, arrondies, nombreuses et apparentes.

Boutons à bois assez gros, coniques, épaissis à leur base et bien aigus, à direction très-peu écartée du rameau, soutenus sur des supports très-peu saillants dont les côtés et l'arête médiane ne se prolongent pas ; écailles d'un marron très-foncé et brillant, largement bordées de gris argenté.

Pousses d'été à peine flexueuses, d'un vert d'eau, lavées de rouge vineux à leur sommet, couvertes d'un fin duvet laineux sur une grande partie de leur longueur.

Feuilles des pousses d'été moyennes, obovales-arrondies, se terminant très-brusquement en une pointe courte, irrégulièrement découpées plutôt que dentées dans leur contour garni d'un duvet cotonneux, un peu concaves, soutenues horizontalement sur des pétioles longs, peu forts et peu redressés.

Stipules très-longues, linéaires ou lancéolées très-étroites.

Feuilles stipulaires manquant ordinairement.

Boutons à fruit gros, bien régulièrement ovoïdes, finement aigus ; écailles d'un beau marron rougeâtre foncé et brillant.

Fleurs grandes ; pétales elliptiques-arrondis, concaves, à onglet long, peu écartés entre eux ; divisions du calice longues, finement aiguës, recourbées en dessous ; pédicelles de moyenne longueur, forts, un peu cotonneux.

Feuilles des productions fruitières plus petites que celles des pousses d'été, ovales ou un peu obovales-elliptiques, se terminant un peu brusquement en une pointe courte, peu repliées et ondulées, irrégulièrement découpées ou entières dans leurs bords, assez peu soutenues sur des pétioles très-longs, très-grêles et un peu flexibles.

Caractère saillant de l'arbre : teinte générale du feuillage d'un vert d'eau peu foncé ; longueur caractéristique des stipules ; feuilles des pousses d'été longtemps et finement bordées de rouge et duveteuses dans leurs bords.

Fruit moyen ou presque gros, piriforme, court et bien ventru, uni dans son contour, atteignant sa plus grande épaisseur presque au milieu de sa hauteur ; au-dessus de ce point, s'atténuant promptement par une courbe d'abord un peu convexe puis concave en une pointe courte, peu épaisse et obtuse à son sommet ; au-dessous du même point, s'atténuant par une courbe peu convexe pour s'aplatir sur une très-petite surface autour de la cavité de l'œil.

Peau épaisse, ferme, d'abord d'un vert gai semé de points d'un vert plus foncé, extraordinairement nombreux, régulièrement espacés et apparents. On ne trouve ordinairement aucune trace de rouille sur sa surface. A la maturité, **fin d'août et commencement de septembre,** le vert fondamental passe au jaune clair lavé et flammé de rouge brun du côté du soleil.

Œil grand, demi-fermé, à divisions finement aiguës, dressées, dépassant les bords d'une très-petite cavité dans laquelle il est placé et qui est légèrement plissée dans ses parois.

Queue de moyenne longueur, peu forte, ferme, ligneuse, tantôt droite, tantôt un peu courbée, attachée dans un pli peu prononcé.

Chair blanche, peu fine, demi-beurrée, suffisante en eau sucrée, vineuse, acidulée, constituant un fruit de troisième qualité au couteau.

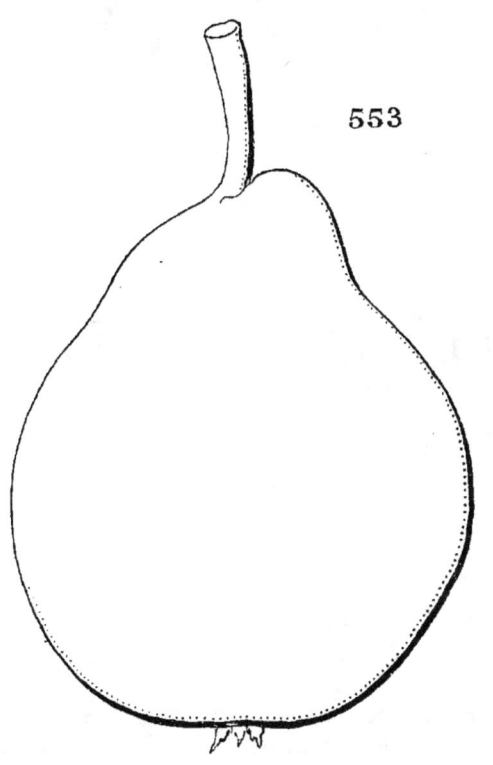
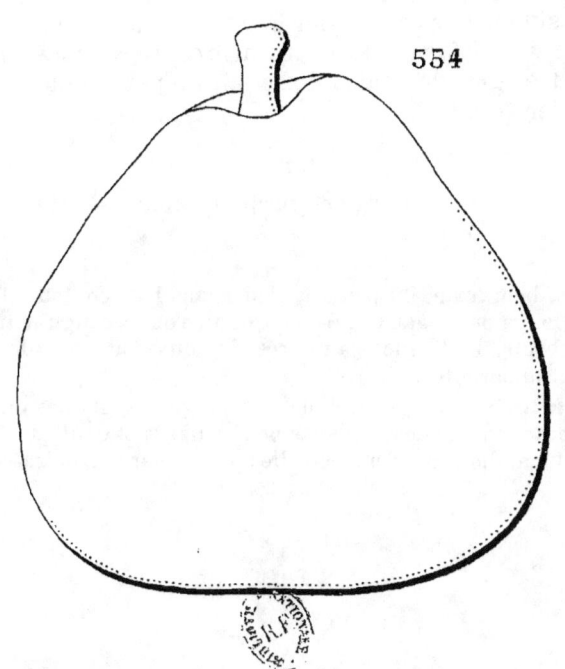

553. POIRE DE LARD.   554. POIRE BLANCHE DE SALZBOURG.

POIRE BLANCHE DE SALZBOURG

(N° 554)

SALZBURGER BIRNE. *Illustrirtes Handbuch der Obstkunde.* JAHN.
SALZBURGER VON ADLITZ. *Systematisches Handbuch der Obstkunde.* DITTRICH.
Versuch einer Systematischen Beschreibung der Kernobstsorten. DIEL.
SALZBURGERBIRNE, ZUCKERBIRNE. *Beschreibung neuer Obstsorten.* LIEGEL.

OBSERVATIONS. — Cette variété est bien répandue dans la Bavière et la Haute-Autriche où elle est très-estimée ; elle est rustique et s'accommode bien de tous les sols. — L'arbre est d'une grande vigueur aussi bien sur cognassier que sur franc ; il convient surtout au grand verger et forme de beaux arbres à branches érigées. Sa fertilité est très-grande, mais elle se fait un peu attendre. Son fruit est de première qualité.

DESCRIPTION.

Rameaux bien forts, un peu anguleux dans leur contour, flexueux, à entre-nœuds longs et inégaux entre eux, d'un rouge sanguin très-intense et teinté de brun ; lenticelles jaunâtres, le plus souvent allongées, peu nombreuses et apparentes.
Boutons à bois moyens, coniques, peu aigus, appliqués ou parallèles au rameau, soutenus sur des supports peu saillants et dont l'arête médiane se prolonge bien distinctement ; écailles d'un marron noirâtre, un peu duveteuses.

Pousses d'été d'un vert d'eau, colorées de rouge et duveteuses à leur sommet.

Feuilles des pousses d'été grandes, obovales-élargies, se terminant peu brusquement en une pointe très-courte, ferme et bien recourbée, repliées et non arquées, entières et souvent irrégulièrement découpées par leurs bords, soutenues à peu près horizontalement sur des pétioles longs, forts et un peu recourbés.

Stipules très-longues, linéaires et peu aiguës.

Feuilles stipulaires manquant ordinairement.

Boutons à fruit gros, coniques, aigus ; écailles d'un beau marron brillant.

Fleurs grandes ; pétales elliptiques, peu concaves, à onglet long, écartés entre eux ; divisions du calice de moyenne longueur et annulaires ; pédicelles assez courts, de moyenne force et peu duveteux.

Feuilles des productions fruitières à peu près de même grandeur que celles des pousses d'été, obovales-élargies et parfois un peu allongées, se terminant régulièrement en une pointe très-courte et bien recourbée, un peu concaves, entières par leurs bords, s'abaissant bien sur des pétioles peu longs, forts et pliant cependant sous le poids de la feuille.

Caractère saillant de l'arbre : teinte générale du feuillage d'un vert bleu intense, passant au rouge sanguin intense au moment de la chute des feuilles ; toutes les feuilles bien épaisses et de la consistance d'un fort papier, entières par leurs bords et faisant plier leurs pétioles cependant forts ; feuillage peu touffu ; aspect d'une grande vigueur.

Fruit moyen ou presque gros, turbiné-conique et bien ventru, souvent déformé dans son contour et plus épais d'un côté que de l'autre, atteignant sa plus grande épaisseur bien au-dessous du milieu de sa hauteur ; au-dessus de ce point, s'atténuant par une courbe d'abord à peine convexe puis à peine concave ou souvent entièrement convexe en une pointe peu longue, épaisse et tronquée à son sommet ; au-dessous du même point, s'arrondissant par une courbe bien convexe pour s'aplatir ensuite un peu autour de la cavité de l'œil.

Peau fine et tendre, d'abord d'un vert intense sur lequel il est peu facile de remarquer des points d'un vert plus foncé. Une tache d'une rouille brune, épaisse, s'étale en étoile dans la cavité de l'œil et souvent aussi dans celle de la queue. A la maturité, **fin de septembre, octobre,** le vert fondamental passe au jaune citron clair, sur lequel les points sont un peu plus visibles par places et le côté du soleil est seulement doré.

Œil grand, fermé, placé dans une cavité peu profonde, évasée et souvent irrégulière.

Queue courte, bien forte, bien épaissie à son point d'attache au rameau, attachée le plus souvent perpendiculairement dans une cavité étroite, peu profonde, dont les bords peu épais sont souvent inégalement plissés.

Chair blanche, assez fine, bien fondante, ruisselante en eau douce, sucrée, délicatement parfumée, constituant un fruit de première qualité.

BERGAMOTTE NICOLLE

(N° 555)

Bulletin de la Société d'horticulture de la Seine-Inférieure.

Observations. — Cette variété provient d'un semis de pepins de Fondante des Bois, fait en 1849 par M. Nicolle, membre de la Société d'horticulture de Rouen, et rapporta pour la première fois en 1864. — L'arbre est de vigueur moyenne sur cognassier, il s'accommode des petites formes, ses branches conservant bien leurs productions fruitières ; en haute tige sur franc, il convient au grand verger. Sa fertilité est bonne ; il présente dans sa végétation quelque ressemblance avec la variété dont il est issu. Son fruit est de première qualité.

DESCRIPTION.

Rameaux grêles, assez vigoureux, parfois courbés à leur sommet, à entre-nœuds inégaux, de moyenne longueur, d'un brun clair et brillant ; lenticelles grises, petites, peu nombreuses et un peu apparentes.

Boutons à bois moyens, coniques et aigus, très-écartés du rameau, soutenus sur des supports peu saillants ; écailles d'un brun foncé.

Pousses d'été.....

Feuilles des pousses d'été moyennes, obovales, lancéolées, creusées en gouttière, légèrement arquées ; pétioles forts, courts, recourbés.

Stipules longues, lancéolées.

Feuilles stipulaires très-caduques.

Boutons à fruit moyens, coniques; écailles d'un marron très-foncé.

Fleurs .....

Feuilles des productions fruitières moyennes, ovales-elliptiques, bien creusées en gouttière et non arquées; pétioles forts, très-longs.

Caractère saillant de l'arbre : teinte générale du feuillage d'un vert foncé; branches divergentes; pétioles des feuilles des productions fruitières remarquablement longs.

Fruit moyen, sphérique, atteignant sa plus grande épaisseur bien au milieu de sa hauteur; au-dessus de ce point, s'atténuant promptement par une courbe largement et régulièrement convexe en une pointe courte et obtuse; au-dessous du même point, s'arrondissant par une courbe également convexe pour s'aplatir ensuite autour de la cavité de l'œil.

Peau épaisse, d'un vert clair semé de points d'un rouge très-prononcé; on remarque quelques taches de rouille d'un brun foncé sur la surface du fruit. A la maturité, **octobre,** le côté du soleil est parfois marbré de rouge clair.

Œil moyen, ouvert, à divisions fermes et dressées, placé dans une cavité profonde qui le contient entièrement et régulière par ses bords.

Queue courte, forte, ligneuse, placée dans une petite cavité très-régulière.

Chair blanche, légèrement jaunâtre, fine, très-fondante, abondante en eau sucrée, relevée et parfumée, constituant un fruit de première qualité.

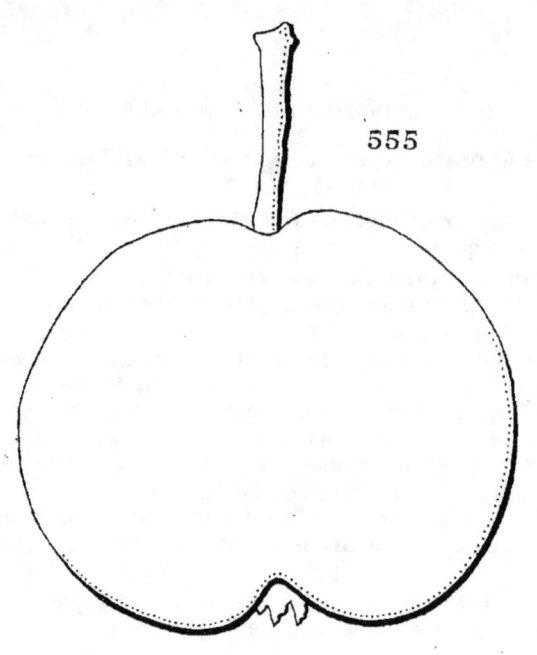

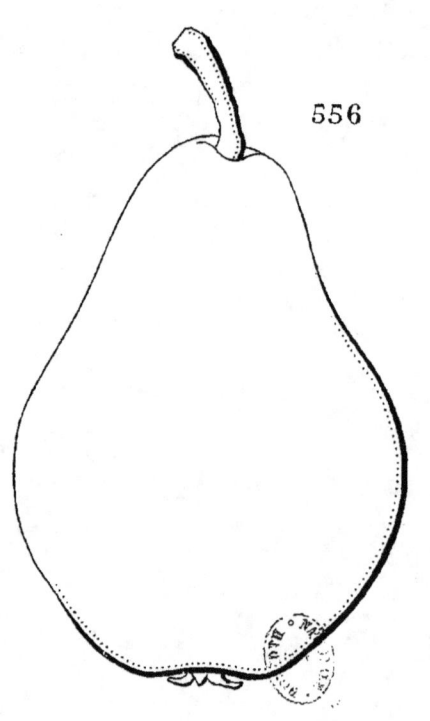

555. BERGAMOTTE NICOLLE.   556. SAINT-AUGUSTIN.

SAINT-AUGUSTIN

(N° 556)

Traité des arbres fruitiers. Duhamel.
Traité complet sur les pépinières. Calvel.
Handbuch aller bekannten Obstsorten. Biedenfeld.
POIRE DE SAINT-AUGUSTIN. *Dictionnaire de pomologie.* André Leroy.

Observations. — Cette variété est très-ancienne et originaire de l'Anjou. — L'arbre, de vigueur contenue sur cognassier, convient à la forme pyramidale, mais sa véritable destination est la haute tige sur franc pour le verger de campagne. Sa fertilité est grande, mais peu précoce. Son fruit, de seconde qualité, d'un transport facile, convient pour la vente sur le marché.

DESCRIPTION.

Rameaux assez forts, d'un vert jaunâtre nuancé de fauve clair, à entre-nœuds de moyenne longueur; lenticelles grisâtres, nombreuses et apparentes.

Boutons à bois gros, coniques, aigus, à direction peu écartée du rameau, soutenus sur des supports très-saillants dont les côtés et l'arête médiane se prolongent largement; écailles d'un marron clair peu brillant.

Pousses d'été d'un vert clair et jaune, à peine lavées de rouge à leur sommet et duveteuses sur presque toute leur longueur au moment où elles sont en végétation.

Feuilles des pousses d'été assez grandes, cordiformes-ovales, se terminant presque régulièrement en une pointe bien recourbée, peu repliées ou concaves et bien arquées, presque imperceptiblement dentées par leurs bords garnis d'un léger duvet, se recourbant sur des pétioles longs, de moyenne force, un peu redressés.

Stipules moyennes, en alènes bien fines et très-caduques.

Feuilles stipulaires manquant quelquefois.

Boutons à fruit moyens, un peu aigus, bien renflés à leur base; écailles d'un marron foncé peu brillant.

Fleurs presque grandes; pétales un peu obovales, souvent aigus à leur sommet, concaves, à onglet large et court, peu écartés entre eux; divisions du calice courtes, recourbées; pédicelles longs, peu forts, peu duveteux.

Feuilles des productions fruitières à peine moyennes, ovales-cordiformes, se terminant presque régulièrement en une pointe très-courte et bien recourbée, un peu concaves ou creusées en gouttière, presque entières ou imperceptiblement dentées par leurs bords, se recourbant sur des pétioles longs, de moyenne force, bien divergents et fermes.

Caractère saillant de l'arbre : teinte générale du feuillage d'un vert vif et bien luisant; toutes les feuilles tendant à la forme en cœur, bien recourbées par leur pointe, et imperceptiblement ou presque imperceptiblement dentées.

Fruit moyen ou assez gros, piriforme-ovoïde, uni dans son contour, atteignant sa plus grande épaisseur au-dessous du milieu de sa hauteur; au-dessus de ce point, s'atténuant par une courbe d'abord convexe puis brusquement et largement concave en une pointe longue, un peu maigre et obtuse; au-dessous du même point, s'atténuant par une courbe largement convexe pour diminuer bien sensiblement d'épaisseur vers la cavité de l'œil.

Peau un peu épaisse, cassante et comme chagrinée, d'abord d'un vert décidé semé de points d'un vert plus foncé, burinés en creux, très-nombreux et bien régulièrement espacés. Une tache d'une rouille brune couvre le sommet du fruit et rarement la cavité de la queue. A la maturité, **commencement et courant d'hiver,** le vert fondamental passe au jaune citron brillant, conservant un ton un peu vert et le côté du soleil se dore un peu ou rarement se lave d'un léger rouge.

Œil assez grand, ouvert, à divisions longues et fines, étalées dans une cavité très-étroite, peu profonde, parfois un peu irrégulière et qui le contient à peine.

Queue courte, peu forte, un peu épaissie à son point d'attache au rameau, ordinairement courbée, attachée dans un pli parfois irrégulier.

Chair blanche, grenue, marcescente, demi-cassante, abondante en eau douce, sucrée, relevée d'une saveur que Duhamel qualifie de musquée, mais plutôt un peu herbacée, et qui diminue, lorsqu'elle est trop prononcée, le mérite de ce fruit que l'on peut considérer seulement de troisième qualité pour le couteau et meilleur pour les usages du ménage.

JACQUES CHAMARET

(N° 557)

Revue horticole. DE LIRON D'AIROLES.
Dictionnaire de pomologie. ANDRÉ LEROY.

OBSERVATIONS. — Cette variété, semis de M. Léon Leclerc, donna ses premiers fruits en 1852. M. Hutin, jardinier du député pomologiste de Laval, la propagea pour la première fois en 1861, après l'avoir dédiée à M. Jacques Chamaret, président de la Société industrielle de la Mayenne. — L'arbre, d'une vigueur moyenne sur cognassier, d'une végétation bien équilibrée, est propre à toutes formes. Il peut être multiplié dans le jardin fruitier et doit bien se comporter aussi dans le verger. Sa rusticité, sa fertilité précoce et soutenue le recommandent pour cet emploi.

DESCRIPTION.

Rameaux de moyenne force, un peu anguleux dans leur contour, flexueux, à entre-nœuds longs et inégaux entre eux, d'un rouge bronzé du côté de l'ombre, d'un rouge vineux du côté du soleil; lenticelles blanches, petites, le plus souvent allongées, peu nombreuses et peu apparentes.

Boutons à bois assez gros, coniques, aigus, le plus souvent éperonnés et cependant parallèles au rameau, soutenus sur des supports saillants dont l'arête médiane se prolonge seule et bien distinctement; écailles presque entièrement recouvertes de gris blanchâtre.

Pousses d'été d'un vert intense à leur partie inférieure, lavées de rouge et peu duveteuses à leur sommet.

Feuilles des pousses d'été petites, presque exactement elliptiques, se terminant un peu brusquement en une pointe un peu longue, aiguë et quelquefois contournée, peu repliées sur leur nervure médiane et convexes par leurs bords qui ne sont pas toujours exactement garnis de dents fines et aiguës, mais très-peu profondes. bien soutenues sur des pétioles de moyenne longueur, très-grêles, redressés et teintés de rouge à leur point d'attache au rameau.

Stipules fines et caduques.

Feuilles stipulaires assez fréquentes.

Boutons à fruit assez gros, conico-ovoïdes, un peu allongés et un peu aigus ; écailles d'un marron fauve.

Fleurs moyennes ; pétales ovales, peu atténués à leur extrémité, peu concaves, étalés, entièrement blancs avant et après l'épanouissement ; divisions du calice longues, fines et recourbées en dessous seulement par leur pointe ; pédicelles de moyenne longueur, de moyenne force et peu duveteux.

Feuilles des productions fruitières très-petites, sensiblement atténuées à leurs deux extrémités, mais encore plus du côté de leur pointe qui est assez longue et effilée, peu repliées sur leur nervure médiane, entières ou bordées de dents imperceptibles, bien soutenues sur des pétioles courts, extraordinairement grêles et raides.

Caractère saillant de l'arbre : teinte générale du feuillage d'un vert clair ; branchage et feuillage menus.

Fruit moyen ou gros, piriforme ou piriforme-ovoïde, épais et parfois un peu déformé dans son contour par des côtes aplanies, atteignant sa plus grande épaisseur au-dessous du milieu de sa hauteur ; au-dessus de ce point, s'atténuant par une courbe d'abord convexe puis un peu concave en une pointe un peu longue, tantôt épaisse et obtuse, tantôt plus maigre et aiguë ; au-dessous du même point, s'atténuant lentement par une courbe peu convexe pour diminuer assez sensiblement d'épaisseur vers la cavité de l'œil.

Peau mince, unie, d'abord d'un vert clair semé de petits points gris, cernés de vert plus foncé, assez nombreux et bien régulièrement espacés. On remarque aussi quelques traces d'une rouille d'un brun fauve soit sur le sommet du fruit, soit dans la cavité de l'œil. A la maturité, **octobre,** le vert fondamental passe au jaune clair ; sur le côté du soleil, le jaune est plus intense ou devient doré et quelquefois les points y sont cernés d'un joli rouge vermillon.

Œil petit, presque fermé, à divisions courtes, raides et dressées, placé tantôt presque à fleur de la base du fruit, tantôt dans une cavité assez évasée et très-peu profonde.

Queue forte, épaisse, charnue à son point d'attache à la pointe du fruit dont elle semble former la continuation, et ordinairement un peu déjetée de côté.

Chair blanche, transparente, assez fine, un peu croquante, ruisselante en eau douce, sucrée, délicatement parfumée, constituant un fruit de première qualité.

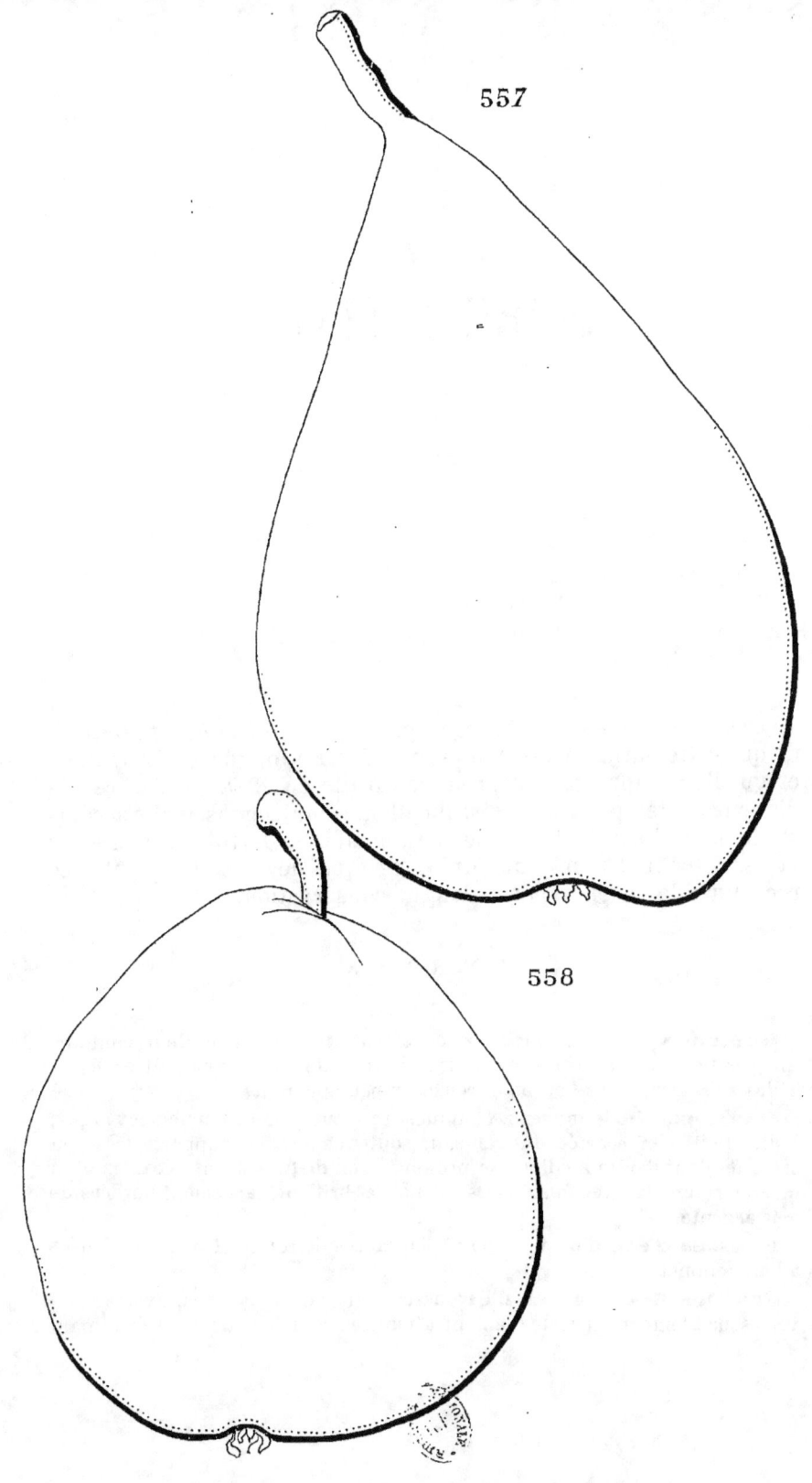

557, JACQUES CHAMARET. 558, POIRE BASINER.

POIRE BASINER

(N° 558)

Note pomologique. DE JONGHE.
The Fruit Manual. ROBERT HOGG.
BASINER. *Catalogue* SIMON-LOUIS, de Metz.

OBSERVATIONS. — M. Robert Hogg, dans son *The Fruit Manual*, dit que cette variété a été obtenue par M. J. de Jonghe, de Bruxelles, et qu'elle a rapporté ses premiers fruits en 1857. — L'arbre, de vigueur contenue et de croissance lente sur cognassier, s'accommode assez bien de la forme pyramidale. Sa fertilité est précoce et assez bonne. Son fruit, qui n'est que de seconde qualité, se recommande pourtant par sa longue conservation.

DESCRIPTION.

Rameaux assez peu forts, obscurément anguleux dans leur contour, un peu flexueux, à entre-nœuds très-courts, de couleur jaunâtre; lenticelles grisâtres, assez peu nombreuses et peu apparentes.

Boutons à bois moyens, coniques, un peu épais et courtement aigus, à direction bien écartée du rameau, soutenus sur des supports très-peu saillants dont l'arête médiane se prolonge peu distinctement; écailles d'un marron rougeâtre très-foncé, presque noir et brillant, largement bordées de gris argenté.

Pousses d'été d'un vert clair, peu lavées de rouge et peu duveteuses à leur sommet.

Feuilles des pousses d'été assez petites ou moyennes, ovales, souvent sensiblement ou brusquement atténuées vers le pétiole, se terminant assez brusquement en une pointe courte et finement aiguë, peu concaves ou presque planes, bordées de dents assez larges, bien couchées, peu profondes et peu aiguës, s'abaissant peu sur des pétioles moyens, de moyenne force, peu redressés et peu souples.

Stipules en alênes courtes et caduques.

Feuilles stipulaires manquant ordinairement.

Boutons à fruit moyens, conico-ovoïdes, aigus; écailles d'un marron rougeâtre peu foncé.

Fleurs moyennes; pétales ovales-elliptiques, bien concaves, à onglet peu long, peu écartés entre eux; divisions du calice longues, étroites et peu recourbées; pédicelles longs, forts et duveteux.

Feuilles des productions fruitières un peu plus grandes que celles des pousses d'été, ovales-elliptiques, se terminant presque régulièrement en une pointe courte et peu aiguë, à peine repliées ou presque planes, bordées de dents larges, un peu profondes et émoussées, irrégulièrement soutenues sur des pétioles moyens, de moyenne force et fermes.

Caractère saillant de l'arbre : teinte générale du feuillage d'un vert herbacé, peu foncé et mat.

Fruit moyen, turbiné-sphérique, uni dans son contour, atteignant sa plus grande épaisseur au-dessous du milieu de sa hauteur; au-dessus de ce point, s'atténuant par une courbe peu convexe ou à peine concave en une pointe courte, épaisse et un peu obtuse à son sommet; au-dessous du même point, s'arrondissant par une courbe largement convexe jusque vers l'œil.

Peau épaisse, ferme, d'abord d'un vert terne semé de points d'un brun fauve, petits, peu apparents sur certaines parties et s'effaçant entièrement sur le reste de la surface du fruit. On remarque parfois un peu de rouille très-fine et d'un fauve clair autour de l'œil. A la maturité, **printemps et courant d'été,** le vert fondamental passe au jaune citron mat et le côté du soleil se distingue seulement par un ton un peu plus chaud.

Œil grand, ouvert, à divisions étalées, tantôt un peu creusé dans la base du fruit, tantôt placé dans une dépression peu appréciable.

Queue de moyenne longueur, de moyenne force, ligneuse, un peu épaissie à son point d'attache au rameau, droite ou un peu courbée, attachée le plus souvent perpendiculairement à fleur de la pointe du fruit.

Chair blanchâtre, demi-fine, cassante, assez abondante en eau douce, richement sucrée, mais sans parfum appréciable, propre aux usages du ménage et recommandable par sa maturité extraordinairement prolongée.

M^c KNIGHT

(N° 559)

The Fruits and the fruit-trees of America. DOWNING.

OBSERVATIONS. — Cette variété nous vient d'Amérique. — L'arbre, de bonne vigueur sur cognassier, s'accommode peu des formes régulières que l'on ne peut obtenir que par une taille très-courte, ses yeux étant très-disposés à rester stationnaires. Sa fertilité est assez précoce, moyenne et sujette à des alternats. Son fruit est de bonne qualité.

DESCRIPTION.

Rameaux de moyenne force, unis ou presque unis dans leur contour, un peu flexueux, à entre-nœuds de moyenne longueur, verdâtres et un peu teintés de brun vers les nœuds et à leur partie supérieure; lenticelles grisâtres, peu larges, largement espacées et peu apparentes.

Boutons à bois moyens, un peu élargis à leur base, un peu comprimés et courtement aigus, à direction peu écartée du rameau, soutenus sur des supports très-peu saillants dont les côtés et l'arête médiane ne se prolongent pas ou à peine distinctement; écailles d'un rouge peu foncé et un peu brillant.

Pousses d'été presque droites, d'un vert terne, colorées de rouge violacé à leur sommet et longtemps couvertes d'un duvet farineux.

Feuilles des pousses d'été petites, ovales, un peu allongées, se terminant peu brusquement en une pointe courte et bien fine, peu repliées et un peu arquées, paraissant plutôt peu profondément crénelées que dentées dans leur contour, bien soutenues sur des pétioles moyens, grêles et redressés.

Stipules en alênes fines, recourbées.

Feuilles stipulaires manquant parfois.

Boutons à fruit moyens, conico-ovoïdes, courtement aigus; écailles d'un marron rougeâtre foncé.

Fleurs petites; pétales ovales-elliptiques, peu concaves, à onglet court, bien écartés entre eux; divisions du calice très-courtes, très-finement aiguës, à peine recourbées; pédicelles très-courts, un peu forts et cotonneux.

Feuilles des productions fruitières plus grandes que celles des pousses d'été, ovales-elliptiques, se terminant régulièrement en une pointe courte et fine, presque entières dans leurs bords, soutenues par des pétioles longs, flexibles et cependant fermes.

Caractère saillant de l'arbre : teinte générale du feuillage d'un vert intense et brillant; pousses d'été longtemps couvertes d'un duvet blanc très-fin; toutes les feuilles plutôt crénelées que dentées.

Fruit petit, turbiné, ordinairement uni dans son contour, atteignant sa plus grande épaisseur bien près de sa base; au-dessus de ce point, s'atténuant promptement par une courbe peu convexe puis à peine concave en une petite pointe aiguë; au-dessous du même point, s'arrondissant brusquement par une courbe un peu convexe pour s'aplatir ensuite un peu autour de la cavité de l'œil.

Peau fine, tendre, d'abord d'un vert très-clair sur lequel il est difficile de reconnaître des points. On remarque aussi une tache d'une rouille brune couvrant le sommet du fruit et quelquefois la cavité de l'œil. A la maturité, **octobre,** le vert fondamental passe au jaune paille pâle et le côté du soleil est lavé d'un joli rouge cerise clair.

Œil grand, ouvert, placé dans une cavité peu profonde, bien évasée et plissée dans ses parois.

Queue un peu longue, assez forte, ligneuse, un peu charnue à son point d'attache sur la pointe du fruit dont elle semble former la continuation en s'élevant presque perpendiculairement.

Chair d'un blanc à peine teinté de jaune surtout vers le cœur, bien fine, entièrement fondante, abondante en eau sucrée, parfumée, légèrement musquée, constituant un fruit de bonne qualité.

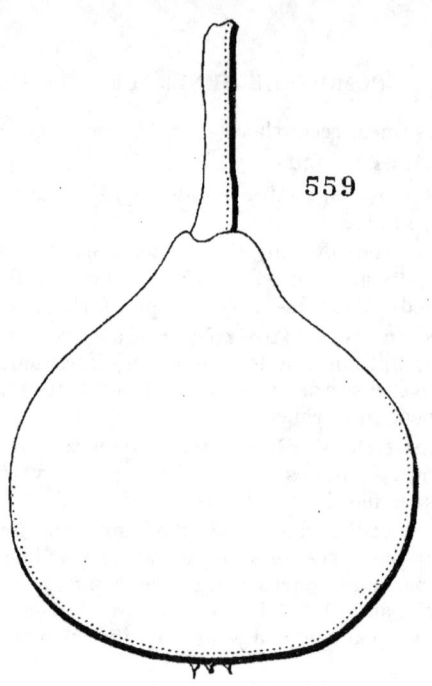

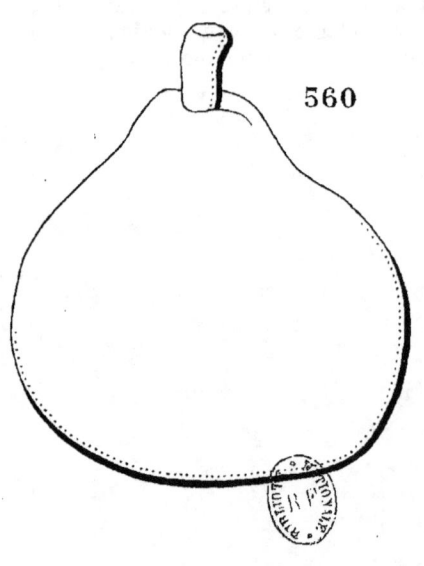

559. McKNIGHT.   560. RAVENSWOOD.

RAVENSWOOD

(N° 560)

The Fruits and the fruit-trees of America. Downing.

Observations. — Cette variété est originaire de Ravenswood, Long-Island. — L'arbre, d'une bonne vigueur sur cognassier, s'accommode bien de la forme pyramidale. Sa fertilité est précoce et moyenne. Son fruit est de première qualité.

DESCRIPTION.

Rameaux peu forts, un peu flexueux, finement anguleux dans leur contour, peu coudés à leurs entre-nœuds courts, d'un jaune rougeâtre clair ; lenticelles blanchâtres, petites, assez peu nombreuses et peu apparentes.

Boutons à bois petits, coniques, courts, épatés, obtus, à direction peu écartée du rameau, soutenus sur des supports très-peu saillants dont les côtés et l'arête médiane se prolongent très-finement ; écailles entièrement recouvertes d'un duvet fauve et d'un duvet gris par leurs bords.

Pousses d'été d'un vert vif, colorées de rouge sanguin sur presque toute leur longueur et peu duveteuses à leur sommet.

Feuilles des pousses d'été grandes, ovales-elliptiques, se terminant brusquement en une pointe un peu longue, large et cependant finement aiguë, planes ou presque planes, bordées de dents assez profondes, bien couchées, recourbées et aiguës, mal soutenues sur des pétioles longs, grêles et un peu flexibles.

Stipules longues, filiformes, bien caduques.

Feuilles stipulaires manquant ordinairement.

Boutons à fruit petits, coniques, courts, très-obtus; écailles intérieures d'un fauve rougeâtre, les extérieures de couleur marron clair.

Fleurs petites; pétales ovales un peu élargis, concaves, à onglet court, peu écartés entre eux; divisions du calice courtes, bien aiguës, peu recourbées; pédicelles très-courts, forts, un peu laineux.

Feuilles des productions fruitières grandes, ovales-elliptiques, se terminant brusquement en une pointe un peu moins longue que celles des pousses d'été, un peu creusées et arquées, bordées de dents assez profondes et aiguës surtout vers l'extrémité du limbe opposée au pétiole, retombant un peu sur des pétioles de moyenne longueur, de moyenne force, un peu colorés de rouge et redressés.

Caractère saillant de l'arbre : teinte générale du feuillage d'un vert vif et gai; toutes les feuilles plus ou moins grandes et presque elliptiques; pétioles souvent colorés de rouge.

Fruit petit ou presque moyen, turbiné-sphérique ou un peu conique, ordinairement uni dans son contour, atteignant sa plus grande épaisseur bien au-dessous du milieu de sa hauteur; au-dessus de ce point, s'atténuant par une courbe tantôt entièrement convexe, tantôt d'abord convexe puis un peu concave en une pointe plus ou moins courte et tronquée; au-dessous du même point, s'arrondissant par une courbe bien convexe pour ensuite s'aplatir autour de la cavité de l'œil.

Peau fine et tendre, d'abord d'un vert décidé semé de points bruns, peu larges et régulièrement espacés, mais souvent ces points se confondent sous un nuage de rouille de la même couleur se dispersant irrégulièrement sur la surface du fruit, se condensant sur son sommet et surtout sur sa base et dans la cavité de l'œil où elle devient un peu rugueuse. A la maturité, **courant d'octobre,** le vert fondamental passe au jaune citron, la rouille se dore et le côté du soleil se teint souvent d'un rouge orangé.

Œil très-petit, à divisions le plus souvent caduques, placé au fond d'une cavité très-étroite et un peu profonde, souvent très-légèrement plissée dans ses parois et par ses bords.

Queue très-courte, un peu épaissie à son point d'attache au rameau, attachée dans un pli charnu et souvent irrégulier.

Chair d'un blanc un peu jaune, fine, serrée, beurrée, fondante, abondante en eau richement sucrée, vineuse, relevée d'un musc agréable, constituant un fruit de première qualité, d'une longue maturation.

MUSKATELLER DEUTSCHE WINTER

(N° 561)

MUSCAT ALLEMAND D'HIVER. *Dictionnaire de pomologie.* André Leroy.
GERMAN MUSCAT. *A Guide to the Orchard.* Lindley.
DEUTSCHE MUSKATELLER BIRNE. *Versuch einer Systematischen Beschereibung der Kernobstsorten.* Diel.

OBSERVATIONS. — Duhamel, en décrivant cette variété, dit : « Elle a quelque ressemblance avec la Royale d'hiver, et plusieurs jardiniers confondent ces deux poires. Elles diffèrent cependant par leur maturité, leur facies et leur arbre. » — L'arbre est de grande vigueur sur cognassier ; élevé en haute tige sur franc, il convient surtout au verger de campagne par sa grande fertilité. Son fruit ne peut être classé que parmi les poires de deuxième qualité.

DESCRIPTION.

Rameaux assez forts et d'une force bien soutenue jusqu'à leur sommet, bien unis dans leur contour, un peu coudés à leurs entre-nœuds courts, verdâtres ; lenticelles blanchâtres, petites, arrondies, bien régulièrement espacées et peu apparentes.

Boutons à bois moyens, coniques et bien aigus, à direction parallèle ou presque parallèle au rameau, soutenus sur des supports peu saillants dont les côtés et l'arête médiane ne se prolongent nullement ; écailles d'un marron foncé et finement bordées de gris blanchâtre.

Pousses d'été flexueuses, d'un vert vif et gai sur toute leur longueur et un peu duveteuses à leur sommet.

Feuilles des pousses d'été moyennes, obovales-elliptiques ou obovales-arrondies, se terminant brusquement en une pointe très-courte et très-fine, largement creusées en gouttière et à peine arquées, bordées de dents un peu larges, un peu profondes et bien obtuses, s'abaissant peu sur des pétioles un peu longs, un peu forts, redressés et un peu recourbés.

Stipules courtes, filiformes, caduques.

Feuilles stipulaires manquant ordinairement.

Boutons à fruit assez petits, ovoïdes, bien renflés, se terminant brusquement en une pointe courte et aiguë; écailles d'un marron peu foncé.

Fleurs presque moyennes; pétales ovales, bien concaves, à onglet long, bien écartés entre eux; divisions du calice très-courtes, un peu recourbées par leur pointe; pédicelles assez courts, peu forts et un peu cotonneux.

Feuilles des productions fruitières moyennes, ovales-elliptiques, se terminant régulièrement en une pointe très-courte, un peu creusées et à peine arquées, bordées de dents assez fines, peu profondes et obtuses, assez bien soutenues sur des pétioles un peu longs, de moyenne force et un peu souples.

Caractère saillant de l'arbre : teinte générale du feuillage d'un vert clair et jaune ; toutes les feuilles plus ou moins largement elliptiques et toutes obscurément dentées.

Fruit gros ou presque gros, turbiné-sphérique et parfois presque sphérique, souvent un peu irrégulier dans son contour, atteignant sa plus grande épaisseur bien au-dessous du milieu de sa hauteur; au-dessus de ce point, s'atténuant promptement par une courbe tantôt entièrement convexe, tantôt d'abord convexe puis un peu concave en une pointe peu épaisse et obtuse à son sommet; au-dessous du même point, s'arrondissant par une courbe largement convexe jusque dans la cavité de l'œil.

Peau épaisse, ferme, d'abord d'un vert pâle semé de points gris, larges, nombreux et apparents. Une tache d'une rouille fauve s'étend dans la cavité de l'œil et une rouille grise s'étend dans celle de la queue et parfois se disperse en taches sur la surface du fruit. A la maturité, **fin d'hiver et printemps,** le vert fondamental passe au jaune clair et terne conservant une teinte un peu verdâtre; le côté du soleil n'est ordinairement indiqué que par un ton un peu plus chaud et rarement se lave d'un peu de rouge.

Œil moyen, ouvert, à divisions étalées dans une petite cavité étroite et peu profonde.

Queue tantôt un peu longue, tantôt de moyenne longueur, bien ligneuse et épaissie à son point d'attache au rameau, plus ou moins courbée, implantée un peu obliquement dans une dépression peu sensible.

Chair d'un blanc jaunâtre, assez fine, demi-cassante, suffisante en eau sucrée, mais peu relevée.

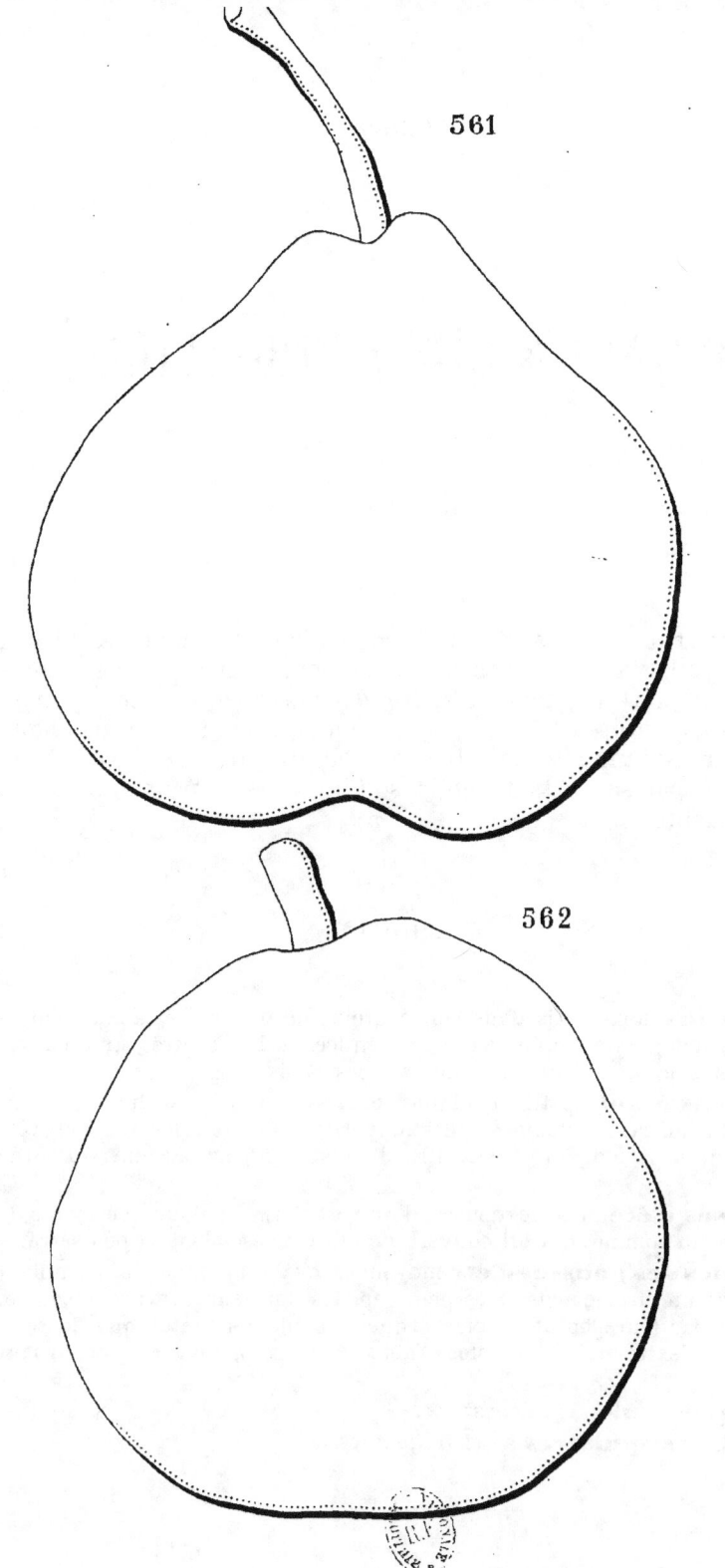

561, MUSCAT ALLEMAND D'HIVER.   562, PRINCE'S SEED VIRGALIEU.

PRINCE'S SEED VIRGALIEU

(N° 562)

Observations. — J'ai perdu le souvenir de la personne qui m'a procuré cette variété et des renseignements qui m'ont été donnés concernant son origine. — L'arbre, de bonne vigueur sur cognassier, est très-propre à la forme pyramidale ; son rapport n'est que moyen, mais sans alternat. Il conviendrait surtout au verger de campagne par sa rusticité et la solidité de son fruit, qui est de bonne qualité.

DESCRIPTION.

Rameaux forts, unis dans leur contour, un peu coudés à leurs entrenœuds courts, d'un jaune verdâtre ; lenticelles blanchâtres, très-larges, allongées, saillantes, assez peu nombreuses et bien apparentes.

Boutons à bois petits, coniques, courts, peu aigus, à direction très-écartée du rameau, soutenus sur des supports renflés dont les côtés et l'arête médiane ne se prolongent pas ; écailles d'un marron peu foncé un peu bordé de gris.

Pousses d'été bien flexueuses, d'un vert clair et gai, un peu lavées de rougeâtre au sommet qui est couvert d'un duvet assez long et peu serré.

Feuilles des pousses d'été moyennes, ovales-arrondies, se terminant en une pointe très-courte, très-peu repliées sur leur nervure médiane, convexes par leurs bords et bien arquées, crénelées plutôt que dentées, tombant à l'extrémité de pétioles d'abord redressés, mais se recourbant ensuite.

Stipules courtes, en alênes.

Feuilles stipulaires assez fréquentes.

Boutons à fruit moyens, ovoïdes, un peu allongés et finement aigus; écailles brillantes, d'un marron peu foncé.

Fleurs moyennes; pétales ovales, largement arrondis, concaves, un peu roses avant l'épanouissement; divisions du calice longues, étroites, réfléchies en dessous; pédicelles de moyenne longueur, un peu grêles, peu laineux.

Feuilles des productions fruitières plus grandes que celles des pousses d'été, ovales-arrondies ou ovales-élargies, entièrement planes ou même un peu convexes, se terminant le plus souvent en une pointe courte, finement crénelées, tombant à l'extrémité de pétioles de moyenne longueur, grêles, étalés, horizontaux.

Caractère saillant de l'arbre : teinte générale du feuillage d'un vert clair et blond ; toutes les feuilles planes ou presque planes, excepté celles du sommet des pousses d'été.

Fruit moyen, turbiné-conique et bien ventru, ordinairement uni dans son contour, atteignant sa plus grande épaisseur près de sa base ; au-dessus de ce point, s'atténuant par une courbe d'abord largement convexe puis un peu concave en une pointe assez courte, épaisse et tronquée ; au-dessous du même point, s'arrondissant brusquement par une courbe bien convexe pour s'aplatir ensuite largement autour de la cavité de l'œil.

Peau fine, cependant un peu épaisse, d'abord d'un vert pâle un peu teinté de jaunâtre semé de points gris brun, assez petits, assez nombreux et peu apparents. On trouve aussi assez rarement sur sa surface quelques traces d'une rouille brune qui forme tache vers la base de la queue et se disperse en quelques traits dans la cavité de l'œil. A la maturité, **octobre,** le vert fondamental passe au jaune citron brillant, et le côté exposé au soleil se lave d'une légère teinte rouge qui lui donne un aspect orangé, et sur lequel les points deviennent très-petits, grisâtres, très-peu apparents, tandis qu'aux alentours ils sont forts, bien apparents, gris noirâtre.

Œil petit, demi-fermé, à divisions fines et aiguës, jaunâtres, dressées, placé dans une cavité profonde en forme d'entonnoir s'évasant largement, et dont les bords sont ordinairement côtelés.

Queue courte, épaisse, souvent charnue, attachée dans un pli sur les bords duquel une bosse la repousse un peu obliquement.

Chair blanche, fine, beurrée, entièrement fondante, suffisante en eau douce, sucrée, à laquelle il manque un peu de parfum pour en faire une excellente poire, mais constituant cependant un fruit de bonne qualité.

POIRE NOIRE A LONGUE QUEUE

(N° 563)

Observations. — J'ai reçu cette variété d'Allemagne. — L'arbre est de vigueur normale sur cognassier et sur franc; il convient à la haute tige par sa grande fertilité. Son fruit est propre seulement aux usages de la cuisine.

DESCRIPTION.

Rameaux assez forts, obscurément anguleux dans leur contour, presque droits, à entre-nœuds inégaux entre eux, d'un brun verdâtre à l'ombre, d'un rouge violacé foncé du côté du soleil; lenticelles blanches, petites, assez peu nombreuses, irrégulièrement espacées et apparentes.

Boutons à bois moyens, coniques, un peu épais et peu aigus, à direction peu écartée du rameau, soutenus sur des supports saillants dont les côtés et l'arête médiane se prolongent peu distinctement; écailles d'un marron rougeâtre foncé.

Pousses d'été fortes, allongées, bien droites, d'un vert gai, lavées de rouge à leur sommet peu duveteux.

Feuilles des pousses d'été moyennes, ovales-arrondies, se terminant brusquement en une pointe courte et très-fine, bien concaves, bordées de dents un peu profondes et finement aiguës, bien soutenues sur des pétioles moyens, forts, redressés.

Stipules moyennes, en alènes recourbées.

Feuilles stipulaires manquant le plus souvent.

Boutons à fruit gros, ovoïdes, un peu aigus; écailles d'un marron très-foncé presque noir.

Fleurs grandes; pétales obovales-arrondis ou obovales bien élargis, concaves, à onglet court, un peu écartés entre eux ; divisions du calice très-courtes, annulaires ; pédicelles bien longs, bien grêles, presque glabres.

Feuilles des productions fruitières moyennes, ovales-arrondies, se terminant brusquement en une pointe un peu longue, bien concaves, entières dans leur contour, bien soutenues sur des pétioles longs, forts, redressés et bien raides.

Caractère saillant de l'arbre : aspect général de vigueur ; toutes les feuilles à peu près arrondies et sensiblement concaves.

Fruit presque moyen, ovoïde-piriforme, uni dans son contour, atteignant sa plus grande épaisseur un peu au-dessous du milieu de sa hauteur ; au-dessus de ce point, s'atténuant par une courbe légèrement convexe pour se terminer en une pointe courte, obtuse et irrégulière à son sommet ; au-dessous du même point, s'atténuant par une courbe largement convexe pour s'aplatir un peu autour de la cavité de l'œil.

Peau épaisse, ferme, d'abord d'un vert sombre voilé par un réseau de rouille grisâtre qui la couvre presque entièrement et à travers lequel on aperçoit une légère teinte jaune à l'époque de la maturité, **courant d'août**. Sur le côté de l'ombre apparaissent quelques points gris fauve assez forts, et sur le côté du soleil qui est teint d'un rouge noir sombre apparaissent des points gros, nombreux, grisâtres qui rendent la peau un peu rude au toucher.

Œil assez grand, demi-ouvert, à divisions noirâtres, scarieuses, placé dans une cavité peu profonde, à bords aplatis.

Queue longue, ligneuse, vert brun, piquetée de quelques points blanchâtres, insérée dans un pli assez profond, irrégulier, dont une excroissance charnue semble la repousser obliquement.

Chair d'un blanc transparent, demi-fine, beurrée, suffisante en eau bien sucrée, relevée par un léger acide et dont le parfum n'est pas bien appréciable.

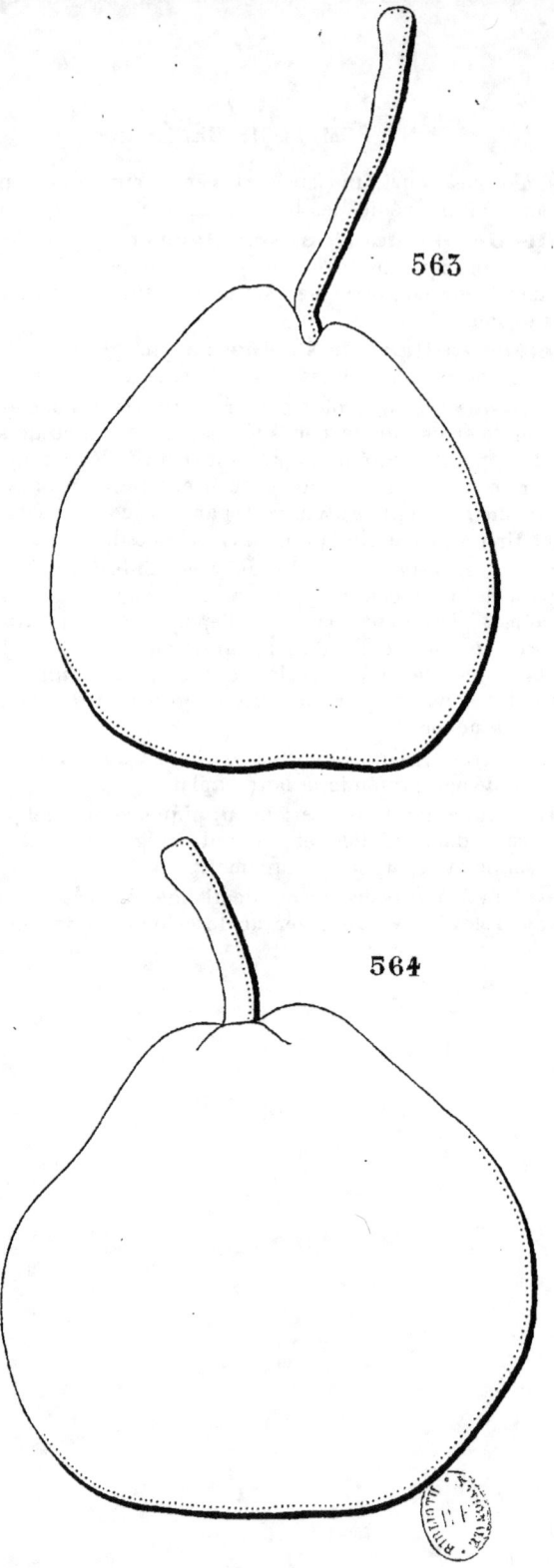

563. POIRE NOIRE A LONGUE QUEUE.   564. PRINCESSE MARIE.

PRINCESSE MARIE

(N° 564)

PRINCESS MARIA. *The Fruits and the fruit-trees of America.* Downing.

Observations. — J'ai reçu cette variété de Belgique; elle provient des semis de Van Mons. — L'arbre, d'une vigueur assez faible sur cognassier, ne convient sur ce sujet qu'aux petites formes. Sa fertilité est moyenne. Son fruit est de première qualité.

DESCRIPTION.

Rameaux.....
Boutons à bois.....
Pousses d'été fluettes, flexueuses, d'un vert terne légèrement teinté de rougeâtre, d'un rouge violacé à leur sommet qui est couvert d'un duvet peu serré.
Feuilles des pousses d'été petites, ovales-élargies à leur milieu, presque également atténuées à leurs deux extrémités et se terminant en une pointe un peu longue, ordinairement planes, bordées de dents peu profondes et obtuses, soutenues horizontalement par des pétioles assez longs, grêles, redressés.
Stipules de moyenne longueur, linéaires-étroites.
Feuilles stipulaires manquant presque toujours.
Boutons à fruit moyens, ovoïdes, un peu allongés, finement aigus; écailles brillantes, d'un marron peu foncé.

Fleurs petites ; pétales ovales bien rétrécis à leur sommet, écartés, entièrement blancs avant et après l'épanouissement ; divisions du calice courtes, finement aiguës, rougeâtres, étalées ; pédicelles assez courts, de moyenne force, un peu laineux.

Feuilles des productions fruitières bien plus amples, plus élargies que celles des pousses d'été, se terminant souvent en une pointe obtuse, peu repliées sur leur nervure médiane, mais recourbées en dessous, garnies de fortes dents peu profondes et obtuses, assez bien soutenues par des pétioles de moyenne longueur et de moyenne force, redressés.

Caractère saillant de l'arbre : teinte générale du feuillage d'un vert gai ; toutes les feuilles petites, celles des pousses d'été remarquablement arquées, annulaires ; celles des productions fruitières bien pliées et arquées, toutes donnant à l'arbre un aspect particulier très-reconnaissable ; couleur rouge violacé foncé du fruit lorsqu'il est arrêté.

Fruit presque moyen, sphérico-piriforme, uni dans son contour, atteignant sa plus grande épaisseur un peu au-dessous du milieu de sa hauteur ; au-dessus de ce point, s'atténuant par une courbe d'abord à peine convexe puis un peu concave pour se terminer promptement en une pointe courte et obtuse ; au-dessous du même point, s'arrondissant par une courbe convexe pour ensuite s'aplatir autour de la cavité de l'œil.

Peau fine, mince, d'abord d'un vert clair semé de petits points bruns assez apparents. A la maturité, **courant de septembre,** elle s'éclaircit en jaune paille pâle, mais cette couleur est voilée par des rayures rapprochées d'une fine rouille d'un brun jaune clair se condensant en une tache soit vers la base de la queue, soit dans la cavité de l'œil. Le côté du soleil en outre est lavé et flammé d'un beau rouge orangé sur lequel les points paraissent jaune fauve.

Œil petit, bien fermé, à courtes divisions brun noirâtre, et comme perdu au fond d'une cavité en forme d'entonnoir dont les bords s'évasent en formant des rudiments de côtes qui se prolongent sur la hauteur du fruit en grosses bosses inégales.

Queue demi-longue, un peu forte, presque ligneuse, courbée, implantée entre des côtes ou dans une cavité un peu profonde et irrégulière dans ses bords.

Chair blanche, veinée de jaune, transparente, très-fondante, ruisselante en eau sucrée, relevée d'un acide imitant celui de la groseille ainsi que son parfum, constituant un fruit de première qualité.

HOWEY

(N° 565)

HOVEY. *Dictionnaire de pomologie.* André Leroy.

Observations. — André Leroy dit qu'il propage cette variété depuis 1853, et qu'il l'a dédiée à un de ses confrères et amis, le pomologue américain Howey ; mais ainsi il n'affirme pas positivement qu'il en fut l'obtenteur. — L'arbre, d'une vigueur bien contenue sur cognassier, est propre aux formes régulières et au fuseau ; ses productions fruitières sont solides. Sa fertilité est très-précoce et très-grande. Son fruit est de première qualité.

DESCRIPTION.

Rameaux assez forts, un peu anguleux dans leur contour, presque droits, à entre-nœuds de moyenne longueur, d'un brun jaunâtre à l'ombre, d'un brun rougeâtre du côté du soleil ; lenticelles blanches, un peu larges, assez peu nombreuses et apparentes.

Boutons à bois moyens, coniques, aigus, à direction bien écartée du rameau, soutenus sur des supports saillants dont l'arête médiane se prolonge assez distinctement ; écailles d'un beau marron rougeâtre.

Pousses d'été assez fortes, sensiblement flexueuses, d'un vert prononcé, légèrement lavées de rouge à leur sommet qui est duveteux et effilé.

Feuilles des pousses d'été grandes, ovales, atteignant leur plus grande largeur près de leur extrémité, très-sensiblement atténuées à leur base, se terminant peu brusquement en une pointe de moyenne longueur, presque planes ou peu repliées, cependant bien recourbées en dessous, bordées de larges dents un peu profondes et obtuses, tombant sur des pétioles bien longs, forts, mais flexibles.

Stipules longues, filiformes, caduques.

Feuilles stipulaires très-fréquentes.

Boutons à fruit très-gros, ovoïdes-allongés et un peu aigus; écailles d'un rougeâtre intense et largement maculé de gris blanchâtre.

Fleurs petites; pétales ovales un peu élargis, un peu concaves, se touchant entre eux; divisions du calice courtes, fines, bien recourbées; pédicelles moyens, de moyenne force, peu duveteux.

Feuilles des productions fruitières moins grandes que celles des pousses d'été, plus régulièrement ovales, se terminant en une pointe très-courte, quelquefois nulle, bien creusées en gouttière et bien arquées, assez mal soutenues par des pétioles longs et peu forts, bordées de dents très-peu profondes et émoussées.

Caractère saillant de l'arbre : toutes les feuilles longuement pétiolées et bien arquées; teinte générale du feuillage d'un vert brillant; les jeunes feuilles des sommités lavées de rougeâtre.

Fruit moyen, turbiné-piriforme ou conique-piriforme, uni dans son contour, atteignant sa plus grande épaisseur au-dessous du milieu de sa hauteur; au-dessus de ce point, s'atténuant par une courbe largement convexe puis largement concave en une pointe peu longue, aiguë; au-dessous du même point, s'arrondissant par une courbe bien convexe pour ensuite s'aplatir autour de la cavité de l'œil.

Peau fine, mince, unie, d'abord d'un vert blanchâtre semé de points d'un gris noir, assez largement et bien régulièrement espacés et apparents. On remarque parfois un peu de rouille fauve dans la cavité de l'œil. A la maturité, **septembre,** le vert fondamental passe au jaune paille et le côté du soleil est seulement un peu doré.

Œil moyen, demi-ouvert, à divisions frêles, placé dans une dépression très-peu profonde, bien évasée et parfois plissée dans ses parois.

Queue tantôt longue, tantôt courte, courbée, peu forte, ligneuse, formant exactement la continuation de la pointe du fruit.

Chair d'un blanc un peu teinté de jaune, fine, bien fondante, bien abondante en eau sucrée, vineuse, acidulée et parfumée, constituant un fruit de première qualité lorsque l'acide n'est pas trop développé.

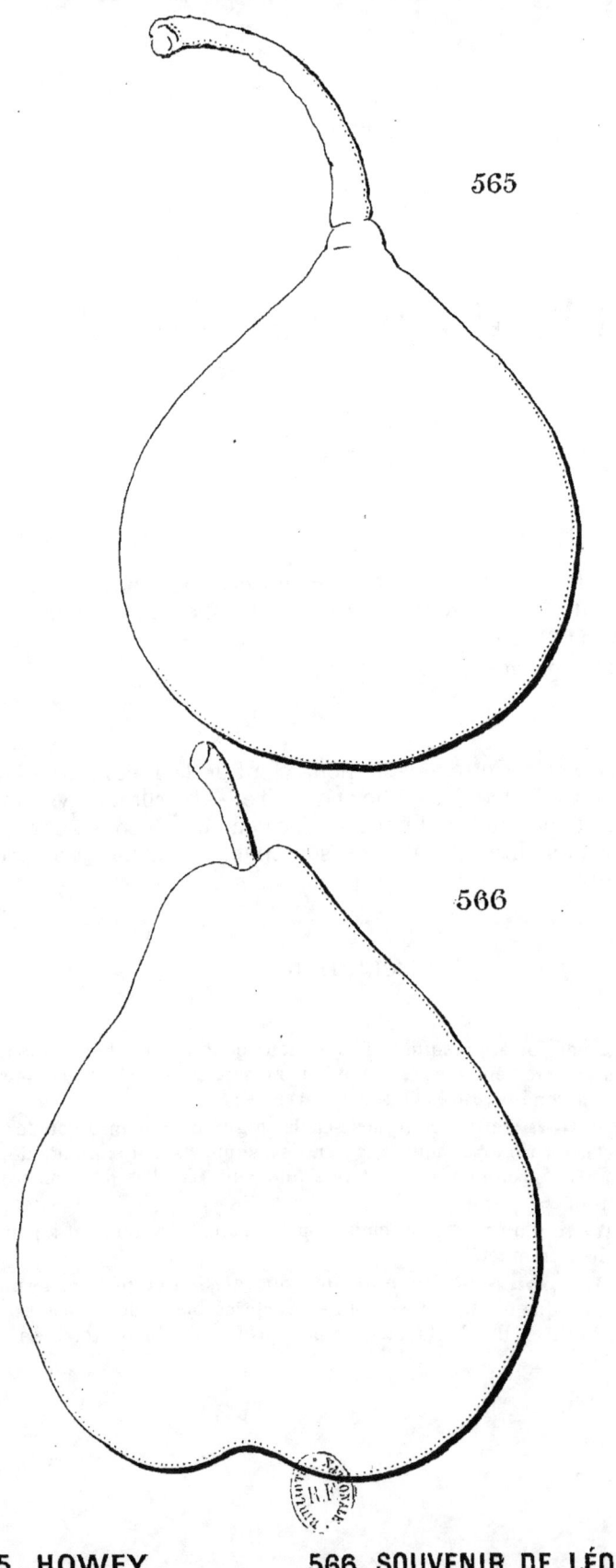

565, HOWEY.   566, SOUVENIR DE LÉOPOLD 1er

SOUVENIR DE LÉOPOLD IER

(N° 566)

NEUE LÉOPOLD Ier. *Illustrirtes Handbuch der Obstkunde.* JAHN.
VINGT-CINQUIÈME ANNIVERSAIRE DE LÉOPOLD Ier. *Annales de Pomologie belge.* BIVORT.
Dictionnaire de pomologie. ANDRÉ LEROY.

OBSERVATIONS. — Cette variété nous vient de la Belgique ; elle a été obtenue en 1855 par M. Xavier Grégoire. — L'arbre, de vigueur normale sur cognassier et sur franc, s'accommode bien des formes régulières. Sa fertilité est bonne et soutenue. Son fruit est de première qualité.

DESCRIPTION.

Rameaux peu forts, presque unis dans leur contour, à peine flexueux, à entre-nœuds inégaux entre eux, de couleur noisette ; lenticelles blanches, un peu larges, arrondies, rares et peu apparentes.
Boutons à bois petits, coniques, épais, aigus et à pointe courte, à direction écartée du rameau, soutenus sur des supports peu saillants dont l'arête médiane se prolonge seule et très-finement ; écailles d'un marron rougeâtre peu foncé.
Pousses d'été d'un vert bleu clair, à peine lavées de rouge et à peine duveteuses à leur sommet.
Feuilles des pousses d'été petites, obovales-elliptiques, se terminant un peu brusquement en une pointe courte et bien fine, concaves et non arquées, bordées de dents larges, peu profondes, bien couchées et

émoussées, soutenues à peu près horizontalement sur des pétioles moyens, grêles et un peu flexibles.

Stipules en alênes de moyenne longueur et fines.

Feuilles stipulaires manquant le plus souvent.

Boutons à fruit moyens, coniques, un peu allongés et finement aigus ; écailles d'un marron rougeâtre peu foncé.

Fleurs moyennes ; pétales elliptiques, bien réguliers, bien concaves, d'un rose vif avant l'épanouissement ; divisions du calice de moyenne longueur, recourbées en dessous seulement par leur pointe fine ; pédicelles de moyenne longueur et de moyenne force, peu duveteux.

Feuilles des productions fruitières ovales-elliptiques, les unes allongées et se terminant un peu brusquement en une pointe longue, les autres plus courtes, plus élargies et se terminant brusquement en une pointe très-courte, creusées en gouttière et non arquées, souvent ondulées dans leur contour, bordées de dents fines, très-peu profondes, souvent peu appréciables, assez peu soutenues sur des pétioles longs, grêles et un peu flexibles.

Caractère saillant de l'arbre : teinte générale du feuillage d'un vert herbacé et mat ; pousses d'été fluettes ; tous les pétioles grêles.

Fruit petit ou presque moyen, sphérique, un peu déprimé à ses deux pôles, uni dans son contour, atteignant sa plus grande épaisseur à peu près au milieu de sa hauteur ; au-dessus et au-dessous de ce point, s'arrondissant par des courbes presque égales et presque aussi convexes soit du côté de l'œil, soit du côté de la queue vers laquelle il s'atténue un peu plus sensiblement.

Peau fine, mince, douce, unie et cependant un peu ferme, d'abord d'un vert très-pâle semé de petits points grisâtres, assez peu nombreux, peu visibles et inégalement espacés. A la maturité, **octobre**, le vert fondamental passe au jaune jonquille et c'est alors que le fruit doit être consommé aussitôt avant de blettir. La couleur est parfaitement uniforme, sans tache aucune, elle prend seulement une teinte légèrement plus foncée du côté exposé au soleil.

Œil moyen, fermé, à divisions brunâtres, dressées ou réfléchies en dedans, placé au fond d'une cavité peu profonde, irrégulière dans sa forme, dont les bords se divisent en grosses côtes arrondies qui se continuent sur le fruit et quelquefois se prolongent jusque dans la cavité de la queue, de telle manière que le fruit est déformé dans sa rondeur et souvent comme carré.

Queue longue, assez fine, d'un brun clair, teintée de rouge, élastique, courbée ou contournée, plantée un peu obliquement dans une cavité assez large et peu profonde.

Chair bien blanche, fine, demi-fondante, pas très-abondante en eau sucrée ayant le goût de vin doux, peu relevée, constituant un fruit de première qualité.

BEURRÉ D'AUTOMNE DE DONAUER

(N° 567)

DONAUERS HERBSTBUTTERBIRNE. *Illustrirtes Handbuch der Obstkunde.* JAHN.
Beschreibung neuer Obstsorten. LIEGEL.

OBSERVATIONS. — Liegel dit avoir reçu cette variété de M. Donauer, secrétaire de la Société d'agriculture et d'horticulture de Coburg, comme provenant sans nom des semis de Van Mons. — L'arbre, de vigueur contenue sur cognassier, s'accommode bien des formes régulières et surtout de celles de pyramide et de fuseau. Sa fertilité est précoce, grande mais un peu interrompue. Son fruit est de bonne qualité.

DESCRIPTION.

Rameaux de moyenne force, obscurément anguleux dans leur contour, presque droits, à entre-nœuds courts, d'un brun jaunâtre à l'ombre, un peu teintés de rouge vineux du côté du soleil; lenticelles grisâtres, petites, peu nombreuses et peu apparentes.

Boutons à bois assez gros, coniques, un peu épais et bien aigus, à direction écartée du rameau, soutenus sur des supports peu saillants dont l'arête médiane se prolonge très-obscurément; écailles d'un marron noirâtre et un peu ombrées de gris.

Pousses d'été.....
Feuilles des pousses d'été ......
Stipules .....

Feuilles stipulaires …..

Boutons à fruit assez gros, conico-ovoïdes, allongés, bien aigus; écailles d'un marron rougeâtre intense.

Fleurs petites; pétales arrondis, bien concaves, à onglet très-court, se recouvrant entre eux; divisions du calice de moyenne longueur, finement aiguës et recourbées en dessous; pédicelles courts, forts et duveteux.

Feuilles des productions fruitières ……

Caractère saillant de l'arbre …….

Fruit moyen ou à peine moyen, conique, uni dans son contour, atteignant sa plus grande épaisseur bien au-dessous du milieu de sa hauteur; au-dessus de ce point, s'atténuant par une courbe très-peu convexe ou à peine concave en une pointe plus ou moins longue, épaisse et obtuse à son sommet; au-dessous du même point, s'atténuant par une courbe peu convexe pour ensuite s'aplatir sur une très-petite étendue autour de la cavité de l'œil.

Peau un peu épaisse, d'abord d'un vert clair, le plus souvent entièrement caché sous un nuage d'une rouille de couleur canelle qui se condense un peu sur le sommet du fruit et sur sa base. A la maturité, **novembre, décembre,** la rouille se dore et le côté du soleil se distingue par un ton un peu plus chaud ou par un peu de rouge terreux.

Œil petit, demi-ouvert, à divisions grisâtres, caduques, placé dans une cavité peu profonde, évasée, unie dans ses parois et par ses bords.

Queue courte ou peu forte, un peu épaissie à son point d'attache au rameau, bien ligneuse, le plus souvent droite, attachée à fleur de la pointe du fruit.

Chair d'un blanc à peine teinté de jaune, fine, fondante, à peine un peu pierreuse vers le cœur, abondante en eau richement sucrée, vineuse et agréablement parfumée, constituant un fruit de bonne qualité.

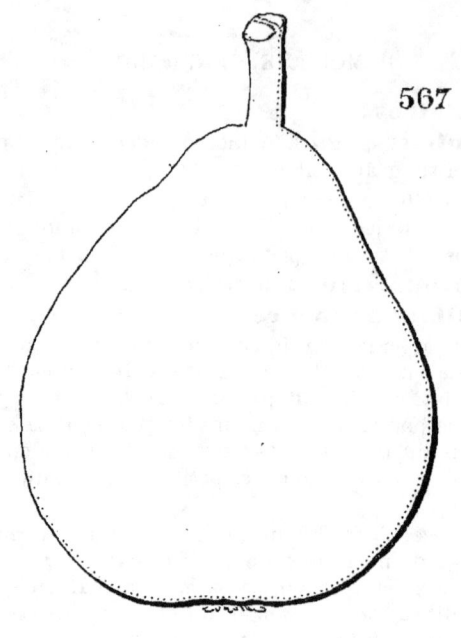
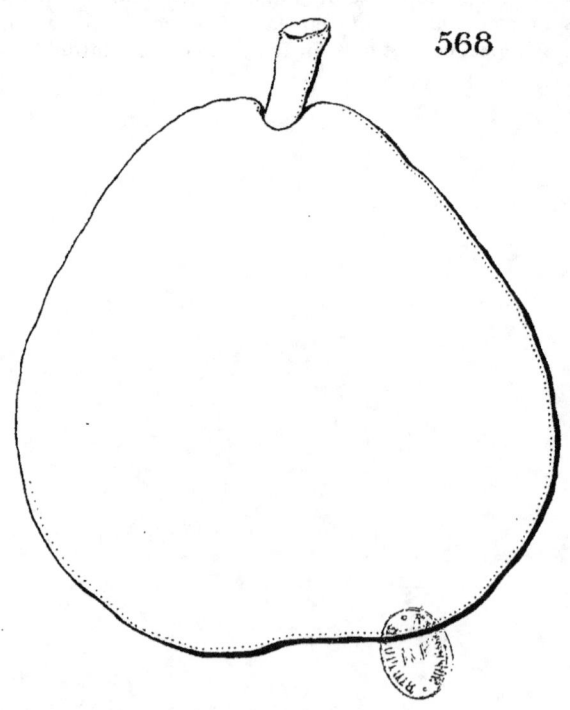

BEURRÉ D'AUTOMNE DE DONAUER. 568 ÉMILIE BIVORT

EMILIE BIVORT

(N° 568)

Album de pomologie. BIVORT.
Annales de Pomologie belge. BIVORT.
Systematisches Handbuch der Obsthunde. JAHN.
Les Fruits du Jardin Van Mons. BIVORT.
Dictionnaire de pomologie. ANDRÉ LEROY.
EMILY BIVORT. *The Fruits and the fruit-trees of America.* DOWNING.

OBSERVATIONS. — Cette variété est un gain de M. Simon Bouvier, de Jodoigne, et donna ses premiers fruits en 1845. — L'arbre, de bonne vigueur sur cognassier, convient surtout à la forme pyramidale. Sa fertilité est assez grande. Son fruit est de première qualité.

DESCRIPTION.

Rameaux peu forts, presque droits, portant souvent un bouton à fruit à leur sommet, unis dans leur contour, à entre-nœuds très-courts, d'un brun jaunâtre légèrement teinté de rouge du côté du soleil ; lenticelles très-petites, plutôt ovales, très-peu apparentes.

Boutons à bois gros, coniques, aigus, à direction un peu écartée du rameau, soutenus sur des supports peu saillants et dont les côtés ni l'arête médiane ne se prolongent ; écailles presque rouges, largement bordées de blanc argenté.

Pousses d'été d'un vert jaunâtre, flexueuses, lavées de rouge clair à leur sommet très-duveteux.

Feuilles des pousses d'été grandes, ovales-arrondies, planes, se terminant en une pointe aiguë, arquées, quelquefois ondulées, bordées de dents larges, peu profondes, retombant sur des pétioles courts, forts, un peu duveteux.

Stipules de moyenne longueur, filiformes.

Feuilles stipulaires manquant le plus souvent.

Boutons à fruit moyens, coniques, un peu anguleux, un peu aigus; écailles d'un fauve rougeâtre.

Fleurs moyennes; pétales ovales, bien concaves, soutenus sur de longs onglets, bien écartés entre eux, roses avant l'épanouissement; divisions du calice courtes, très-finement aiguës, insensiblement recourbées; pédicelles courts, très-grêles, presque lisses.

Feuilles des productions fruitières étroites, ovales-allongées, s'abaissant sur des pétioles longs, grêles, un peu redressés.

Caractère saillant de l'arbre: teinte générale du feuillage d'un beau vert intense et brillant; branches érigées, bien feuillues; aspect général de vigueur.

Fruit petit ou presque moyen, turbiné ou turbiné-ovoïde, quelquefois un peu bosselé dans son contour, atteignant sa plus grande épaisseur près de sa base; au-dessus de ce point, s'atténuant promptement par une courbe largement convexe en une pointe courte et obtuse à son sommet; au-dessous du même point, s'arrondissant d'abord assez brusquement puis s'aplatissant un peu autour de la cavité de l'œil.

Peau fine, mince, unie, d'abord d'un vert clair semé de points bruns, larges, bien arrondis, nombreux, se confondant souvent avec des taches d'une rouille fine de même couleur, plus ou moins larges, irrégulières et se condensant sur une plus grande étendue, soit sur le sommet du fruit, soit dans la cavité de l'œil. Bien avant la maturité, **octobre et souvent commencement de novembre,** le vert fondamental passe au beau jaune citron brillant, la rouille s'éclaircit et se dore, et le côté du soleil se distingue par une intensité plus grande dans les différents tons.

Œil petit, fermé, placé dans une cavité large, peu profonde, bosselée dans ses parois et légèrement côtelée dans ses bords.

Queue courte, un peu forte, un peu charnue à sa base, attachée dans un pli au sommet du fruit ou semblant former sa continuation.

Chair blanche, bien fine, fondante, suffisante en eau bien sucrée, hautement parfumée à la manière des Rousselets, constituant un fruit de première qualité.

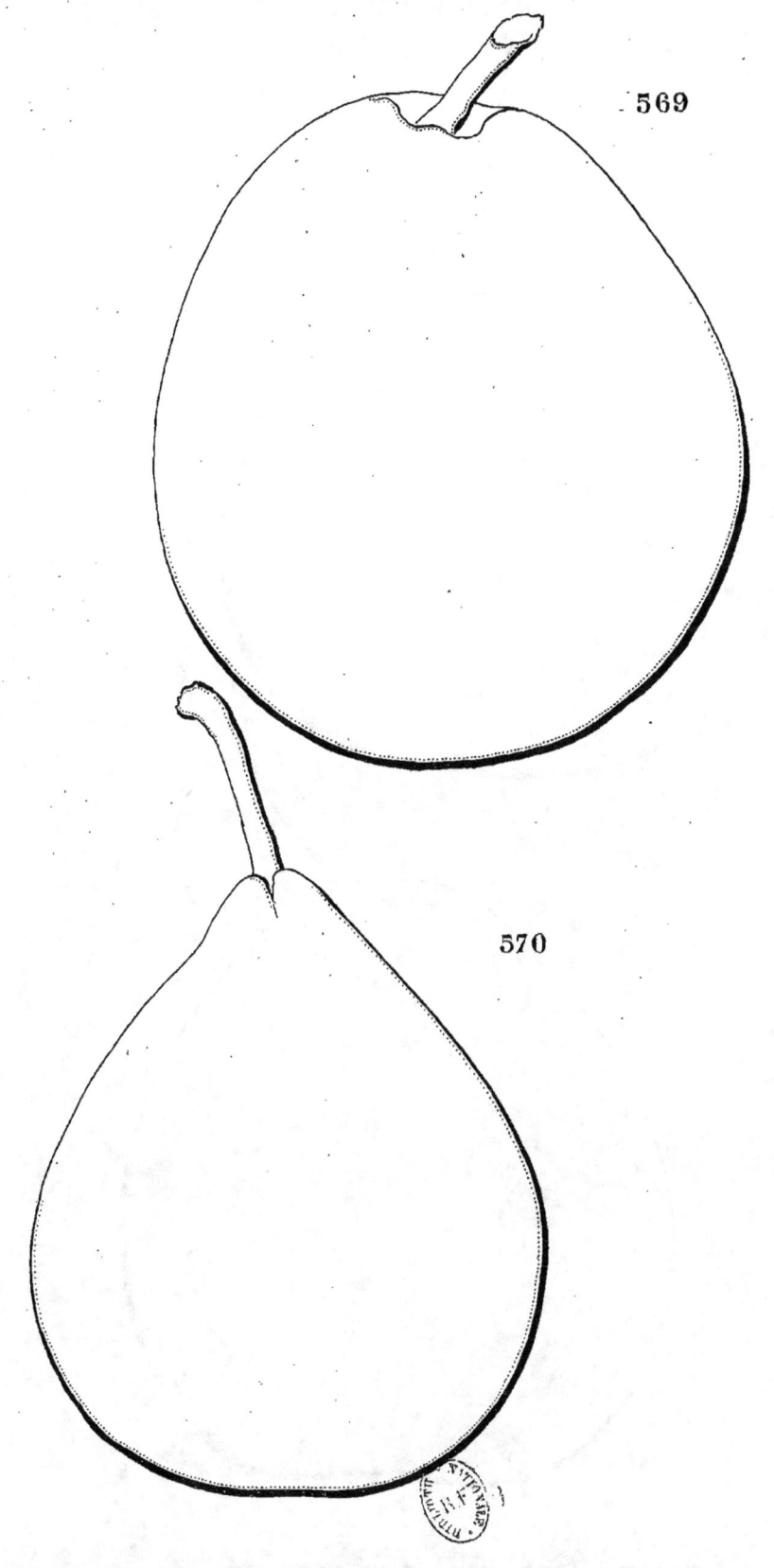

569, BEURRÉ DOCTEUR PARISET.   570, COLMAR SIRAND

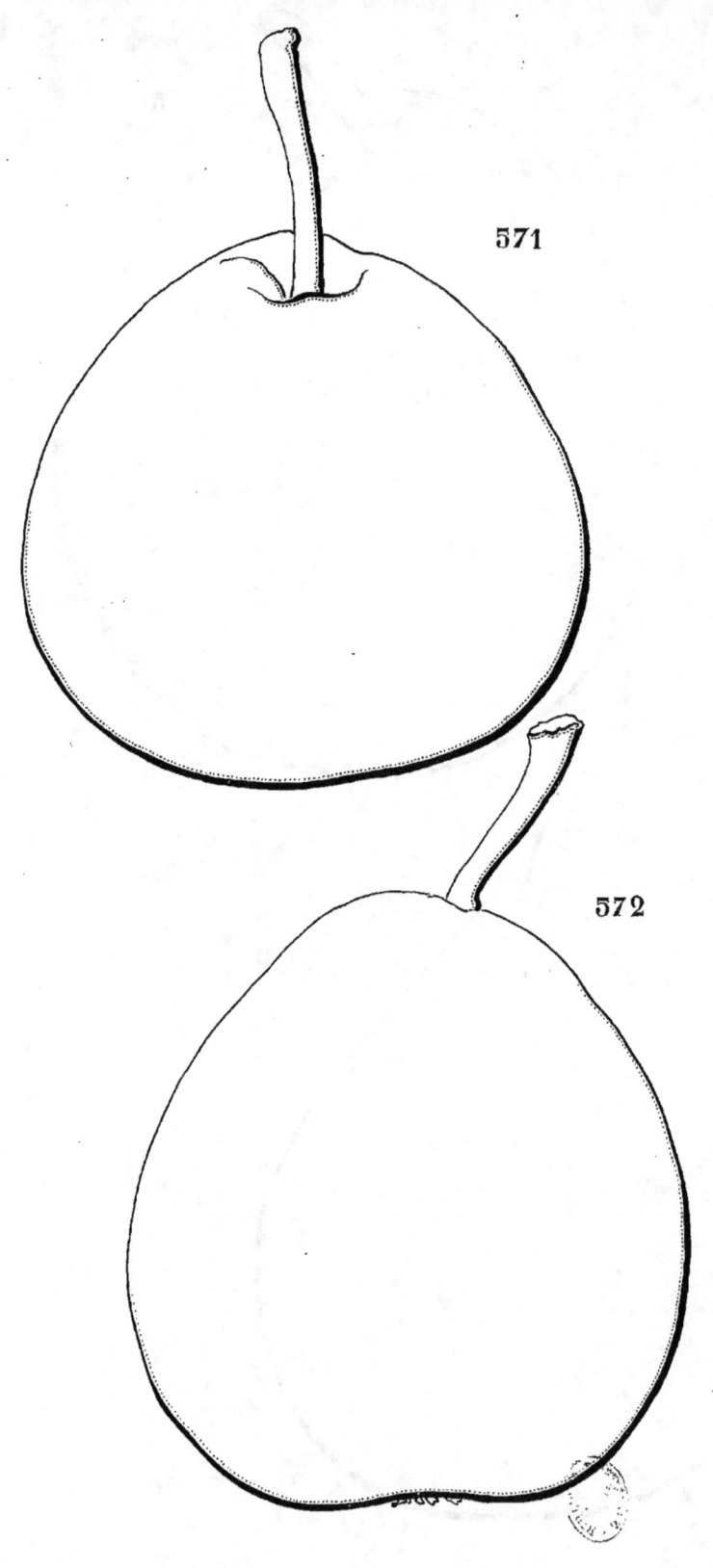

571, PHILIBERTE.   572, ANTOINE.

BEURRÉ DOCTEUR PARISET

(SEMIS N° 26)

(N° 569)

Chronique horticole de l'Ain. 1872. ALPHONSE MAS.

OBSERVATIONS. — Notre excellent collègue, l'heureux et patient semeur M. Pariset, de Curciat-Dongalon (Ain), dont j'ai déjà publié dans Le *Verger* plusieurs gains de mérite, a bien voulu me confier cette année une nombreuse collection des variétés obtenues et étudiées par lui, et de production récente; entre celles déjà appréciées, plusieurs nous ont paru dignes d'être recommandées. Le Beurré Docteur Pariset est le produit d'un semis de hasard de 1856; le pied-mère a levé entre un Beurré gris d'hiver nouveau et un Saint-Germain d'hiver, et provient probablement d'un pepin d'un fruit de l'un de ces deux arbres oublié sur place. — Il eut son premier rapport en 1867; son fruit, par sa forme et son volume, présente quelque ressemblance avec le Beurré Diel, qu'il surpasse en qualité, n'ayant aucune âpreté.[1]

DESCRIPTION.

Fruit gros, conico-cylindrique ou presque cylindrique, uni dans son contour, atteignant sa plus grande épaisseur presque au milieu ou très-peu au-dessous du milieu de sa hauteur; au-dessus de ce point, s'atténuant par une courbe peu convexe en une pointe peu longue, très-épaisse et largement tronquée à son sommet; au-dessous du même point, s'atténuant par une courbe largement convexe pour diminuer assez sensiblement d'épaisseur vers la cavité de l'œil.

Peau un peu épaisse et cependant tendre, d'abord d'un vert d'eau semé de points bruns, très-larges, assez nombreux, se confondant avec des traits d'une rouille dense et de même couleur, et se concentrant en une large tache sur le sommet du fruit. A la maturité, **novembre,** le vert fondamental passe au jaune citron intense et le côté du soleil est chaudement doré.

Œil petit, fermé, placé dans une dépression peu profonde, très-évasée, unie dans ses parois et par ses bords.

Queue courte, un peu forte, bien ligneuse, de couleur bois, attachée tantôt perpendiculairement, tantôt obliquement dans une cavité assez large, un peu profonde, un peu ondulée par ses bords.

Chair blanchâtre, assez fine, beurrée, fondante, abondante en eau bien sucrée et parfumée.

---

[1] M. Alphonse Mas avait commencé la description des poires obtenues de semis par M. Pariset, il n'a pu achever son travail, nous ne donnons que les alinéas préparés par lui.

COLMAR SIRAND
(SEMIS N° 28)

(N° 570)

Chronique horticole de l'Ain. 1872. ALPHONSE MAS.

OBSERVATIONS. — Cette variété, gain de M. Pariset, est le produit d'un semis de Colmar Nélis fait en 1856. Son premier rapport eut lieu en 1869. — L'arbre, de bonne vigueur, se comporte bien greffé sur cognassier. Sa fertilité est bonne et soutenue. Son fruit bien attaché, est de première qualité. Cette variété est à multiplier ; elle est saine et productive.

DESCRIPTION.

Fleurs petites ; pétales obovales, peu concaves, roses avant l'épanouissement ; divisions du calice courtes et étalées ; pédicelles grêles, un peu duveteux.

Fruit moyen, piriforme un peu ventru, souvent un peu irrégulier dans son contour, atteignant sa plus grande épaisseur au-dessous du milieu de sa hauteur ; au-dessus de ce point, s'atténuant par une courbe d'abord convexe puis plus ou moins concave en une pointe peu épaisse et aiguë ; au-dessous du même point, s'atténuant plus ou moins promptement par une courbe peu convexe pour diminuer sensiblement d'épaisseur vers la cavité de l'œil.

Peau fine et tendre, d'abord d'un vert pâle semé de points bruns, arrondis, un peu saillants, nombreux et plus serrés sur les parties plus éclairées. Une rouille épaisse, de couleur canelle, couvre le sommet du fruit, la cavité de l'œil et s'étend au-delà de ses bords. A la maturité, **décembre,** le vert fondamental passe au jaune citron un peu doré du côté du soleil où les points deviennent plus larges, plus saillants et se confondent avec de petites taches d'une rouille de même couleur.

Œil moyen, demi-ouvert, à divisions courtes, dressées, placé presque à fleur de la base du fruit dans une dépression un peu bosselée.

Queue assez courte, un peu forte, élastique, charnue, souvent un peu courbée, attachée un peu obliquement dans un pli irrégulier formé par la pointe du fruit dont aussi parfois elle semble former la continuation.

Chair d'un blanc un peu teinté de jaune, bien fine, tassée, entièrement fondante, suffisante en eau sucrée, relevée d'un parfum mélangé de musc et de rose, constituant un fruit de première qualité.

PHILIBERTE

(SEMIS N° 18)

(N° 571)

Chronique horticole de l'Ain. 1872. Alphonse Mas.

Observations. — Semis de M. Pariset fait en 1852 ; premier rapport en 1867.

DESCRIPTION.

Fruit assez gros, presque sphérique ou sphérico-conique, déprimé à ses deux pôles, beaucoup plus large que haut, atteignant sa plus grande épaisseur peu au-dessous du milieu de sa hauteur ; au-dessus de ce point, s'atténuant promptement par une courbe largement convexe pour se terminer presque en demi-sphère du côté de la queue ; au-dessous du même point, s'arrondissant brusquement par une courbe bien convexe pour ensuite s'aplatir autour de la cavité de l'œil, de telle manière que le fruit est largement assis.

Peau un peu épaisse, d'abord d'un vert d'eau semé de points bruns, larges, bien apparents, bien régulièrement espacés. Une rouille d'une couleur canelle couvre la cavité de l'œil et celle de la queue. A la maturité, **décembre, janvier,** le vert fondamental passe au beau jaune citron et souvent, sur les fruits bien exposés, le côté du soleil se couvre d'un rouge de grenade sur lequel ressortent des points jaunâtres, larges et un peu saillants.

Œil moyen, fermé ou demi-fermé, à divisions courtes, coriaces, placé dans une cavité en forme d'entonnoir étroit et très-profond, uni dans ses parois, tantôt régulier, tantôt largement ondulé par ses bords.

Queue un peu longue, peu forte ou grêle, légèrement fléchie sur toute sa longueur, attachée dans une cavité étroite, un peu profonde, rarement divisée par ses bords en des rudiments de côtes.

Chair blanche, transparente, bien fine, bien fondante, très-abondante en eau sucrée et très-agréablement parfumée, constituant un fruit de première qualité.

ANTOINE

(SEMIS N° 17)

(N° 572)

Observations. — Semis de M. Pariset fait en 1852; premier rapport en 1867.

DESCRIPTION.

Fruit gros, presque cylindrique, largement tronqué à ses deux extrémités, atteignant sa plus grande épaisseur à peu près au milieu de sa hauteur; au-dessus et au-dessous de ce point, s'atténuant par des courbes presque égales en longueur et en convexité et se terminant soit dans la cavité de l'œil, soit dans celle de la queue. Ce fruit, tout à fait nouveau, n'est pas encore bien arrêté dans sa forme, et cette année, 1869, il était conique bien ventru, à peine déformé dans son contour par des élévations très-aplanies, sa plus grande épaisseur était située au-dessous du milieu de sa hauteur; au-dessus de ce point, il s'atténuait par une courbe d'abord largement convexe puis un peu concave en une pointe un peu longue, diminuant bien d'épaisseur à son sommet où elle est tronquée; au-dessous du même point, il s'atténue peu par une courbe largement convexe pour ensuite s'aplatir un peu autour de la cavité de l'œil.

Peau fine, d'abord d'un vert clair semé de points bruns, larges, nombreux et se confondant sous un réseau de rouille recouvrant souvent presque toute sa surface et se condensant quelquefois en de larges taches soit sur la cavité de la queue, soit dans celle de l'œil et même assez souvent sur le côté du soleil. A la maturité, **milieu d'hiver,** le vert fondamental passe au jaune citron, la rouille se dore et le côté du soleil est parfois comme aspergé de petites mouchetures d'un rouge sanguin vif.

Œil grand, ouvert, à courtes divisions fragiles, placé dans une petite cavité bien régulière en forme de soucoupe, unie dans ses parois et régulière par ses bords.

Queue courte, un peu forte, bien courbée, d'un brun rougeâtre clair, profondément enfoncée dans une cavité large, à bords bien réguliers et escarpés.

Chair d'un blanc jaunâtre, fine, fondante, cependant un peu pierreuse vers le cœur, abondante en eau sucrée, richement parfumée, constituant un fruit de première qualité.

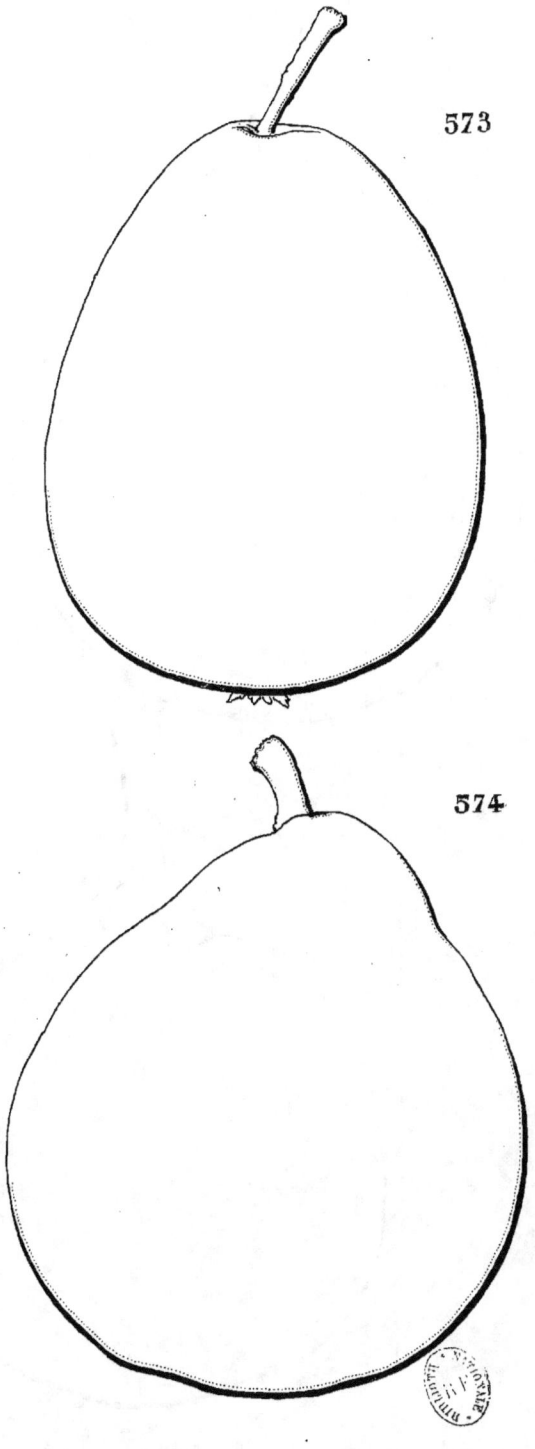

573, SÉBASTIEN.   574, AGNÈS.

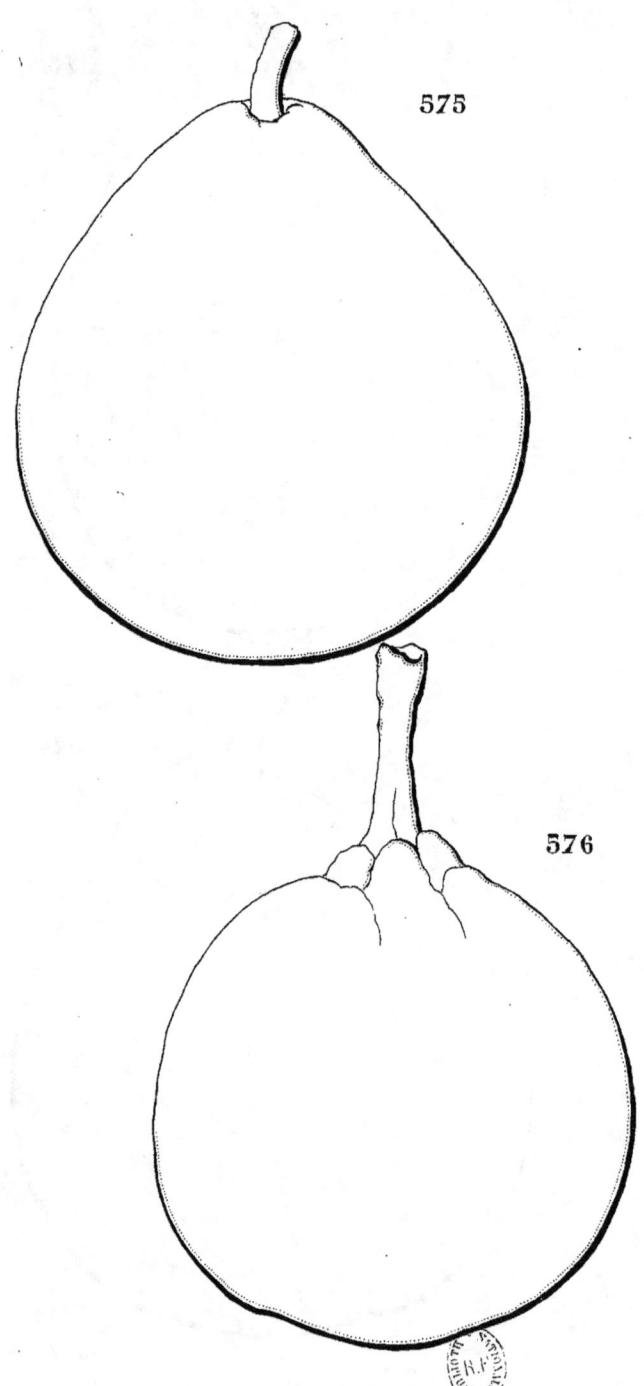

575, THIMOTHÉE.   576, MÉRUAULT.

SÉBASTIEN

(SEMIS N° 20)

(N° 573)

Observations. — Semis de M. Pariset fait en 1852; premier rapport en 1867.

DESCRIPTION.

Fruit moyen, cylindrico-ovoïde, bien uni dans son contour, atteignant sa plus grande épaisseur bien près de sa base; au-dessus de ce point, s'atténuant très-lentement par une courbe très-peu convexe en une pointe assez longue, convexe et un peu tronquée à son sommet; au-dessous du même point, s'atténuant peu par une courbe peu convexe, puis s'arrondissant pour s'aplatir un peu autour de la cavité de l'œil.

Peau assez mince, mais un peu ferme, d'abord d'un vert intense semé de points bruns, assez larges, saillants et apparents, peu nombreux, mélangés et cachés sous des traces d'une rouille brun foncé, épaisse, se dispersant sur la surface du fruit et se condensant bien, soit du côté du soleil, soit sur le sommet du fruit et dans la cavité de l'œil. A la maturité, **décembre,** le vert fondamental devient seulement gai et la rouille du côté du soleil, souvent épaisse, prend un ton jaunâtre sur lequel ressortent assez bien les points larges et grisâtres.

Œil petit, fermé ou demi-fermé, à fines divisions fragiles et noirâtres, placé dans une très-petite cavité qui le contient à peine, à parois obscurément plissées.

Queue moyenne, peu forte, ligneuse, épaissie à son point d'attache au rameau, de couleur bois, quelquefois courbée ou contournée, insérée dans une cavité très-étroite et assez profonde, quelquefois un peu sillonnée dans ses bords.

Chair d'un blanc un peu verdâtre, surtout sous la peau, bien fine, entièrement fondante, abondante en eau douce, sucrée, relevée d'un léger parfum distingué fort agréable, constituant un fruit de première qualité.

THIMOTHÉE

(SEMIS N° 24)

(N° 574)

Observations. — Cette variété provient d'un semis fait en 1852 par M. Pariset; son premier rapport eut lieu en 1869.

DESCRIPTION.

Rameaux de moyenne force, unis dans leur contour, droits, à entre-nœuds courts, d'un vert gris; lenticelles d'un blanc terne, nombreuses, larges et cependant peu apparentes.

Boutons à bois moyens, renflés sur le dos, aplatis contre le rameau et recourbés vers lui par leur pointe courte, soutenus sur des supports peu saillants et dont les côtés ne se prolongent pas; écailles d'un marron clair, presque blond, largement maculé de gris blanchâtre.

Boutons à fruit moyens, ovoïdes, un peu aigus; écailles d'un marron peu foncé.

Fleurs presque moyennes; pétales arrondis, bien concaves, un peu dressés, à court onglet, peu lavés de rose avant et après l'épanouissement; divisions du calice bien longues, étroites, recourbées; pédicelles de moyenne longueur, de moyenne force, un peu laineux.

Fruit moyen, piriforme, régulier dans son contour, atteignant sa plus grande épaisseur bien près de sa base; au-dessus de ce point, s'atténuant par une courbe très-légèrement convexe, quelquefois un peu concave en une pointe longue, peu épaisse et aiguë; au-dessous du même point, s'atténuant assez brusquement par une courbe peu convexe jusque autour de la cavité de l'œil.

Peau un peu épaisse, unie, d'abord d'un vert gai semé de petits points bruns, irréguliers, nombreux, souvent mélangés avec quelques traits d'une fine rouille de même couleur qui se condense en une tache sur le sommet du fruit et se disperse souvent çà et là en taches moins larges et surtout autour de la cavité de l'œil qui elle-même est le plus souvent rouillée. A la maturité, **novembre, décembre,** le vert fondamental passe au jaune citron pâle et le côté du soleil se lave d'un léger nuage de rouge sur les fruits bien exposés.

Œil presque fermé, à longues et larges divisions gris noirâtre, souvent brisées, placé dans une cavité très-étroite et peu profonde dont les parois sont ordinairement sensiblement plissées.

Queue très-courte, un peu forte, attachée un peu obliquement à la pointe du fruit dont elle semble exactement former la continuation.

Chair blanchâtre, bien fine, bien fondante, abondante en eau légèrement sucrée, acidulée, rafraîchissante, constituant un fruit de bonne qualité, à étudier encore.

AGNÈS

(SEMIS N° 21)

(N° 575)

Observations. — Cette variété est un gain provenant d'un semis de M. Pariset fait en 1852; son premier rapport eut lieu en 1869.

DESCRIPTION.

Rameaux peu forts, unis dans leur contour, bien fluets à leur sommet, d'un jaune brun; lenticelles blanchâtres, très-petites, nombreuses, peu apparentes.

Boutons à bois gros, coniques-allongés et aigus, à direction peu écartée du rameau, soutenus sur des supports étroits, cependant saillants et dont les côtés ne se prolongent nullement; écailles d'un marron clair maculé de marron foncé.

Boutons à fruit gros, coniques, un peu renflés, aigus; écailles d'un marron clair largement bordé de marron foncé.

Fleurs petites; pétales ovales-élargis, quelquefois échancrés à leur sommet et peu concaves; divisions du calice assez longues, étroites, finement aiguës, étalées ou peu recourbées; pédicelles courts, grêles, peu duveteux.

Fruit moyen ou presque gros, bien uni dans son contour, turbiné-piriforme, un peu ventru, atteignant sa plus grande épaisseur peu au-dessous du milieu de sa hauteur; au-dessus de ce point, s'atténuant par une courbe d'abord légèrement convexe puis légèrement concave en une pointe assez courte, épaisse et obtuse; au-dessous du même point, s'atténuant peu par une courbe très-légèrement convexe puis s'arrondissant brusquement pour s'aplatir ensuite autour de la cavité de l'œil.

Peau un peu ferme, d'abord d'un vert clair et gai semé de points bruns, bien arrondis, bien également espacés, peu larges et cependant distincts. On trouve aussi sur le sommet du fruit et dans la cavité de la queue une large tache d'un beau brun qui se disperse aussi souvent comme un nuage sur quelques parties de sa surface. A la maturité, **décembre, janvier,** le vert fondamental passe au jaune clair à l'ombre, doré chaudement ou rouillé du côté du soleil.

Œil très-grand, ouvert, à longues divisions scarieuses, étalées dans une cavité étroite, peu profonde, qui le contient exactement, quelquefois très-légèrement plissée dans ses parois.

Queue courte, épaisse, légèrement repoussée un peu obliquement dans un pli charnu au sommet du fruit.

Chair blanche, bien fine, entièrement fondante, suffisante en eau douce, sucrée, agréablement parfumée, constituant un fruit de première qualité.

MÉRUAULT

(SEMIS N° 53)

(N° 576)

Observations. — Cette variété a été obtenue par M. Pariset d'un semis de Doyenné d'hiver fait en 1856 ; son premier rapport eut lieu en 1870.

DESCRIPTION.

Fruit moyen, ovoïde-court et épais, uni ou presque uni dans son contour, atteignant sa plus grande épaisseur un peu au-dessous du milieu de sa hauteur ; au-dessus de ce point, s'atténuant plus ou moins promptement par une courbe largement convexe en une pointe plus ou moins courte, épaisse et obtuse à son sommet ; au-dessous du même point, s'arrondissant par une courbe plus convexe pour s'aplatir ensuite un peu autour de la cavité de l'œil.

Peau assez mince, d'abord d'un vert d'eau semé de points d'un brun fauve, le plus souvent presque entièrement caché sous un nuage d'une rouille de même couleur qui se condense bien sur le sommet du fruit, sur sa base et dans la cavité de l'œil. A la maturité, **courant d'hiver,** le vert fondamental passe au jaune citron intense, la rouille s'éclaire et le côté du soleil est couvert d'un roux doré.

Œil grand, demi-ouvert, placé dans une cavité peu profonde, bien évasée, unie ou à peine plissée dans ses parois et régulière par ses bords.

Queue assez courte, forte, épaissie à son point d'attache au rameau, un peu souple, attachée à fleur de la pointe du fruit parfois un peu plissée.

Chair blanchâtre, fine, beurrée, fondante, sans pierre, abondante en jus richement sucré et délicatement parfumé de musc, constituant un fruit de première qualité.

CASIMIR

(SEMIS N° 63)

(N° 577)

Observations. — Cette variété est un semis de Beurré gris d'hiver nouveau fait en 1859 par M. Pariset; son premier rapport eut lieu en 1870.

DESCRIPTION.

Fruit moyen ou presque moyen, piriforme-ovoïde, ordinairement uni dans son contour, atteignant sa plus grande épaisseur peu au-dessous du milieu de sa hauteur; au-dessus de ce point, s'atténuant par une courbe d'abord peu convexe puis à peine concave en une pointe peu longue, peu épaisse, un peu obtuse ou aiguë à son sommet; au-dessous du même point, s'atténuant par une courbe très-largement convexe pour diminuer assez sensiblement d'épaisseur vers la cavité de l'œil.

Peau fine, mince, tendre, d'abord d'un vert clair et un peu vif semée de points bruns, bien arrondis, très-nombreux, régulièrement espacés et apparents. Une rouille d'un brun fauve couvre ordinairement le sommet du fruit et la cavité de l'œil. A la maturité, **novembre,** le vert fondamental passe au jaune citron un peu mat sur lequel les points sont encore plus apparents, et le côté du soleil, sur les fruits bien exposés, est parfois lavé d'un léger nuage de rouge brun.

Œil moyen ou petit, ouvert, placé dans une cavité étroite, peu profonde et ordinairement régulière.

Queue de moyenne longueur, grêle, bien ligneuse, un peu courbée ou contournée, tantôt un peu repoussée dans une dépression irrégulière, tantôt formant obliquement la continuation de la pointe du fruit.

Chair un peu jaune, assez fine, fondante, pierreuse vers le cœur, abondante en eau sucrée, vineuse, acidulée et parfumée, constituant un fruit de bonne qualité.

PARFUMÉE

(SEMIS N° 70)

(N° 578)

Observations. — Cette variété est un gain de M. Pariset; elle donna ses premiers fruits en 1869.

DESCRIPTION.

Fruit moyen ou presque moyen, sphérico-ovoïde, court et épais, parfois un peu déformé dans son contour par des élévations très-aplanies, atteignant sa plus grande épaisseur à peu près au milieu de sa hauteur ; au-dessus de ce point, s'atténuant par une courbe largement convexe en une pointe courte, épaisse et un peu tronquée à son sommet ; au-dessous du même point, s'atténuant par une courbe à peine un peu plus convexe pour diminuer un peu sensiblement d'épaisseur vers la cavité de l'œil.

Peau un peu épaisse, d'abord d'un vert pâle semé de points d'un gris verdâtre, très-nombreux et un peu apparents seulement du côté du soleil. Une rouille brune rayonne en étoile dans la cavité de la queue et forme une tache d'un ton fauve dans la cavité de l'œil. A la maturité, **commencement d'hiver,** le vert fondamental passe au jaune paille et le côté du soleil est plus ou moins chaudement doré.

Œil fermé, à divisions coriaces, placé dans une cavité étroite, un peu profonde et souvent divisée dans ses bords par des rudiments de côtes obscures qui se prolongent un peu sur la base du fruit.

Queue très-courte, très-forte, boutonnée à son point d'attache au rameau, insérée dans une cavité étroite, un peu profonde et parfois un peu irrégulière par ses bords.

Chair d'un blanc à peine teinté de jaune, fine, fondante, pierreuse vers le cœur, abondante en eau sucrée et relevée d'un parfum agréable et distingué, constituant un fruit de première qualité et de maturation prolongée.

LUBIN

(SEMIS N° 73)

(N° 73)

Observations. — Semis de hasard recueilli par M. Pariset; premier rapport en 1869.

DESCRIPTION.

Fruit moyen, conique-piriforme, uni dans son contour, atteignant sa plus grande épaisseur bien au-dessous du milieu de sa hauteur; au-dessus de ce point, s'atténuant par une courbe d'abord peu convexe puis très-largement concave en une pointe un peu longue, peu épaisse, un peu aiguë ou un peu obtuse à son sommet; au-dessous du même point, s'arrondissant par une courbe assez convexe pour s'aplatir ensuite un peu autour de la cavité de l'œil.

Peau fine, mince, d'abord d'un vert clair et gai semé de petits points d'un brun fauve, arrondis, très-nombreux et un peu apparents seulement du côté du soleil. Une tache d'une rouille brune couvre le sommet du fruit et prend un ton fauve dans la cavité de l'œil. A la maturité, **commencement d'hiver,** le vert fondamental passe au jaune citron conservant par places un ton un peu verdâtre, et le côté du soleil est seulement un peu doré.

Œil grand, demi-ouvert ou presque fermé, placé dans une cavité un peu large, un peu profonde, ordinairement unie dans ses parois et par ses bords.

Queue assez courte, peu forte, un peu épaissie à son point d'attache au rameau, attachée tantôt à fleur de la pointe du fruit, tantôt un peu repoussée entre des plis divergents.

Chair blanchâtre, bien fine, entièrement fondante, abondante en eau sucrée, un peu vineuse, acidulée, agréable lorsque l'acide n'est pas trop développé, constituant un fruit de bonne qualité et de maturation prolongée.

SEMIS D'ÉCHASSERY

(N° 580)

Observations. — Cette variété a été obtenue par M. Pariset d'un semis fait en 1840. Son premier rapport eut lieu en 1862.

DESCRIPTION.

Fruit plutôt petit que moyen, sphérico-ovoïde, uni dans son contour, atteignant sa plus grande épaisseur bien au milieu de sa hauteur ; au-dessus de ce point, s'atténuant par une courbe largement convexe pour se terminer en une pointe courte, un peu aiguë ; au-dessous du même point, s'arrondissant largement pour s'aplatir un peu autour de la cavité de l'œil.

Peau un peu épaisse et rude au toucher, d'abord vert jaunâtre, passant au jaune clair lors de la maturité, **décembre, janvier**, le côté du soleil est très-légèrement lavé d'un rouge terreux sur les fruits bien exposés, les points très-fins sont à peine visibles sur la plus grande partie du fruit. On trouve parfois de larges taches de rouille dans les dépressions formées par les irrégularités du fruit, et sur toute la surface de la peau un pointillé de rouille grise.

Œil petit, à divisions scarieuses, souvent caduques, quelquefois persistantes, placé dans une très-légère cavité, irrégulière, formée par quelques côtes peu prononcées.

Queue moyenne, grosse, ligneuse, courbée dans sa longueur, insérée dans un très-petit creux, formant presque la continuation du fruit.

Chair un peu grossière, mi-cassante, assez abondante en eau sucrée, un peu pierreuse vers le cœur, pas assez parfumée, constituant un fruit de deuxième qualité.

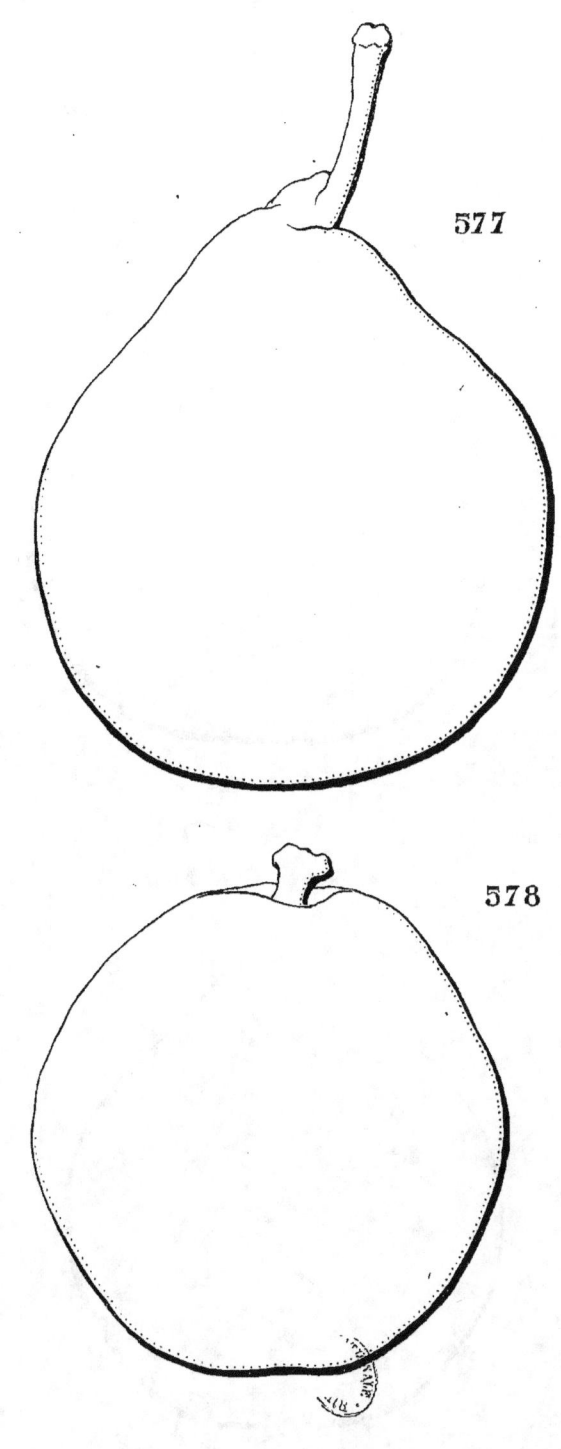

577, CASIMIR.   578, PARFUMÉE.

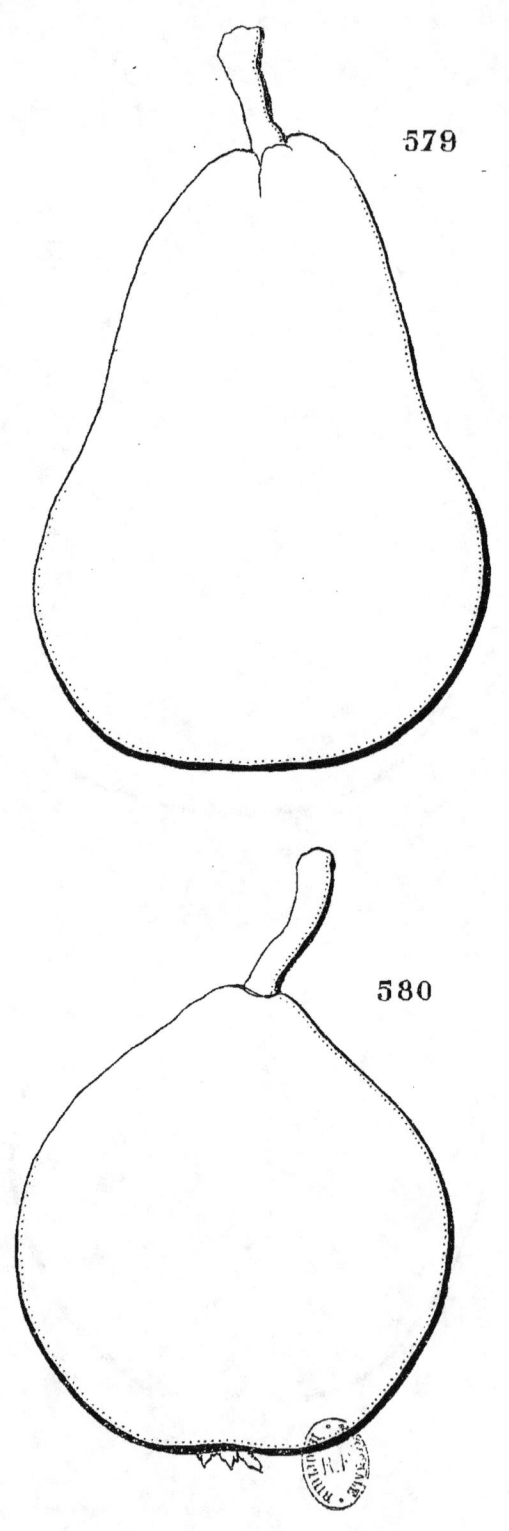

579, LUBIN.   580, SEMIS D'ÉCHASSERY.

JAUNE DE MERVEILLON

(N° 581)

Catalogue Sahut, de Montpellier. 1857-1858.

Observations. — Je tiens cette variété ancienne de M. Sahut, de Montpellier; il l'avait reçue, en 1846, de MM. Audibert, de Tonelle, qui la possédaient depuis longtemps. — L'arbre, sur cognassier, est d'une végétation régulière et s'accommode bien de la forme pyramidale. Elevé en haute tige sur franc, il convient surtout au verger de campagne par sa fertilité précoce, assez grande et soutenue. Son fruit vient en bouquets; quoique petit il mérite d'être cultivé à cause de l'époque de sa maturité.

DESCRIPTION.

Rameaux de moyenne force, unis dans leur contour, droits, à entre-nœuds courts et inégaux entre eux, jaunâtres du côté de l'ombre, un peu teintés de rouge et ombrés de gris du côté du soleil; lenticelles blanchâtres, petites, arrondies, nombreuses et un peu apparentes.

Boutons à bois petits, coniques, un peu épaissis à leur base et finement aigus, à direction écartée du rameau, soutenus sur des supports un peu saillants dont les côtés et l'arête médiane ne se prolongent pas; écailles presque noires.

Pousses d'été courtes et fortes, presque droites, d'un vert clair et peu duveteuses à leur sommet.

Feuilles des pousses d'été moyennes, arrondies, se terminant brusquement en une pointe un peu longue et fine, bien creusées en gouttière et un peu arquées, bordées de dents fines et très-peu profondes, peu aiguës, bien soutenues sur des pétioles longs, grêles et raides.

Stipules très-caduques.

Feuilles stipulaires manquant presque toujours.

Boutons à fruit gros, conico-ovoïdes, épais, à pointe courte et aiguë; écailles d'un marron sombre et uniforme.

Fleurs petites; pétales obovales, peu concaves, peu roses avant l'épanouissement, écartés entre eux; divisions du calice moyennes, étroites, annulaires; pédicelles très-courts, très-grêles, peu duveteux.

Feuilles des productions fruitières plus grandes que celles des pousses d'été, ovales-arrondies, se terminant presque régulièrement en une pointe courte ou très-courte, bien creusées et bien arquées, bordées de dents fines, très-peu profondes et un peu aiguës, s'abaissant sur des pétioles de moyenne longueur, grêles et flexibles.

Caractère saillant de l'arbre : teinte générale du feuillage d'un vert blond; toutes les feuilles bien épaisses, bien creusées et arquées.

Fruit très-petit, en forme de toupie, atteignant sa plus grande épaisseur peu au-dessous du milieu de sa hauteur, s'atténuant par une courbe d'abord un peu convexe puis très-concave, pour se terminer en une pointe peu longue et presque obtuse; au-dessous du même point, s'arrondissant par une courbe bien convexe pour diminuer sensiblement d'épaisseur jusque vers l'œil.

Peau fine, mince, unie, un peu ferme, d'abord d'un vert pâle, blanchâtre, sur lequel il est impossible de remarquer aucun point. A la maturité, **commencement de juillet,** le vert fondamental passe au jaune paille doré du côté du soleil et sans que l'on y trouve aucune teinte de rouge.

Œil grand pour le volume du fruit, ouvert et saillant par sa couronne, à longues et fines divisions, bien aiguës, recourbées, et dans lequel on retrouve le style persistant.

Queue longue, de moyenne force, d'un jaune brunâtre, bien droite ou très-légèrement fléchie, attachée au sommet du fruit entre quelques plis perpendiculaires.

Chair blanche, un peu teintée de jaune sous la peau, fine, demi-cassante, cependant assez tendre, suffisante en eau sucrée, rafraîchissante, relevée d'un léger parfum de musc fort agréable. Bon petit fruit.

NOTE DE L'ÉDITEUR

La *Pomologie Générale* devait, dans la pensée de l'auteur, se composer de quinze ou seize volumes. Alphonse Mas n'a pu terminer la description de tous les fruits qu'il destinait à cet ouvrage. Mais, du moins, il a laissé, pour les variétés qu'il ne lui a pas été possible d'étudier d'une manière complète, des notes qui semblent présenter un véritable intérêt pour les Pomologues.

L'Editeur a recueilli ces notes, et il se fait un pieux devoir de les publier à la suite de la partie achevée de l'œuvre. Il croit à peine utile d'ajouter que toutes sont le résultat des observations personnelles de l'auteur, qui avait sous les yeux, dans son Jardin d'études, les arbres et les fruits dont il décrivait les caractères avec un soin si consciencieux et si éclairé.

Il sera fait ainsi pour les Poiriers d'abord, puis, successivement, pour les diverses espèces de fruits (Pommes, Pêches, etc.) composant la remarquable collection d'arbres fruitiers que renfermait le Jardin d'Alphonse Mas.

POIRIERS

Abbé Mongein.
Decaisne.
De Lapeyrouse.

Feuilles assez grandes, obovales-élargies, bordées de dents très-peu profondes, soutenues sur des pétioles très-longs. — Caractère saillant de l'arbre : feuilles les plus jeunes d'un vert très-clair un peu jaune; feuilles des productions fruitières d'un vert herbacé peu foncé et peu brillant; toutes les feuilles plus ou moins concaves, plus ou moins creusées.

Abbé Pérez.
André Leroy.
Guilloteaux.

Fleurs petites; pétales ovales-elliptiques, un peu aigus à leur sommet, à onglet un peu long; divisions du calice très-courtes, très-fines, aiguës et recourbées; pédicelles un peu longs, peu forts et duveteux. — Feuilles petites ou moyennes, ovales, se terminant régulièrement en une pointe courte et aiguë, bordées de dents fines, très-peu profondes, soutenues sur des pétioles moyens, grêles et flexibles. — Caractère saillant de l'arbre : teinte générale du feuillage d'un vert clair et vif; serrature de toutes les feuilles remarquablement fine et peu profonde.

Abercrombie Seedling.
Downing.

Fleurs moyennes; pétales ovales-élargis; divisions du calice courtes, recourbées; pédicelles assez courts, forts et peu duveteux. — Feuilles moyennes ou assez petites, ovales un peu allongées, se terminant en une pointe très-courte, entières par leurs bords, bien soutenues sur des pétioles assez courts et redressés. — Caractère saillant de l'arbre : teinte générale du feuillage d'un vert d'eau peu foncé; tous les pétioles grêles et assez fermes.

Adolphe Cachet.
André Leroy.

Fleurs petites; pétales bien arrondis; divisions du calice moyennes, bien fines, recourbées; pédicelles moyens, grêles, peu duveteux. — Feuilles petites, ovales-elliptiques, se terminant en une pointe courte et fine, bordées de dents très-peu profondes, aiguës, soutenues sur des pétioles moyens, extraordinairement souples. — Caractère saillant de l'arbre : teinte générale du feuillage d'un vert clair et mat; toutes les feuilles peu concaves; feuilles les plus jeunes bien lavées d'un rouge vif; feuilles des productions fruitières très-courtement et finement acuminées; tous les pétioles presque filiformes.

Adolphine Richard.

André Leroy.
Les Fruits du Jardin Van Mons.

Alphonsine Richard. De Liron d'Airoles.

Gain de la Société Van Mons, sur les semis acquis par Bivort.

Fleurs petites; pétales ovales-étroits, allongés, blancs avant et après l'épanouissement; divisions du calice moyennes, fines; pédicelles courts, grêles et peu duveteux. — Feuilles petites, ovales, atténuées vers le pétiole, se terminant en une pointe finement aiguë, bien régulièrement bordées de dents assez fines, soutenues sur des pétioles un peu longs et redressés. — Caractère saillant de l'arbre: teinte générale du feuillage d'un vert pré vif et brillant; toutes les feuilles plus ou moins petites, finement acuminées; tous les pétioles grêles et cependant fermes.

Aglaé Grégoire.

André Leroy.
Bivort.
Van Mons.

Fleurs petites; pétales ovales, concaves, d'un rose très-vif avant l'épanouissement, striés de même après; divisions du calice très-courtes; pédicelles très-courts, un peu forts, cotonneux. — Feuilles moyennes, obovales, atteignant leur plus grande largeur à peu près au milieu de leur longueur, se terminant un peu brusquement en une pointe longue et aiguë, irrégulièrement et peu profondément crénelées, bien arquées, se recourbant sur des pétioles longs et souples. — Caractère saillant de l'arbre: teinte générale du feuillage d'un vert très-clair et jaune; toutes les feuilles plus ou moins tombantes; stipules exactement filiformes.

Alexander.

Downing.

Fleurs grandes; pétales ovales-elliptiques, bien concaves; divisions du calice moyennes, peu recourbées; pédicelles longs, forts, à peine duveteux. — Feuilles grandes, ovales-élargies, se terminant en une pointe courte et fine, bordées de dents peu appréciables, s'abaissant sur des pétioles moyens et souples. — Caractère saillant de l'arbre: teinte générale du feuillage d'un beau vert bleu intense et luisant; toutes les feuilles épaisses et très-finement acuminées.

Aline Richald.

Bivort.
Simon-Louis.
Bulletin de la Société Van Mons.

Fleurs moyennes; pétales ovales, bien atténués à leur base, entièrement blancs avant et après l'épanouissement; divisions du calice courtes, recourbées; pédicelles un peu longs, rougeâtres, peu laineux. — Feuilles assez grandes, ovales-elliptiques, se terminant en une pointe courte, finement aiguë, garnies de dents fines, très-peu profondes; pétioles très-longs, flexibles. — Caractère saillant de l'arbre: teinte générale du feuillage d'un vert herbacé et peu brillant; longueur et souplesse extraordinaires des pétioles de toutes les feuilles bien pendantes.

Alpha.
                    Downing.
                    Van Mons.

Variété d'origine anglaise; fruit de toute première qualité. — Downing l'indique d'origine belge.

Rameaux peu forts, unis dans leur contour, presque droits; lenticelles blanchâtres, petites, très-rares et peu apparentes. — Boutons à bois petits, coniques, courts et aigus, à direction écartée du rameau, soutenus sur des supports peu saillants; écailles d'un marron rougeâtre peu foncé. — Boutons à fruit moyens, conico-ovoïdes et aigus; écailles d'un marron rougeâtre peu foncé. — Fruit moyen, conique-piriforme, uni dans son contour. — Peau un peu épaisse, d'un jaune citron clair à la maturité *Octobre, Novembre.* — Chair fine, fondante, abondante en eau douce, sucrée, peu relevée, constituant un fruit de bonne qualité et de maturation prolongée. *(Fig. 1.)*

Althorp Crassane.
                    Downing.
                    Decaisne.

Fleurs grandes; pétales elliptiques-arrondis; divisions du calice moyennes et à peine recourbées; pédicelles moyens, presque glabres. — Feuilles moyennes, elliptiques, ovales-arrondies, entières par leurs bords, soutenues horizontalement sur des pétioles peu longs, divergents et fermes. — Caractère saillant de l'arbre : teinte générale du feuillage d'un vert herbacé clair; toutes les feuilles très-courtement acuminées, régulièrement concaves, tendant à la forme elliptique ou arrondie.

Amalia.

Feuilles moyennes, ovales-elliptiques, allongées, se terminant en une pointe extraordinairement courte, entières par leurs bords, s'abaissant un peu sur des pétioles peu longs, souples, bien colorés de rouge. — Caractère saillant de l'arbre : teinte générale du feuillage d'un vert clair et vif; nervure des jeunes feuilles bien colorée de rouge ainsi que les pétioles; feuilles bien concaves et remarquablement recourbées en dessus.

Amand Adam.
                    Simon-Louis.

Fleurs bien petites; pétales elliptiques-arrondis; divisions du calice courtes, larges; pédicelles extraordinairement courts, forts et cotonneux. — Feuilles moyennes, ovales-elliptiques, arrondies, se terminant en une pointe courte, entières dans leur contour, soutenues par des pétioles de moyenne force, redressés. — Caractère saillant de l'arbre : teinte générale du feuillage d'un vert d'eau peu foncé; presque toutes les feuilles à peu près planes, courtement acuminées, tendant à la position horizontale.

Amboise.
Die Amboise.   Jahn.

Fleurs moyennes; pétales ovales-arrondis, peu concaves, échancrés à leur sommet, roses avant l'épanouissement; divisions du calice courtes, recourbées en dessous par leur pointe un peu rougeâtre; pédicelles de moyenne longueur, grêles et duveteux. — Feuilles moyennes, ovales-arrondies, se terminant brusquement en une pointe large et longue, entières par leurs bords, ondulées, assez bien soutenues sur des pétioles très-longs, grêles et cependant fermes. — Caractère saillant de l'arbre : teinte générale du feuillage d'un vert bleu et brillant; toutes les feuilles longuement acuminées et longuement pétiolées; pousses d'été bien colorées de rouge vineux du côté du soleil. — Fruit petit, ovoïde-piriforme. — Peau fine, unie, d'un jaune paille clair à la maturité Octobre. — Chair blanche, mi-cassante, abondante en eau sucrée, sans parfum. *(Fig. 2.)*

Amirale.

D'amiral. André Leroy.
Amirals birne (Amiral musqué). Diel.

Fleurs assez grandes; pétales arrondis, concaves, entièrement blancs; divisions du calice larges et obtuses, laineuses ainsi que les pédicelles qui sont forts et de moyenne longueur. — Feuilles moyennes, ovales-arrondies, se terminant en une pointe large et recourbée, planes, bordées de dents fines, bien couchées, soutenues horizontalement sur des pétioles bien longs, un peu forts et redressés. — Caractère saillant de l'arbre : teinte générale du feuillage d'un vert bleu intense et brillant; toutes les feuilles tendant à la forme arrondie; pousses d'été bien laineuses dans leur jeunesse; la plupart des feuilles planes.

Amiral Faragut.

Feuilles assez grandes, ovales-elliptiques, se terminant en une pointe longue et large, presque planes, à peine arquées, bordées de dents très-peu profondes, retombant mollement sur des pétioles assez longs et bien flexibles. — Caractère saillant de l'arbre : teinte générale du feuillage d'un vert clair et vif; toutes les feuilles presque planes; tous les pétioles plus ou moins grêles, ne pouvant supporter le poids de la feuille.

Ananas Belge.

Bonamy.

Fleurs moyennes ou assez grandes; pétales arrondis-élargis; divisions du calice longues, larges et cependant aiguës; pédicelles moyens, forts et duveteux. — Feuilles petites, ovales-elliptiques, se terminant brusquement en une pointe longue et fine, bordées de dents très-peu profondes, assez bien soutenues sur des pétioles moyens, divergents. — Caractère saillant de l'arbre : teinte générale du feuillage d'un vert herbacé; feuilles des pousses d'été bien finement acuminées; toutes les feuilles tendant à la forme elliptique; feuilles stipulaires bien développées.

Anna Nélis.

André Leroy.

Fleurs assez grandes; pétales ovales-elliptiques; divisions du calice moyennes, étroites et recourbées; pédicelles longs, à peine duveteux. — Feuilles petites, lancéolées-elliptiques, se terminant en une pointe courte et fine, bordées de dents peu profondes, soutenues sur des pétioles courts, redressés et peu souples. — Caractère saillant de l'arbre : teinte générale du feuillage d'un vert clair un peu jaune; toutes les feuilles petites, allongées et étroites; serrature des feuilles des productions fruitières extraordinairement fine, peu profonde; rameaux élancés, tendant à la direction perpendiculaire; pousses d'été d'un vert jaune, colorées de rouge.

Audibert.
André Leroy.

Fleurs moyennes ; pétales ovales-elliptiques, un peu concaves ; divisions du calice courtes, peu recourbées ; pédicelles de moyenne longueur, bien forts, peu duveteux. — Feuilles moyennes, ovales-arrondies, se terminant en une pointe courte, bordées de dents très-peu profondes, assez bien soutenues sur des pétioles assez courts, peu forts, horizontaux. — Caractère saillant de l'arbre : teinte générale du feuillage d'un vert jaune peu foncé ; toutes les feuilles bien épaisses, bien creusées et courtement acuminées.

Auguste Royer.
André Leroy.
Bivort.
Downing.

Semis de Van Mons, devenu la propriété de M. Charles Durieux, de Bruxelles, et propagé par lui.

Augustin Eiformige.
Eiformige Augustin.   Jahn.

Fleurs presque moyennes ; pétales ovales un peu allongés ; divisions du calice très-courtes, recourbées en dessous ; pédicelles extraordinairement courts, forts, bien cotonneux. — Feuilles presque moyennes, ovales-elliptiques, se terminant en une pointe très-courte et recourbée, bordées de dents peu profondes, s'abaissant sur des pétioles un peu longs. — Caractère saillant de l'arbre : teinte générale du feuillage d'un vert d'eau terne ; toutes les feuilles tendant bien à la forme elliptique ; tous les pétioles longs et grêles.

Avocat Allard.
André Leroy.

Fleurs moyennes ; pétales ovales un peu allongés ; divisions du calice moyennes, peu recourbées ; pédicelles courts, un peu forts, peu duveteux. — Feuilles à peine moyennes, elliptiques, se terminant brusquement en une pointe peu longue, bordées de dents très-peu profondes, émoussées, soutenues sur des pétioles de moyenne longueur, grêles et flexibles. — Caractère saillant de l'arbre : teinte générale du feuillage d'un vert clair et vif ; tous les pétioles grêles, un peu souples ; pousses d'été lavées de rouge et non duveteuses.

Balosse.
De Liron d'Airoles.
Revue horticole, 1868.

Répandue dans l'arrondissement de Châlons-sur-Marne où elle est cultivée en plein champ depuis des siècles et communiquée à M. d'Airoles par M. Léon Malenfant.

D'après M. Bossin, cette variété est originaire de Saint-Memmie, faubourg de Châlons-sur-Marne et trouvée sur un terrain appartenant à M. Pradier.

Baptiste Desportes.

Fleurs moyennes ; pétales un peu allongés, peu roses avant l'épanouissement ; divisions du calice moyennes, un peu recourbées par leur pointe ; pédicelles moyens, peu forts, lisses. — Feuilles petites, ovales-allongées, se terminant en une pointe courte, bordées de dents très-fines, peu profondes, bien soutenues sur des pétioles assez courts et redressés. — Caractère saillant de l'arbre : teinte générale du feuillage d'un vert pré clair et mat ; toutes les feuilles petites, allongées et étroites, et celles des productions fruitières ressemblant presque à des feuilles de saule ; tous les pétioles extraordinairement grêles et cependant fermes.

BARBANCINET.
André Leroy.

Fleurs petites ; pétales elliptiques-arrondis, concaves ; divisions du calice courtes, bien aiguës, recourbées ; pédicelles moyens, de moyenne force, presque glabres. — Feuilles moyennes, ovales, se terminant en une pointe bien aiguë, bordées de dents fines, peu profondes et aiguës, soutenues horizontalement sur des pétioles longs et un peu souples. — Caractère saillant de l'arbre : teinte générale du feuillage d'un vert bleu peu foncé et un peu brillant ; feuilles des pousses d'été souvent convexes, et la plupart extraordinairement recourbées en dessous par leur extrémité ; tous les pétioles plus ou moins grêles.

BARON DEMAN DE LENICK.
Baron Deman de Lennick.   André Leroy.
Bulletin de la Société Van Mons.
Les Fruits du Jardin Van Mons.

Feuilles moyennes, ovales un peu allongées, atténuées vers le pétiole, se terminant en une pointe longue, bordées de dents très-peu profondes, soutenues sur des pétioles de moyenne force, presque horizontaux. — Caractère saillant de l'arbre : teinte générale du feuillage d'un vert pré clair, vif et gai ; toutes les feuilles régulièrement concaves, longuement pétiolées, à peine dentées.

BELLE DE BRISSAC.
André Leroy.

Feuilles petites, ovales un peu allongées, se terminant en une pointe peu longue, peu repliées et souvent contournées sur leur longueur, bordées de dents peu profondes et aiguës, bien soutenues sur des pétioles courts et raides. — Caractère saillant de l'arbre : teinte générale du feuillage d'un vert herbacé des plus vifs et bien luisant ; serrature des feuilles des productions fruitières formée de dents remarquablement profondes et aiguës ; tous les pétioles courts ; feuilles des productions fruitières grandes, ovales-élargies.

BELLE DE DRESSEN.

Catalogue Van Mons, n° 1253 : Forme de Beurré d'Hiver, excellente, très à propager. Depuis Beurré Driessen.

Fleurs moyennes ; pétales ovales-elliptiques, concaves ; divisions du calice moyennes, bien recourbées, presque annulaires ; pédicelles courts, forts, un peu cotonneux. — Feuilles moyennes ou grandes, ovales-allongées, se terminant en une pointe courte, bordées de dents un peu profondes, soutenues horizontalement sur des pétioles moyens, forts et peu souples. — Caractère saillant de l'arbre : teinte générale du feuillage d'un vert herbacé vif et brillant ; toutes les feuilles un peu allongées, régulièrement repliées ; tous les pétioles forts, cependant souples, ceux des feuilles des productions fruitières remarquablement forts.

Belle de Jarnac.
André Leroy.

Fleurs moyennes; pétales ovales-élargis, bien concaves; divisions du calice courtes, bien recourbées; pédicelles un peu longs, de moyenne force, peu duveteux. — Feuilles petites, ovales-arrondies, se terminant en une pointe un peu longue, bordées de dents assez peu profondes, soutenues horizontalement sur des pétioles courts, grêles, très-flexibles. — Caractère saillant de l'arbre : teinte générale du feuillage d'un vert très-clair un peu jaune; feuilles souvent largement ondulées dans leur contour; finesse des pétioles des feuilles des productions fruitières.

Belle des Forêts.
Esperen's Waldbirne. Jahn.

Feuilles grandes, ovales-allongées, se terminant régulièrement en une pointe fine, bordées de dents larges, profondes et peu aiguës, bien soutenues sur des pétioles moyens, peu forts et redressés. — Caractère saillant de l'arbre : teinte générale du feuillage d'un vert herbacé peu foncé et mat; toutes les feuilles grandes et allongées; celles des pousses d'été remarquablement repliées et arquées.

Belle d'Ixelles.
Bulletin de la Société Van Mons.

Fleurs grandes; pétales bien élargis au sommet, largement ondulés, d'un rose tendre avant l'épanouissement; divisions du calice courtes, fortement recourbées; pédicelles assez courts, de moyenne force, cotonneux. — Feuilles moyennes, ovales-allongées et peu larges, un peu échancrées vers le pétiole, le plus souvent ondulées dans leur contour, entières par leurs bords, bien soutenues sur des pétioles courts, peu forts, raides et redressés. — Caractère saillant de l'arbre : teinte générale du feuillage d'un vert d'eau peu foncé et longtemps voilé d'un duvet aranéeux; toutes les feuilles tourmentées et de consistance très-ferme; tous les pétioles courts, peu forts et raides; pousses d'été couvertes sur toute leur longueur d'une sorte de poussière plutôt que d'un duvet.

Belle du Craonnais.
André Leroy.

Fleurs moyennes; pétales ovales-étroits, très-longuement atténués à leur base, aigus à leur sommet, d'un rose vif avant l'épanouissement; divisions du calice très-courtes, un peu aiguës, étalées; pédicelles courts, forts, laineux. — Feuilles à peine moyennes, ovales-elliptiques, se terminant en une pointe aiguë et recourbée, bordées de dents fines, peu profondes, se recourbant sur des pétioles de moyenne longueur, peu redressés. — Caractère saillant de l'arbre : teinte générale du feuillage d'un vert très-clair ; toutes les feuilles sensiblement arquées, finement acuminées.

Belle du Figuier.
André Leroy.

Fleurs petites; pétales ovales-elliptiques, concaves, à onglet presque nul ; divisions du calice courtes, fines, aiguës, recourbées; pédicelles moyens, de moyenne force, peu duveteux. — Feuilles petites ou moyennes, ovales-lancéolées, étroites, se terminant presque régulièrement en une pointe fine, entières ou presque entières par leurs bords, soutenues horizontalement sur des pétioles très-courts, grêles et peu flexibles. — Caractère saillant de l'arbre : teinte générale du feuillage d'un vert pré peu foncé et vif ; toutes les feuilles presque exactement lancéolées ; tous les pétioles extraordinairement courts et grêles.

BELLE JULIE.

	Downing.	André Leroy.
	Robert Hogg.	Album Bivort.
Schöne Julie.	Jahn.	Bulletin de la Société Van Mons.

Obtenue par Van Mons et dédiée par lui à Mlle Julie Van Mons, sa petite fille. — Premier rapport en 1842.

Fleurs petites ; pétales ovales-allongés ; divisions du calice de moyenne longueur ; pédicelles un peu longs, grêles, duveteux. — Feuilles petites, ovales-elliptiques, se terminant régulièrement en une pointe courte, bordées de dents un peu irrégulières, soutenues horizontalement sur des pétioles de moyenne longueur, redressés, colorés de rouge. — Caractère saillant de l'arbre : feuillage menu, d'un vert clair ; pétioles et nervure médiane presque toujours colorés de rouge.

BELLE ROUENNAISE.

André Leroy.
De Liron d'Airoles.

Gain de M. Boisbunel fils, de Rouen. — Premier rapport en 1845.

Feuilles moyennes, ovales-élargies, brusquement et courtement atténuées vers le pétiole, bordées de dents assez peu profondes et émoussées, assez bien soutenues sur des pétioles courts, grêles et redressés. — Caractère saillant de l'arbre : teinte générale du feuillage d'un vert herbacé peu foncé et terne ; toutes les feuilles plus ou moins longuement acuminées ; pétioles des feuilles des productions fruitières extraordinairement longs et souples.

BERGAMOTTE AMBRÉE.

Feuilles assez petites, ovales, se terminant un peu brusquement en une pointe longue et large, bordées de dents larges, un peu profondes, se recourbant sur des pétioles courts, horizontaux, flexibles. — Caractère saillant de l'arbre : teinte générale du feuillage d'un vert vif, mais peu luisant ; toutes les feuilles s'abaissant plus ou moins sur leurs pétioles, cependant peu flexibles.

BERGAMOTTE BOUSSIÈRE.

André Leroy.
Album Bivort.

Semis de Van Mons envoyé par lui à la Société centrale d'horticulture de France qui le confia à M. Boussière, dans le jardin duquel elle rapporta du fruit pour la première fois en 1844.

Fleurs grandes ; pétales ovales-elliptiques, concaves, écartés entre eux ; divisions du calice très-courtes, peu recourbées ; pédicelles courts, forts et laineux. — Feuilles moyennes, ovales-allongées, se terminant brusquement en une pointe un peu longue et large, bordées de dents un peu profondes, peu aiguës, s'abaissant sur des pétioles longs, forts et un peu souples. — Caractère saillant de l'arbre : teinte générale du feuillage d'un vert herbacé vif et brillant; ampleur des feuilles des productions fruitières ;. longueur extraordinaire et force remarquable de leurs pétioles.

Bergamotte d'Alençon.

Fleurs moyennes ou assez grandes; pétales elliptiques-élargis; divisions du calice assez longues, recourbées; pédicelles longs, peu forts, peu duveteux. — Feuilles moyennes, exactement ovales, se terminant en une pointe longue, ondulées, grossièrement dentées, s'abaissant peu sur des pétioles longs, de moyenne force, souples. — Caractère saillant de l'arbre : teinte générale du feuillage d'un vert très-clair et un peu jaune; toutes les feuilles plus ou moins ondulées, de la consistance ferme d'une feuille de papier; tous les pétioles longs.

Bergamotte de Jodoigne.

André Leroy.

Fleurs un peu grandes; pétales ovales-elliptiques et un peu allongés, concaves; divisions du calice assez courtes, bien aiguës; pédicelles moyens, un peu duveteux. — Feuilles moyennes, régulièrement ovales, se terminant en une pointe courte, bordées de dents à peine appréciables, soutenues horizontalement sur des pétioles un peu courts, forts et redressés. — Caractère saillant de l'arbre : teinte générale du feuillage d'un vert tendre; toutes les feuilles entières dans leurs bords; les plus jeunes feuilles lavées de rouge.

Bergamotte de Malines.

Fleurs petites; pétales ovales-étroits, concaves et recourbés en dessus, striés de rose avant et après l'épanouissement; divisions du calice moyennes, aiguës; pédicelles courts, grêles, un peu duveteux. — Feuilles moyennes, ovales-allongées, se terminant en une pointe étroite, bordées de dents larges, s'abaissant sur des pétioles courts, forts, presque horizontaux et un peu souples. — Caractère saillant de l'arbre : teinte générale du feuillage d'un vert herbacé intense et vif; toutes les feuilles allongées; aspect général de vigueur.

Bergamotte de Miel.

Rothe langstielichte Honigbirne?	Diel. *Versuch.* 1804.
Kreiselformige Honigbirne?	Diel. *Systematische.* 1825.
Spindelformige Honigbirne?	Diel. *Idem.*

Fleurs assez grandes; pétales elliptiques-arrondis; divisions du calice courtes, aiguës, peu recourbées; pédicelles longs, peu forts, peu duveteux. — Feuilles petites, ovales-arrondies, se terminant en une pointe bien ferme, bordées de dents écartées et émoussées, bien fermes sur leurs pétioles courts, redressés et raides. — Caractère saillant de l'arbre : teinte générale du feuillage d'un vert pré un peu intense et vif; toutes les feuilles tendant plus ou moins à la forme arrondie; celles des productions fruitières concaves; toutes les feuilles épaisses, fermes; tous les pétioles raides.

Bergamotte de Nemours.
De Liron d'Airoles.

Fleurs petites; pétales bien plus rétrécis à leur base qu'au sommet, concaves; divisions du calice très-longues, très-étroites, fortement recourbées par leur pointe; pédicelles courts, grêles, laineux. — Feuilles moyennes, ovales, se terminant brusquement en une pointe courte, bordées de dents très-couchées, peu profondes, assez peu appréciables, bien soutenues sur des pétioles moyens, assez grêles, forts et raides. — Caractère saillant de l'arbre : teinte générale du feuillage d'un vert d'eau peu foncé, vif et brillant; toutes les feuilles bien finement acuminées et irrégulièrement bordées de dents peu appréciables.

Bergamotte de Perthou.
Jahn.

Feuilles moyennes, ovales, se terminant en une pointe fine, bordées de dents assez fines, peu profondes et bien aiguës, se recourbant sur des pétioles courts et de moyenne force. — Caractère saillant de l'arbre : teinte générale du feuillage d'un vert herbacé intense et un peu brillant; serrature des feuilles des pousses d'été bien acérée; toutes les feuilles remarquablement arquées.

Bergamotte d'hiver de Braunau.

Braunauer Winterbergamotte.   Liegel.

Fleurs moyennes; pétales elliptiques-arrondis, concaves; divisions du calice assez longues, un peu larges; pédicelles moyens, peu forts et glabres. — Feuilles grandes, ovales-élargies, se terminant régulièrement en une pointe très-courte et aiguë, largement creusées et arquées, bordées de dents larges, un peu profondes et obtuses, assez bien soutenues sur des pétioles longs, forts et redressés. — Caractère saillant de l'arbre : teinte générale du feuillage d'un vert herbacé, assez intense et un peu brillant; sommités des jeunes pousses bien couvertes d'un duvet très-blanc et très-épais; ampleur de toutes les feuilles un peu épaisses.

Bergamotte d'hiver de Furstenzeller.

Furstenzeller Winterbergamotte.   Jahn.
Furstenzeller grosse Winterbergamotte.   Liegel.

Liegel reçut de cette variété deux arbres nains sur cognassier du couvent de Furstenzell, en Bavière, et lui donna ce nom la regardant comme inédite.

Fleurs petites; pétales ovales, un peu roses avant l'épanouissement; divisions du calice courtes et étalées; pédicelles très-courts, très-grêles, peu duveteux. — Feuilles moyennes, ovales-allongées, se terminant en une pointe peu longue, fine, bordées de dents larges, profondes, bien soutenues sur des pétioles longs, peu forts. — Caractère saillant de l'arbre : teinte générale du feuillage d'un vert intense et peu brillant; serrature de toutes les feuilles profonde, plus ou moins acérée; tous les pétioles longs, assez peu souples.

Bergamotte Gençais.

De Liron d'Airoles.

Découverte par René Gillet, jardinier chez M. des Courtis, sur la propriété de Sandonnière, près Gençais (Deux-Sèvres), en 1825, et propagée par M. Bruant, pépiniériste à Poitiers.

Fleurs moyennes ; pétales ovales-elliptiques, bien concaves, à onglet peu long, un peu écartés entre eux; divisions du calice assez courtes, étroites, recourbées; pédicelles longs, peu forts, peu duveteux.

Bergamotte grise ronde de Furstenzeller.

Fleurs petites ; pétales obovales-elliptiques, peu concaves ; divisions du calice très-courtes, larges à leur base, cependant aiguës, à peine recourbées; pédicelles très-courts, un peu forts, bien cotonneux. — Feuilles moyennes, ovales-allongées, se terminant en une pointe bien recourbée, irrégulièrement bordées de dents très-peu profondes, se recourbant bien sur des pétioles courts, forts et redressés. — Caractère saillant de l'arbre : teinte générale du feuillage d'un vert d'eau intense et brillant; feuilles des pousses d'été remarquablement creusées et très-arquées ; serrature de toutes les feuilles très-irrégulière, peu appréciable.

Bergamotte grise ronde d'hiver.

Graue runde Winterbergamotte.   Oberdieck.
Diel.

Fleurs à peine moyennes; pétales obovales, largement arrondis, planes ; divisions du calice assez courtes, larges ; pédicelles courts, forts et cotonneux. — Feuilles moyennes, ovales-allongées, se terminant en une pointe longue, bordées de dents larges, très-peu profondes, bien soutenues sur des pétioles de moyenne longueur, redressés. — Caractère saillant de l'arbre : teinte générale du feuillage d'un vert bleu; les jeunes feuilles, et surtout leur nervure médiane longtemps couvertes d'un duvet cotonneux; toutes les feuilles bien creusées et bien arquées; grand rapport de facies avec la Bergamotte d'automne.

Bergamotte grise rose.

Fleurs moyennes; pétales elliptiques-élargis, concaves; divisions du calice un peu larges ; pédicelles courts, forts, un peu laineux. — Feuilles moyennes, ovales-élargies, se terminant en une pointe peu longue, entières, bordées d'un duvet cotonneux, assez bien soutenues sur des pétioles longs, raides. — Caractère saillant de l'arbre : teinte générale du feuillage d'un vert très-clair ; aspect cotonneux des pousses d'été ; toutes les feuilles bien recourbées par leur pointe aiguë et scarieuse.

Bergamotte Groslier.

Fleurs moyennes; pétales ovales-élargis, un peu plus rétrécis au sommet, un peu roses avant l'épanouissement; divisions du calice courtes, aiguës, recourbées; pédicelles courts, forts, un peu laineux. — Feuilles moyennes, ovales, sensiblement atténuées vers le pétiole, se terminant brusquement en une pointe assez longue, bordées de dents profondes et aiguës, bien fermes sur leurs pétioles courts, grêles et raides. — Caractère saillant de l'arbre : teinte générale du feuillage d'un vert pré vif et brillant ; toutes les feuilles remarquablement creusées et non arquées, bien régulièrement bordées d'une serrature plus ou moins aiguë ; tous les pétioles grêles ; raideur dans la tenue de l'arbre.

BERGAMOTTE JURIE.

Feuilles petites, obovales-elliptiques, très-sensiblement atténuées à leurs deux extrémités, bordées de dents fines, peu profondes, soutenues à peu près horizontalement sur des pétioles de moyenne longueur. — Caractère saillant de l'arbre : feuilles des pousses d'été remarquablement creusées ; stipules longues, filiformes, embrassant bien la pousse par leurs extrémités.

BERGAMOTTE LOUIS.

Doyenné Louis.

Bulletin de la Société Van Mons.
André Leroy.

Fleurs assez grandes ; pétales elliptiques bien élargis, concaves ; divisions du calice courtes, bien fines, aiguës, recourbées ; pédicelles moyens, assez grêles, peu duveteux. — Feuilles moyennes, ovales-elliptiques, se terminant en une pointe courte et large, bordées de dents un peu profondes, bien soutenues sur des pétioles moyens, grêles et bien redressés. — Caractère saillant de l'arbre : teinte générale du feuillage d'un vert clair et gai ; toutes les feuilles tendant à la forme elliptique et brusquement acuminées ; tous les pétioles plus ou moins grêles.

BERGAMOTTE ROSE.

Album Bivort.
Bulletin de la Société Van Mons.

Obtenue par Bivort ; premier rapport en 1848.

Fleurs presque petites ; pétales ovales-élargis, tronqués à leur sommet, presque planes ; divisions du calice moyennes, finement aiguës, presque étalées ; pédicelles assez longs, très-grêles, un peu laineux. — Feuilles moyennes, ovales-elliptiques, se terminant en une pointe longue et large, creusées et arquées, bordées de dents peu appréciables ou presque entières, s'abaissant sur des pétioles longs, divergents et peu souples. — Caractère saillant de l'arbre : feuilles des pousses d'été d'un vert clair et gai ; feuilles des productions fruitières d'un vert herbacé assez intense, peu brillant et plus ou moins creusées en gouttière.

BERGAMOTTE ROTHE GRAUE.

Fleurs grandes ; pétales elliptiques-élargis, peu concaves ; divisions du calice courtes, à peine recourbées par leur pointe ; pédicelles courts, peu forts, cotonneux. — Feuilles moyennes, ovales, se terminant en une pointe peu longue, sensiblement ondulées, entières par leurs bords longtemps garnis d'un duvet bien blanc, peu soutenues sur des pétioles extraordinairement grêles, couverts d'un duvet blanc, souples. — Caractère saillant de l'arbre : teinte générale du feuillage d'un vert d'eau peu foncé et vif ; toutes les feuilles entières, planes, sensiblement ondulées, se terminant toutes en une pointe bien recourbée ; tous les pétioles longs, très-grêles.

Bergamotte Rouge.

Rothe Bergamotte.   Diel.   André Leroy.
Jahn.   Lindley.

Fleurs assez grandes; pétales largement arrondis, bien concaves; divisions du calice moyennes, étroites, à peine réfléchies en dessous ; pédicelles longs, grêles, presque lisses. — Feuilles grandes, ovales-allongées, se terminant assez régulièrement en une pointe bien recourbée, irrégulièrement découpées plutôt que dentées dans leur contour, se recourbant sur des pétioles courts, forts et redressés. — Caractère saillant de l'arbre : teinte générale du feuillage d'un vert herbacé vif et brillant; feuilles des pousses d'été remarquablement repliées et extraordinairement arquées, presque annulaires; feuilles des productions fruitières bien ondulées et pendantes sur des pétioles mous et contournés.

Bergamotte Schmidtberger.

Catalogue Papeleu.

Variété de Crimée, de Hartwiss. Joli fruit, très-parfumé, fondant; *Novembre*.

Bergamotte Schuerman.

Bergamotte Schuurman.   De Liron d'Airoles.

Obtenue par M. Schuurman.

Fleurs petites; pétales obovales, concaves, bien arrondis à leur sommet, un peu roses avant l'épanouissement; divisions du calice courtes, aiguës, un peu rougeâtres; pédicelles courts, grêles et duveteux. — Feuilles moyennes, ovales-elliptiques, s'atténuant promptement en une pointe longue, bordées de dents fines, très-peu profondes, s'abaissant sur des pétioles moyens, grêles, flexibles. — Caractère saillant de l'arbre : teinte générale du feuillage d'un vert jaune ; tous les pétioles grêles.

A. B. Z. Bertram.

Feuilles moyennes, ovales, se terminant un peu brusquement en une pointe peu longue, concaves, bordées de dents assez profondes, creusées et obtuses, soutenues sur des pétioles assez longs, de moyenne force et un peu souples. — Caractère saillant de l'arbre : teinte générale du feuillage d'un vert pré peu foncé et peu brillant; feuilles des pousses d'été remarquablement creusées et longuement acuminées ; serrature de toutes les feuilles très-peu profonde; pousses d'été lavées de rouge à leur sommet.

Berzelius Liegel.

Berzelius.   Liegel.

Liegel reçut cette variété, en 1820, du baron de Moscou, de Gratz (Styrie).

Feuilles moyennes, ovales-elliptiques, se terminant en une pointe courte, bordées de dents larges, profondes, bien soutenues sur des pétioles moyens, raides et bien redressés. — Caractère saillant de l'arbre : teinte générale du feuillage d'un vert pré intense et peu brillant; serrature des feuilles des pousses d'été remarquablement acérée.

Besi d'Einsiedel.

Wildling von Einsiedel.   Lucas.
                                        Jahn.

Fleurs moyennes; pétales elliptiques-arrondis, bien concaves; divisions du calice courtes, recourbées, presque annulaires: pédicelles très-courts, laineux. — Feuilles moyennes, ovales-élargies, se terminant en une pointe fine, très-courte, bordées seulement vers leur extrémité de dents peu appréciables, garnies d'un duvet blanc dans tout leur contour, soutenues sur des pétioles longs, forts et redressés. — Caractère saillant de l'arbre : toutes les feuilles tendant à la forme arrondie et bien concaves ; tous les pétioles un peu longs et remarquablement raides.

Besi de Printemps.

Feuilles moyennes, ovales-elliptiques, sensiblement atténuées vers le pétiole, se terminant en une pointe très-fine, bordées de dents fines, peu profondes, soutenues horizontalement sur des pétioles courts, de moyenne force. — Caractère saillant de l'arbre : teinte générale du feuillage d'un vert bleu et intense; la nervure médiane des feuilles bien apparente par sa couleur blanche; toutes les feuilles bien creusées, garnies d'une serrature fine, extraordinairement peu profonde.

Besi Garnier.

Garnier.   André Leroy.

Fleurs moyennes ; pétales arrondis, concaves ; divisions du calice longues, aiguës, recourbées ; pédicelles courts, de moyenne force, presque lisses. — Feuilles assez petites ou moyennes, ovales-arrondies et peu larges, courtement atténuées vers le pétiole, se terminant assez brusquement en une pointe longue, presque planes, un peu arquées, bordées de dents un peu profondes, couchées et aiguës, bien soutenues sur des pétioles peu longs, de moyenne force et souples. — Caractère saillant de l'arbre : teinte générale du feuillage d'un vert herbacé vif et brillant; grande différence de forme entre les feuilles des pousses d'été et les feuilles des productions fruitières.

Besi Mai.

Besi de Mai.   André Leroy.   *Belgique horticole*
De Mai.   Decaisne.   *Revue horticole.*
Bezi Mai.   Robert Hogg.

Obtenue par M. de Jonghe, de Bruxelles.

Fleurs grandes; pétales en spatules, peu concaves ; divisions du calice bien longues, recourbées ; pédicelles de moyenne longueur, forts, duveteux. — Feuilles petites, ovales, se terminant en une pointe courte et fine, pliées et non arquées; bordées de dents peu profondes et aiguës, bien soutenues sur des pétioles courts, peu forts et raides. — Caractère saillant de l'arbre : teinte générale du feuillage d'un vert pâle; feuilles des productions fruitières plus grandes que celles des pousses d'été; fruit bosselé dans sa jeunesse et lavé de rouge.

Beurré Antoinette.

	Bivort.	André Leroy.
Antoinette's Butterbirne.	Jahn.	Bulletin de la Société Van Mons.

Obtenue par Bivort. Premier rapport en 1846.

Feuilles petites ou moyennes, elliptiques, se terminant en une pointe peu longue et finement aiguë, bordées de dents très-fines, assez profondes et aiguës, soutenues sur des pétioles courts, bien grêles et peu souples. — Caractère saillant de l'arbre : teinte générale du feuillage d'un vert herbacé intense et peu brillant ; toutes les feuilles presque exactement elliptiques et presque planes, garnies d'une serrature extrêmement fine et peu profonde ; tous les pétioles extraordinairement grêles.

Beurré Audusson.

	André Leroy.
Ridell's.	Downing.

Fleurs moyennes ; pétales en spatules, échancrés, quelquefois irrégulièrement découpés dans leurs bords ; divisions du calice longues, étroites, recourbées, bien cotonneuses comme les pédicelles de moyenne longueur et grêles. — Feuilles moyennes, ovales assez élargies, sensiblement atténuées vers le pétiole, se terminant un peu brusquement en une pointe longue, largement ondulées, entières par leurs bords, soutenues sur des pétioles moyens, peu forts et peu souples. — Caractère saillant de l'arbre : teinte générale du feuillage d'un vert pré un peu jaune clair et un peu brillant ; presque toutes les feuilles largement ondulées et contournées par leur extrémité et entières par leurs bords ; pétioles des feuilles des productions fruitières remarquablement longs.

Beurré Bennert.

	Album Bivort.	André Leroy.
	Decaisne.	Les Fruits du Jardin Van Mons.
Beurré Winter.	Downing.

D'après Bivort, semis de Van Mons, propagé par lui, et dédié à M. Bennert, de Jumet. Premier rapport en 1846.

Beurré blanc d'Angers.

Die Sommerbirne von Angers.	Jahn.

Fleurs assez grandes ; pétales obovales bien élargis, légèrement roses avant l'épanouissement ; divisions du calice courtes, élargies à leur base ; pédicelles de moyenne longueur, peu duveteux. — Feuilles grandes, ovales-allongées ou ovales, bordées de dents irrégulières, peu profondes, bien obtuses, duveteuses, peu arquées, soutenues horizontalement sur des pétioles de moyenne longueur, colorés de rouge. — Caractère saillant de l'arbre : teinte générale du feuillage d'un vert clair un peu blond ; tous les pétioles et les nervures colorés de rouge ; différence remarquable de grandeur et de forme des feuilles des productions fruitières entre elles.

Beurré Bodiker.

Bodiker's Butterbirne.   Oberdieck.
Badickers Butterbirne.   Liegel.

Oberdieck a reçu cette variété sans nom de Van Mons et l'a dédiée à M. Bodiker, directeur de la Cour Souveraine, à Meppen (Hanovre).

Beurré Brougham.

Brougham.   Downing.
    Robert Hogg.

Fleurs moyennes; pétales ovales-arrondis, peu concaves, un peu roses avant l'épanouissement; divisions du calice très-étroites, étalées; pédicelles de moyenne longueur et très-grêles. — Fruit moyen, sphérique. — Peau d'un vert d'eau pâle semé de points nombreux et apparents, passant au jaune paille à la maturité *Octobre*, le côté du soleil se lave d'un rouge rosat. — Chair blanche, fine, fondante, abondante en eau sucrée, rafraîchissante, sans parfum particulier. *(Fig. 4.)*

Beurré Clotaire.

    André Leroy.
Poire Clotaire.   De Liron d'Airoles.   *Horticulteur français*. 1856.

Semis de hasard trouvé en 1854, et propagé par M. Clot, de Sainte-Gemmes-sur-Loire (Maine-et-Loire).

Beurré Coloma.

    Robert Hogg.

Rameaux assez forts, unis dans leur contour, à entre-nœuds très-courts, d'un jaune clair; lenticelles blanches, très-apparentes. — Boutons à bois gros, coniques, à direction écartée du rameau; écailles presque noires et brillantes, bordées de blanc argenté. — Boutons à fruit moyens, ovoïdes-courts; écailles d'un marron foncé et uniforme. — Fleurs grandes; pétales ovales-allongés, un peu roses avant l'épanouissement; divisions du calice de moyenne longueur; pédicelles de moyenne longueur, bien cotonneux. — Feuilles moyennes, atténuées à leur base, peu repliées sur leur nervure médiane, se terminant en une pointe longue, bordées de dents peu profondes, soutenues sur des pétioles longs et redressés. — Caractère saillant de l'arbre : feuillage d'un vert blond; feuilles souvent contournées.

Beurré Cordier.

Fleurs moyennes; pétales ovales, écartés entre eux, roses avant l'épanouissement; divisions du calice longues, bien recourbées en dessous; pédicelles de moyenne longueur, grêles, peu duveteux. — Feuilles moyennes ou grandes, ovales-élargies, se terminant en une pointe très-courte, bordées de dents très-peu profondes, bien soutenues sur des pétioles assez courts fléchissant bien sous le poids des feuilles. — Caractère saillant de l'arbre : teinte générale du feuillage d'un beau vert intense et brillant, comme vernissé; toutes les feuilles bien creusées et bien repliées; feuilles stipulaires grandes et nombreuses.

Beurré d'été de Czinoveser.

Czinoveser Sommerbutterbirne.   Liegel.

Liegel reçut cette variété de M. Rossy, bourgmestre à Schönberg, en Moravie.

Beurré de Hayes.

Feuilles moyennes ou grandes, ovales un peu élargies, se terminant régulièrement en une pointe courte et bien recourbée, bordées de dents un peu profondes, soutenues horizontalement sur des pétioles courts, un peu forts et horizontaux. — Caractère saillant de l'arbre : teinte générale du feuillage d'un vert pré peu foncé et mat; feuilles des productions fruitières planes, s'abaissant peu et bien régulièrement sur des pétioles longs et souples.

Beurré de Naghin.

Simon-Louis.
Du Mortier.

Obtenu par M. Norbert Daras de Naghin, propriétaire à Tournay, des semis de G. Everard ; couronné par la Société de Tournay, le 10 mars 1858.

Beurré d'Esquelmes.

Belgique horticole, tome V.

Obtenu par M. Dumont, jardinier de Mme la baronne de Joigny, propriétaire du château d'Esquelmes, près Tournay; couronné le 6 novembre 1858.

Beurré douce saveur.

Fleurs assez grandes; pétales ovales-allongés, aigus à leur sommet, concaves; divisions du calice longues, bien repliées en dessous; pédicelles moyens, à peine duveteux. — Feuilles assez petites, ovales-elliptiques, se terminant en une pointe courte et fine, entières par leurs bords, soutenues horizontalement sur des pétioles courts, forts et redressés. — Caractère saillant de l'arbre : teinte générale du feuillage d'un vert vif et bien luisant, toutes les feuilles bien concaves, exactement entières par leurs bords; tous les pétioles extraordinairement courts et forts.

Beurré Gilles.

Fleurs moyennes; pétales ovales-elliptiques, concaves, peu écartés entre eux; divisions du calice moyennes, bien recourbées; pédicelles assez courts, forts, duveteux. — Feuilles moyennes, régulièrement ovales, se terminant en une pointe recourbée, bordées de dents larges, profondes, assez bien soutenues sur des pétioles courts, peu forts et redressés. — Caractère saillant de l'arbre : teinte générale du feuillage d'un vert bleu un peu foncé et peu brillant; toutes les feuilles très-peu repliées, presque planes, la plupart remarquablement ondulées; serrature formée de dents plus ou moins profondes.

Beurré Hudellet.

Fleurs petites ; pétales ovales, peu concaves, un peu roses avant l'épanouissement ; divisions du calice longues, bien réfléchies en dessous ; pédicelles de moyenne longueur, grêles et un peu duveteux. — Feuilles moyennes, ovales, se terminant en une pointe assez longue, peu repliées sur leur nervure médiane fine et blanchâtre, ondulées dans leur contour qui est garni de dents peu profondes, soutenues sur des pétioles courts, grêles et redressés. — Caractère saillant de l'arbre : presque toutes les feuilles ondulées. — Fruit moyen, turbiné-piriforme. — Peau un peu épaisse et ferme, d'un vert pâle. A la maturité *Octobre*, le côté du soleil se lave d'un léger rouge orangé. Fruit de première qualité. *(Fig. 4.)*

Beurré Indes.

Fleurs petites ; pétales ovales, concaves, peu roses avant l'épanouissement ; divisions du calice moyennes, un peu recourbées, un peu rougeâtres ; pédicelles de moyenne longueur, forts, laineux. — Feuilles moyennes, ovales bien élargies, se terminant régulièrement en une pointe étroite, bordées de dents un peu larges, un peu profondes et un peu aiguës, s'abaissant sur des pétioles très-longs et flexibles. — Caractère saillant de l'arbre : teinte générale du feuillage d'un vert vif et brillant ; toutes les feuilles plus ou moins élargies ; tous les pétioles longs et souples.

Beurré Jalais.

André Leroy.
De Liron d'Airoles.

Semis de M. Jacques Jalais, jardinier à Nantes. Premier rapport en 1858 ; médaillé en 1861 par la Société d'horticulture de Nantes.

Beurré Jaune d'Été.

Gelbe Sommer Butterbirne.

Oberdieck.
Dittrich.
Diel.

Probablement d'origine hollandaise.

Fleurs grandes ; pétales ovales-elliptiques ; divisions du calice moyennes, peu recourbées ; pédicelles assez longs, forts, peu duveteux. — Feuilles petites, elliptiques-allongées, se terminant en une pointe courte et fine, bordées de dents extraordinairement peu profondes, bien soutenues sur des pétioles courts, grêles et redressés. — Caractère saillant de l'arbre : teinte générale du feuillage d'un vert herbacé intense et terne ; toutes les feuilles petites, très-courtement acuminées, garnies d'une serrature remarquablement peu profonde.

Beurré Kossuth.

André Leroy.
Downing.

Fleurs moyennes ; pétales arrondis, bien concaves ; divisions du calice courtes, un peu recourbées ; pédicelles moyens, de moyenne force, peu duveteux. — Feuilles grandes, ovales presque élargies, échancrées vers le pétiole, se terminant en une pointe courte, fine et ferme, arquées, bordées de dents larges et émoussées, se recourbant sur des pétioles assez longs et raides. — Caractère saillant de l'arbre : teinte générale du feuillage d'un vert bleu vif et brillant ; toutes les feuilles plus ou moins élargies et bien épaisses ; tous les pétioles remarquablement forts.

Beurré Ladé.

Revue horticole, 1869.

Obtenu par M. Grégoire Nélis, de Jodoigne, propagé par MM. Baltet, frères et dédié par eux à M. le consul Ladé, amateur de pomologie en Allemagne.

Fleurs grandes ; pétales ovales-allongés ; divisions du calice longues, finement aiguës ; pédicelles moyens, un peu longs, peu duveteux. — Feuilles moyennes, ovales un peu élargies, se terminant en une pointe longue et large, entières par leurs bords, retombant sur des pétioles de moyenne longueur, assez grêles et presque horizontaux. — Caractère saillant de l'arbre : teinte générale du feuillage d'un vert pré très-clair et peu brillant ; toutes les feuilles entières ou presque entières ; tous les pétioles plus ou moins grêles.

Beurré Le Brun.

Revue horticole, 1864.

Obtenu par M. Guéniot (Denis), horticulteur à Troyes (Aube), de pepins mélangés de Doyenné d'hiver et Beurré d'Arenberg. Premier rapport en 1862. Présenté à la Société d'horticulture de l'Aube, qui, dans une de ses séances, l'a dédié à M. Le Brun Dalbanne, son président.

Fruit oblong, parfois cylindrique. — Peau très-lisse, luisante, jaune vif ou citron, un peu plus colorée du côté du soleil ; dépourvu de pepins.

Beurré Manteca.

Feuilles moyennes, ovales-arrondies, sensiblement atténuées vers le pétiole, entières du côté du pétiole, bordées vers leur autre extrémité de dents fines et aiguës, soutenues horizontalement sur des pétioles de moyenne longueur, forts et très-peu redressés. — Caractère saillant de l'arbre : teinte générale du feuillage d'un beau vert vif et brillant ; toutes les feuilles tendant à la forme arrondie et plus ou moins concaves ; pousses d'été d'un vert vif, colorées de rouge et soyeuses à leur sommet.

Beurré Perpétuel.

Fleurs moyennes ; pétales ovales-elliptiques, concaves ; divisions du calice moyennes, aiguës, peu recourbées ; pédicelles moyens, de moyenne force, à peine duveteux. — Feuilles assez grandes, ovales-elliptiques, se terminant en une pointe courte et fine, bordées de dents larges, profondes et aiguës, s'abaissant sur des pétioles moyens, forts et cependant souples. — Caractère saillant de l'arbre : teinte générale du feuillage d'un vert bleu vif et brillant ; serrature des feuilles des pousses d'été remarquablement large, profonde et aiguë ; tous les pétioles souples.

Beurré Quetelet.

Decaisne. De Liron d'Airoles.
Bulletin de la Société Van Mons.

Fleurs presque grandes; pétales ovales-élargis, concaves, légèrement roses avant l'épanouissement; pédicelles moyens de longueur et de grosseur, un peu soyeux.

Feuilles moyennes, ovales-elliptiques, se terminant en une pointe courte, bordées de dents peu profondes, bien couchées et émoussées, assez peu soutenues sur des pétioles de moyenne force et un peu souples. — Caractère saillant de l'arbre : teinte générale du feuillage d'un vert vif et brillant; toutes les feuilles tendant à la forme elliptique et assez mal soutenues sur leurs pétioles un peu souples.

Beurré Romain.

André Leroy.
Downing.

Fleurs petites; pétales bien arrondis, légèrement crénelés et ondulés dans leurs bords; divisions du calice très-déliées, aiguës; pédicelles très-courts, forts, laineux. — Feuilles grandes, ovales-élargies, se terminant en une pointe un peu longue, bordées de dents un peu profondes, irrégulièrement soutenues sur des pétioles forts, tantôt dressés, tantôt horizontaux et cependant flexibles. — Caractère saillant de l'arbre : teinte générale du feuillage d'un beau vert gai; toutes les feuilles épaisses et fermes; longueur remarquable des pétioles des feuilles des productions fruitières.

Beurré Roth.

Simon-Louis.

Fleurs moyennes; pétales ovales-elliptiques, roses avant l'épanouissement; divisions du calice courtes, aiguës, recourbées; pédicelles moyens, grêles, à peine duveteux. — Feuilles moyennes, ovales-élargies, se terminant en une pointe bien aiguë et plutôt recourbée en dessus, bordées de dents bien couchées et peu profondes, s'abaissant un peu sur des pétioles moyens, peu forts et presque horizontaux. — Caractère saillant de l'arbre : teinte générale du feuillage d'un vert bleu vif et bien brillant; feuilles des productions fruitières remarquablement elliptiques; tous les pétioles forts.

Beurré Van Driensche.

André Leroy.

Fleurs moyennes; pétales arrondis, concaves, à onglet presque nul; divisions du calice moyennes, presque annulaires; pédicelles longs, forts, laineux. — Feuilles assez petites, ovales-allongées et étroites, s'atténuant en une pointe longue et finement aiguë, planes, ondulées dans leur contour, bordées de dents peu profondes, soutenues sur des pétioles courts, grêles, divergents. — Caractère saillant de l'arbre : feuilles des pousses d'été d'un vert extraordinairement clair et un peu brillant; feuilles des productions fruitières d'un vert pré peu foncé et brillant; serrature de toutes les feuilles remarquablement peu profonde; tous les pétioles grêles et assez courts.

Beurré vert de Tournay.

D'après M. Morren *(Belgique horticole*, T. IV), obtenu par M. du Pont, médecin-vétérinaire, à Tournay.

M. Du Mortier, dans la *Pomone Tournaisienne*, dit : Obtenu par M. Joseph Dumont, jardinier de Mme la baronne de Joigny, à Esquelmes. Médaille de bronze, le 6 octobre 1855.

Beurré Winter.
Downing.

Obtenu par M. Thomas Rivers, de pepins de Doyenné d'hiver.

Fleurs bien petites; pétales ovales-arrondis, peu concaves; divisions du calice courtes, fines, peu recourbées en dessous; pédicelles courts, grêles, peu duveteux. — Feuilles petites, obovales-elliptiques, se terminant en une pointe très-courte et recourbée, peu repliées et arquées, bordées de dents inégales, peu profondes et aiguës, se recourbant sur des pétioles très-courts, grêles et redressés. — Caractère saillant de l'arbre : teinte générale du feuillage d'un vert herbacé, un peu foncé et peu brillant; toutes les feuilles petites et celles des productions fruitières différant beaucoup de forme avec celles des pousses d'été; tous les pétioles remarquablement courts et très-grêles.

Blanquet Esperen.

Feuilles petites ou moyennes, ovales, sensiblement atténuées vers le pétiole, se terminant en une pointe courte et fine, largement ondulées, entières par leurs bords, soutenues sur des pétioles un peu longs, raides et redressés. — Caractère saillant de l'arbre : teinte générale du feuillage d'un vert bleu peu foncé et terne; feuilles des pousses d'été remarquablement ondulées et contournées; toutes les feuilles exactement entières.

Blonde Gasselin.
De Liron d'Airoles.

Gain de M. Durand-Gasselin, architecte à Nantes. Premier rapport en 1854.

Fleurs petites; pétales ovales, presque planes; divisions du calice courtes, aiguës, étalées; pédicelles courts, grêles, bien duveteux. — Feuilles moyennes, ovales-elliptiques, se terminant régulièrement en une pointe aiguë, bordées de dents larges, assez profondes et obtuses, s'abaissant sur des pétioles courts, grêles et souples. — Caractère saillant de l'arbre : teinte générale du feuillage d'un vert pré un peu marbré de jaune et peu brillant; quelques-unes des feuilles des productions fruitières remarquablement allongées et étroites, presque lancéolées; tous les pétioles courts et grêles.

Bon Chrétien de Constantinople.

Bon Chrétien turc.
Bon Chrétien de Vernois.

De Liron d'Airoles.
André Leroy.

Fleurs assez petites; pétales elliptiques-arrondis, concaves; divisions du calice très-courtes, étalées; pédicelles longs, très-grêles, peu duveteux. — Feuilles moyennes, obovales, atténuées vers le pétiole, se terminant en une pointe courte, bordées de dents peu profondes et aiguës, assez peu soutenues sur des pétioles courts, un peu souples. — Caractère saillant de l'arbre: teinte générale du feuillage d'un vert bleu intense et brillant; différence remarquable d'ampleur entre les feuilles des pousses d'été et celles des productions fruitières dont les pétioles sont extraordinairement longs, bien forts et fléchissant bien cependant sous le poids de la feuille.

Bon Gustave.

André Leroy.
Album Bivort.
Robert Hogg.
Downing.

D'après André Leroy, semis du major Esperen; propagé par M. Berkmans. Premier rapport en 1847.

Rameaux peu forts, à entre-nœuds très-courts, d'un rougeâtre clair voilé de gris; lenticelles blanchâtres, peu nombreuses. — Boutons à bois très-petits, coniques-courts, à direction écartée du rameau, soutenus sur des supports nuls; écailles d'un marron noir. — Boutons à fruit moyens, conico-ovoïdes; écailles d'un marron foncé. — Fleurs moyennes; pétales ovales-elliptiques; divisions du calice courtes; pédicelles courts, un peu forts, peu duveteux. — Feuilles petites, arrondies, se terminant en une pointe courte et fine, découpées plutôt que dentées, soutenues horizontalement sur des pétioles courts, un peu recourbés. — Caractère saillant de l'arbre: teinte générale du feuillage d'un vert gai; aspect lisse des pousses d'été; feuilles des productions fruitières ondulées, plus grandes que celles des pousses d'été; toutes les feuilles épaisses, produisant au froissement l'effet d'une feuille de papier.

Bonne Antonine.

De Liron d'Airoles.
André Leroy.

Obtenu par M. Boucquiau. André Leroy déclare Bonne Antonine synonyme de Beurré Flon.

Fleurs presque moyennes; pétales elliptiques-arrondis; divisions du calice très-courtes, non recourbées; pédicelles courts, un peu forts, peu duveteux. — Feuilles moyennes, ovales-allongées, se terminant en une pointe courte, bordées de dents larges, très-peu profondes, bien soutenues sur des pétioles courts, grêles et dressés. — Caractère saillant de l'arbre: teinte générale du feuillage d'un vert pré intense peu brillant; toutes les feuilles courtement acuminées, très-peu profondément dentées; tous les pétioles courts et grêles.

Bonneserre de Saint-Denis.

André Leroy.

Fleurs assez petites ; pétales ovales ou peu élargis, concaves ; divisions du calice moyennes, à peine recourbées ; pédicelles courts, forts, peu duveteux. — Feuilles moyennes, ovales-elliptiques, se terminant brusquement en une pointe courte et fine, un peu arquées, bordées de dents un peu profondes et couchées, soutenues sur des pétioles moyens, grêles et redressés. — Caractère saillant de l'arbre : teinte générale du feuillage d'un vert pré peu foncé et peu brillant ; toutes les feuilles tendant à la forme elliptique, peu creusées ou peu repliées et plus ou moins ondulées.

Bonne Thérèse.

André Leroy.

Fleurs petites ; pétales obovales-elliptiques, peu concaves ; pédicelles courts, peu forts, à peine duveteux. — Feuilles petites, ovales-allongées, se terminant en une pointe aiguë, bordées de dents peu appréciables, s'abaissant sur des pétioles moyens, un peu souples. — Caractère saillant de l'arbre : teinte générale du feuillage d'un vert pré très-clair et vif ; toutes les feuilles à peine dentées, entières par leurs bords ; tous les pétioles grêles.

Boston Pear.

Boston.   Downing.

Fleurs petites ; pétales elliptiques-arrondis ; divisions du calice assez courtes ; pédicelles moyens, peu forts, peu duveteux. — Feuilles petites, exactement ovales, se terminant en une pointe courte, bordées de dents fines, un peu profondes, bien soutenues sur des pétioles courts, forts et dressés, colorés de rouge. — Caractère saillant de l'arbre : teinte générale du feuillage d'un vert bleu des plus intenses ; raideur de toutes les feuilles et de tous les pétioles ; végétation remarquablement tardive.

Boutoc.

Poire d'Ange.   André Leroy.

Fleurs assez grandes ; pétales ovales-élargis, étalés et peu concaves ; divisions du calice très-longues, étroites et recourbées ; pédicelles assez longs, grêles et un peu laineux. — Feuilles moyennes, ovales, se terminant en une pointe très-longue et aiguë, à peine arquées, bordées de dents larges, inégales, peu profondes, soutenues sur des pétioles courts et redressés. — Caractère saillant de l'arbre : teinte générale du feuillage d'un vert herbacé peu foncé et peu brillant ; pousses d'été de bonne heure colorées de rouge ; tous les pétioles plus ou moins grêles.

Brancart.

Fleurs grandes ; pétales elliptiques-élargis, peu concaves ; divisions du calice assez longues, épaisses, finement aiguës ; pédicelles de moyenne longueur, grêles, laineux. — Feuilles petites, ovales, atténuées vers le pétiole, se terminant régulièrement en une pointe bien recourbée en hameçon, entières par leurs bords, dressées sur des pétioles courts, peu forts et presque parallèles à la pousse. — Caractère saillant de l'arbre : teinte générale du feuillage d'un vert d'eau peu foncé et mat; feuilles des pousses d'été remarquablement dressées et contournées sur leur longueur; feuilles des productions fruitières bien ondulées et bien soutenues sur leurs pétioles remarquablement longs, très-grêles et cependant raides.

Bretagne Longue Fondante.

Schmelzende Britanien.   Jahn.
Lange schmelzende Britanien.   Diel.

Feuilles moyennes, ovales, se terminant en une pointe longue, bien creusées et à peine arquées, bordées de dents peu profondes et aiguës, soutenues horizontalement sur des pétioles courts, grêles et redressés. — Caractère saillant de l'arbre : teinte générale du feuillage d'un vert vif et un peu brillant; toutes les feuilles remarquablement creusées en gouttière; tous les pétioles plus ou moins courts, grêles et raides.

Brune Gasselin.

De Liron d'Airoles.
Bonamy.

Gain de M. Durand-Gasselin, architecte à Nantes. Premier rapport en 1854.

Butterbirne Hochheimer.

Hochheimer Butterbirne.   Jahn.
     Liegel.

Liegel reçut cette variété de Diel en 1823.

Fleurs petites; pétales ovales-elliptiques; divisions du calice courtes, étalées; pédicelles longs, grêles, peu duveteux. — Feuilles moyennes ou grandes, ovales-allongées, se terminant régulièrement en une pointe longue, bordées de dents larges, profondes, obtuses, s'abaissant sur des pétioles peu longs, dressés, un peu flexibles. — Caractère saillant de l'arbre : teinte générale du feuillage d'un beau vert intense; longueur remarquable des stipules; toutes les feuilles allongées.

Butterbirne Mayr's.

Mayr's frühe Butterbirne.   Oberdieck.

Feuilles moyennes, ovales-lancéolées, sensiblement atténuées vers le pétiole, s'atténuant très-longuement en une pointe bien aiguë, très-largement ondulées, entières par leurs bords garnis d'un duvet blanc, soutenues sur des pétioles longs, grêles et souples. — Caractère saillant de l'arbre : teinte générale du feuillage d'un vert d'eau peu foncé et peu brillant; toutes les feuilles remarquablement allongées, étroites et entières par leurs bords.

Caillot Rosat.
André Leroy.

Fleurs grandes ; pétales irrégulièrement arrondis, élargis, presque planes ; divisions du calice moyennes, recourbées ; pédicelles longs, grêles, presque glabres. — Feuilles moyennes, elliptiques-élargies, se terminant brusquement en une pointe courte, planes, entières ou irrégulièrement découpées dans leurs bords, soutenues sur des pétioles de moyenne longueur, forts e redressés. — Caractère saillant de l'arbre : teinte générale du feuillage d'un vert d'eau peu foncé ; toutes les feuilles à peu près planes, entières ou presque entières, tendant plus ou moins à la forme arrondie ; lenticelles des rameaux bien apparentes.

Calebasse Eugène.
De Liron d'Airoles.

Gain posthume de Van Mons, propagé par M. Bivort. Premier rapport en 1855.

Fleurs grandes ; pétales elliptiques-arrondis, concaves ; divisions du calice assez longues, un peu recourbées ; pédicelles longs, peu forts, peu duveteux. — Feuilles moyennes ou grandes, se terminant en une pointe fine, bordées de dents un peu larges, se recourbant sur des pétioles longs, un peu forts et redressés. — Caractère saillant de l'arbre : teinte générale du feuillage d'un beau vert herbacé brillant ; feuilles des pousses d'été remarquablement creusées et arquées ; feuilles des productions fruitières d'une belle ampleur ; tous les pétioles plus ou moins forts et fermes.

Calebasse Kick's.

Calebasse Kickx. Van Mons.
Kick's Flaschenbirne. Diel.

Fleurs petites ; pétales arrondis-élargis, striés de rose avant l'épanouissement ; divisions du calice longues, fines, recourbées ; pédicelles moyens, un peu forts, duveteux. — Feuilles moyennes, elliptiques, se terminant en une pointe longue, fine et recourbée en dessous, bordées de dents larges, inégales, soutenues horizontalement sur des pétioles courts, forts et souples. — Caractère saillant de l'arbre : teinte générale du feuillage d'un vert herbacé vif et brillant ; toutes les feuilles presque exactement elliptiques, brusquement acuminées ; tous les pétioles plus ou moins souples.

Calebasse Saint-Augustin.

Saint-Augustin. Lindley.

Fleurs assez petites ; pétales carrés-elliptiques, peu concaves ; divisions du calice moyennes, finement aiguës, recourbées ; pédicelles longs, de moyenne force, un peu duveteux. — Feuilles petites, obovales-elliptiques, se terminant en une pointe courte, bordées de dents plus ou moins profondes, soutenues sur des pétioles longs, grêles, souples. — Caractère saillant de l'arbre : teinte générale du feuillage d'un vert clair et gai ; toutes les feuilles petites, tendant plus ou moins à la forme elliptique ; tous les pétioles longs et grêles.

Camerling.

Camerlingue.
Camerlyn.

André Leroy.
Downing.

Fleurs petites ; pétales arrondis, peu concaves ; divisions du calice courtes, finement aiguës ; pédicelles courts, très-grêles, un peu laineux. — Feuilles moyennes, ovales-allongées et étroites, se terminant en une pointe bien aiguë et recourbée, bordées de dents très-peu profondes, inégales entre elles, bien soutenues sur des pétioles courts, peu forts et redressés. — Caractère saillant de l'arbre : teinte générale du feuillage d'un vert bleu intense et brillant ; toutes les feuilles plus ou moins allongées, très-peu profondément et irrégulièrement dentées.

Caps-Heaf.

Capsheaf.

Cops heat.

André Leroy.
Jahn.
Downing.
Album Bivort.

Downing la dit originaire de Rhode-Island.

Fleurs moyennes.; pétales ovales-élargis, bien concaves, roses avant l'épanouissement ; divisions du calice de moyenne longueur, finement aiguës ; pédicelles courts, forts, un peu couverts d'un court duvet. — Feuilles moyennes, ovales, se terminant en une pointe assez aiguë, bordées de dents fines, peu appréciables, bien soutenues sur des pétioles longs, grêles et cependant assez fermes. — Caractère saillant de l'arbre : teinte générale du feuillage d'un vert clair vif et luisant ; tous les pétioles longs, peu forts et cependant raides ; feuilles entières ou presque imperceptiblement dentées.

Cassante d'Hiver.

Fleurs grandes ; pétales ovales-elliptiques, bien concaves ; divisions du calice assez longues et recourbées ; pédicelles un peu longs, grêles et glabres. — Feuilles supérieures moyennes, ovales, se terminant en une pointe bien aiguë ; feuilles inférieures beaucoup plus amples, ovales-arrondies, se terminant en une pointe très-courte et bien recourbée ; toutes les feuilles bordées de dents larges, peu profondes, soutenues horizontalement sur des pétioles courts, forts et peu souples. — Caractère saillant de l'arbre : teinte générale du feuillage d'un vert d'eau tendre et peu brillant ; grande différence d'ampleur entre les feuilles du sommet des pousses et celles de la partie inférieure du rameau ; feuillage bien étoffé.

Cent Couronnes.

Decaisne.

Synonyme de Oken, d'après André Leroy ?

Fleurs petites ; pétales ovales, chiffonnés, peu roses ; divisions du calice longues, recourbées par leur pointe ; pédicelles de moyenne longueur, forts et duveteux. — Feuilles moyennes, obovales, se terminant en une pointe courte et fine, irrégulièrement découpées plutôt que dentées, bordées d'un duvet blanc, mal soutenues sur des pétioles un peu longs, flexibles, lavés de rouge et un peu duveteux. — Caractère saillant de l'arbre : teinte générale du feuillage d'un vert bleu clair; pousses d'été et pétioles un peu blanchis par un léger duvet qui s'étend aussi sur les bords des feuilles; pousses d'été lavées d'un beau rouge sanguin à leur sommet duveteux.

Chancellor.
André Leroy.
Downing.

Rameaux de moyenne force, unis dans leur contour, d'un jaune teinté de rouge du côté du soleil; lenticelles blanches, peu nombreuses et apparentes. — Boutons à bois moyens, coniques, courts, à direction écartée du rameau, soutenus sur des supports saillants; écailles d'un marron noir et brillant bordé de blanc argenté. — Boutons à fruit moyens, coniques-allongés, brusquement obtus; écailles d'un marron rougeâtre brillant. — Fleurs à peine moyennes; pétales ovales-allongés, peu concaves; divisions du calice moyennes, étroites, réfléchies en dessous; pédicelles de moyenne longueur, grêles, presque glabres. — Feuilles petites, ovales-allongées, se terminant en une longue pointe, à peine recourbées par leur extrémité, bordées de dents larges, profondes et émoussées, soutenues horizontalement sur des pétioles longs, un peu fermes et redressés. — Caractère saillant de l'arbre : teinte générale du feuillage d'un vert vif et gai; toutes les feuilles allongées et plutôt étroites; tous les pétioles grêles; branchage et feuillage menus.

Chaigneau.
André Leroy.
De Liron d'Airoles.

Gain de Jacques Jalais, de Nantes. Premier rapport en 1858. Couronné par la Société d'horticulture de Nantes et dédié par elle à son président M. Chaigneau, ancien député.

Fleurs extraordinairement petites; pétales ovales-elliptiques, étroits, concaves; divisions du calice assez courtes, non recourbées; pédicelles courts, grêles, un peu laineux.

Chaptal.
Noisette.   Jahn.
De Liron d'Airoles. Diel.
Beurré Chaptal.   D'Albret, de Paris.

Rameaux assez forts, anguleux, à entre-nœuds inégaux, rougeâtres; lenticelles blanches, larges, apparentes. — Boutons à bois très-petits, coniques, appliqués au rameau, soutenus sur des supports peu saillants; écailles d'un marron rougeâtre. — Boutons à fruit un peu gros, conico-ovoïdes; écailles d'un marron rougeâtre. — Fleurs grandes; pétales elliptiques, concaves; divisions du calice courtes, recourbées en dessous; pédicelles de moyenne longueur, un peu duveteux. — Feuilles grandes, obovales-elliptiques, se terminant en une pointe très-courte, largement ondulées, bordées de dents assez fines, s'abaissant sur des pétioles longs, forts et divergents. — Caractère saillant de l'arbre : teinte générale du feuillage d'un vert clair et brillant ; feuilles se tachant de rouge au moment de leur chute ; serrature bien fine ; toutes les feuilles amples, fermes et épaisses.

Charles Durieux.

Synonyme de Williams, d'après André Leroy.

Fleurs moyennes ; pétales elliptiques-élargis, un peu concaves ; divisions du calice moyennes, finement aiguës ; pédicelles assez courts, un peu forts, presque glabres. — Feuilles moyennes, ovales-elliptiques, se terminant en une pointe fine et aiguë, bordées de dents fines, très-peu profondes, peu appréciables, bien soutenues sur des pétioles un peu courts, bien grêles et fermes. — Caractère saillant de l'arbre : teinte générale du feuillage d'un beau vert intense et brillant ; tous les pétioles plutôt courts, très-grêles et cependant fermes.

Charles Van Mons.

Fleurs assez petites ou presque moyennes ; pétales ovales, presque aigus à leur sommet, concaves ; divisions du calice moyennes, finement aiguës, à peine recourbées ; pédicelles un peu longs, très-grêles, un peu laineux. — Feuilles moyennes, ovales, se terminant en une pointe bien aiguë, bordées de dents peu profondes, bien couchées et peu aiguës, mal soutenues sur des pétioles moyens, grêles et souples. — Caractère saillant de l'arbre : teinte générale du feuillage d'un vert bleu peu brillant ; pétioles assez longs et grêles ; pousses d'été un peu lavées de rouge vineux à leur sommet, duveteuses sur toute leur longueur dans leur jeunesse.

Charly.

Feuilles moyennes ou grandes, ovales-arrondies, se terminant en une pointe courte et recourbée, irrégulièrement bordées de dents larges, profondes, soutenues sur des pétioles courts et redressés. — Caractère saillant de l'arbre : teinte générale du feuillage d'un vert d'eau un peu foncé et brillant ; la plupart des feuilles bien recourbées par leur pointe et souvent ondulées dans leur contour ; jeunes pousses bien laineuses à leur sommet.

Cire.

André Leroy.
Album Bivort.

Obtenue par le major Esperen.

Fleurs bien grandes ; pétales obovales-arrondis, concaves ; divisions du calice longues, bien recourbées ; pédicelles longs, forts, à peine duveteux. — Feuilles moyennes, ovales-élargies, se terminant en une pointe bien aiguë, bordées de dents larges, peu profondes, s'abaissant sur des pétioles moyens, un peu redressés et peu souples. — Caractère saillant de l'arbre : teinte générale du feuillage d'un vert d'eau vif et brillant ; ampleur des feuilles souvent largement ondulées dans leur contour ; stipules bien longues ; feuilles stipulaires bien fréquentes.

Clément Bivort.
André Leroy.

Fleurs moyennes ; pétales ovales un peu élargis, atténués et souvent aigus à leur sommet; divisions du calice longues, à peine recourbées ; pédicelles très-courts, forts, un peu laineux.—Feuilles moyennes ou grandes, ovales, se terminant en une pointe très-courte, aiguë, bordées de dents un peu profondes, s'abaissant sur des pétioles courts, grêles et un peu souples. — Caractère saillant de l'arbre : teinte générale du feuillage d'un vert clair et gai; feuilles des productions fruitières le plus souvent largement ondulées dans leur contour.

Colmar Bonnet.

Fleurs grandes; pétales arrondis-élargis, concaves, assez souvent incisés au sommet; divisions du calice courtes, élargies à la base, étalées en étoile, vertes, lisses ; pédicelles longs, forts, lisses. — Feuilles moyennes ou assez grandes, ovales-allongées, s'atténuant longuement en une pointe courte, très-aiguë, bordées de dents peu profondes, soutenues horizontalement ur des pétioles longs, peu forts et redressés. — Caractère saillant de l'arbre : teinte générale du feuillage d'un vert bleu bien luisant; feuilles des productions fruitières bien arquées; tous les pétioles remarquablement longs ; forme pyramidale naturelle. Bonne fertilité.

Colmar d'Alost.
André Leroy.
De Liron d'Airoles.

Obtenteur M. Hellinckx, d'Alost (Belgique). Premier rapport en 1852.

Fleurs moyennes ou assez grandes; pétales elliptiques-élargis, peu concaves ; divisions du calice moyennes, étalées ; pédicelles longs, grêles et glabres.— Feuilles moyennes, ovales-elliptiques, se terminant en une pointe finement aiguë, bordées de dents fines et peu profondes, mal soutenues sur des pétioles un peu longs, grêles, souples et ordinairement colorés de rouge. — Caractère saillant de l'arbre : teinte générale du feuillage d'un beau vert vif assez brillant; toutes les feuilles tendant à la forme elliptique ; tous les pétioles longs et grêles.

Colmar de Jonghe.

Fleurs moyennes; pétales élargis-arrondis, concaves, un peu roses avant l'épanouissement; divisions du calice longues et étroites; pédicelles de moyenne longueur, forts et duveteux. — Feuilles petites, ovales, se terminant en une pointe courte, presque planes, bordées de dents fines, peu profondes, bien soutenues sur des pétioles un peu longs, grêles et redressés. — Caractère saillant de l'arbre : teinte générale du feuillage d'un vert jaune ; les plus jeunes feuilles lavées de rouge; feuilles des productions fruitières bien creusées et mal soutenues sur des pétioles assez longs et flexibles.

Colmar de la Haut.

Delahauts Colmar.
Colmar Delahaut.

Bivort.
Jahn.
De Liron d'Airoles.
Bulletin de la Société Van Mons.

Gain de Grégoire, de Jodoigne. Premier rapport en 1847.

Fleurs moyennes ; pétales ovales-allongés, concaves ; divisions du calice moyennes, peu recourbées ; pédicelles courts, de moyenne force, un peu duveteux. — Feuilles petites, ovales-elliptiques, se terminant en une pointe peu longue, bordées de dents fines, mal soutenues sur des pétioles moyens, très-grêles et souples. — Caractère saillant de l'arbre : teinte générale du feuillage d'un vert herbacé peu foncé ; la plupart des feuilles tendant à la forme elliptique ; tous les pétioles remarquablement grêles et souples.

Colmar Josse Smet.

De Jonghe.

Dû aux semis de Van Mons.

Fleurs grandes ; pétales ovales-allongés, obtus, bien concaves, un peu roses avant l'épanouissement ; pédicelles courts, forts, un peu laineux. — Feuilles moyennes, ovales un peu allongées, se terminant en une pointe peu fine, planes, bordées de dents peu profondes, assez bien soutenues sur des pétioles un peu longs, grêles et peu souples. — Caractère saillant de l'arbre : teinte générale du feuillage d'un vert clair et gai ; toutes les feuilles brusquement atténuées vers le pétiole ; la plupart des feuilles souvent planes, et un peu ondulées.

Colmar Neill.

Burchardts Butterbirne.

Niell, Colmar Neill.

Neill.
Poire Neille.
Die Neil..

Jahn.
Diel.
Dittrich.
Downing.
Robert Hogg.
André Leroy.
Lindley.
Diel.

Rameaux peu forts, unis dans leur contour, jaunâtres du côté de l'ombre, teintés de vert, et du côté du soleil colorés d'un rouge clair à leur sommet ; lenticelles blanches, rares et apparentes. — Boutons à bois moyens, coniques, courts, à direction peu écartée du rameau, soutenus sur des supports un peu saillants ; écailles d'un marron rougeâtre bordé de blanc argenté. — Boutons à fruit petits, conico-ovoïdes ; écailles d'un marron bien foncé, maculées de blanc argenté. — Fleurs moyennes ; pétales arrondis, un peu roses avant l'épanouissement ; divisions du calice de moyenne longueur, un peu recourbées en dessous ; pédicelles longs, bien grêles et duveteux. — Feuilles assez grandes, ovales-cordiformes, se terminant en une pointe longue, aiguë, bordées de dents fines, peu profondes, retombant horizontalement sur des pétioles longs, forts et flexibles. — Caractère saillant de l'arbre : teinte générale du feuillage d'un vert blond ; pousses d'été d'un vert clair, lavées de rouge à leur sommet peu duveteux ; aspect lisse et brillant de toutes les feuilles en général.

Coloma d'automne ou Beurré Coloma.

Bivort.

Fleurs presque moyennes ; pétales ovales un peu élargis, concaves ; divisions du calice assez courtes, bien cotonneuses comme les pédicelles presque courts et forts. — Feuilles moyennes, un peu obovales, se terminant en une pointe longue, ondulées dans leur contour, bordées de dents fines, peu profondes, mollement soutenues sur des pétioles bien longs, souples, souvent colorés de rouge. — Caractère saillant de l'arbre : teinte générale du feuillage d'un vert d'eau peu foncé, vif et luisant ; aspect laineux des pousses d'été et des plus jeunes feuilles.

Comte d'Allos.

Feuilles petites, ovales, se terminant en une pointe longue et étroite, bordées de dents larges et profondes, soutenues sur des pétioles assez courts, bien dressés et fermes. — Caractère saillant de l'arbre : teinte générale du feuillage d'un vert d'eau peu foncé et vif ; serrature de toutes les feuilles profonde et bien aiguë ; feuilles des pousses d'été remarquablement fermes sur leurs pétioles.

Cronck.

Fleurs assez petites ou presque moyennes ; pétales elliptiques-élargis, concaves ; divisions du calice courtes, non recourbées ; pédicelles très-courts, forts, peu duveteux. — Feuilles moyennes ou grandes, ovales-allongées, se terminant en une pointe un peu longue et aiguë, bordées de dents fines, peu profondes, bien soutenues sur des pétioles courts, grêles et dressés. — Caractère saillant de l'arbre : les plus jeunes feuilles d'un vert pâle ; les feuilles adultes d'un vert bleu intense, vif et luisant ; feuilles des productions fruitières garnies d'une serrature remarquablement acérée.

D'Aigue.

De Liron d'Airoles.

Cultivée en abondance dans les communes de l'arrondissement de Fontenay-Vendée, principalement dans celle de Saint-Germain, canton de Sainte-Hermine.

Dathis.

André Leroy.
Decaisne.

Beurré Dathis.

Fleurs grandes ; pétales bien élargis, se recouvrant entre eux malgré la longueur de leur onglet, blancs avant l'épanouissement ; divisions du calice courtes, étalées ; pédicelles de moyenne longueur, forts, légèrement laineux. —Feuilles grandes, ovales-allongées, se terminant en une pointe extraordinairement longue et aiguë, bordées de dents inégales, peu profondes, mal soutenues sur des pétioles longs, peu forts et souples. — Caractère saillant de l'arbre : teinte générale du feuillage d'un vert pré vif et un peu brillant; toutes les feuilles grandes et plus ou moins allongées, bordées d'une serrature formée de dents remarquablement peu profondes.

Délices de Froyennes.

       André Leroy.
       De Liron d'Airoles.
  Délices de Troyennes.   Ch. Morren.

M. de Corcelles, de Lille, à son château de Froyennes, près Tournay (Belgique), obtenteur. Premier rapport en 1853.

Feuilles moyennes, ovales, se terminant en une pointe fine et recourbée, ondulées, bordées de dents peu profondes et aiguës, mal soutenues sur des pétioles moyens, grêles et souples. — Caractère saillant de l'arbre : teinte générale du feuillage d'un vert d'eau peu foncé et brillant ; tous les pétioles grêles.

Délices de la Meuse.

       André Leroy.
       Catalogue de Bavay.
       De Liron d'Airoles.

Origine inconnue. Arbre de vigueur moyenne, s'accommodant assez bien des formes régulières; fertilité assez précoce, moyenne et assez bien soutenue.

Rameaux peu forts, unis dans leur contour, d'un vert clair et vif ; lenticelles blanchâtres, très-petites, peu nombreuses, peu apparentes. — Boutons à bois petits, coniques-allongés et aigus, à direction peu écartée du rameau, soutenus sur des supports peu saillants ; écailles d'un marron peu foncé. — Boutons à fruit moyens, conico-ovoïdes, maigres et aigus ; écailles d'un marron peu foncé. — Fleurs moyennes; pétales obovales, bien concaves ; divisions du calice très-courtes, annulaires; pédicelles longs, très-grêles et à peine duveteux. — Fruit moyen, ovoïde, parfois bosselé dans son contour, atteignant sa plus grande épaisseur peu au-dessous du milieu de sa hauteur. — Peau épaisse, un peu jaune ; à la maturité *Septembre*, le côté du soleil est seulement doré. Fruit de seconde qualité.

Délices de Ligaudières.

Fleurs petites; pétales ovales-elliptiques, peu concaves ; divisions du calice étroites, bien recourbées en dessous, presque annulaires; pédicelles courts, peu duveteux. — Feuilles petites, ovales-allongées, se terminant en une pointe très-aiguë, bordées de dents un peu larges, profondes, se recourbant sur des pétioles assez courts, redressés. — Caractère saillant de l'arbre : teinte générale du feuillage d'un vert foncé ; toutes les feuilles remarquablement petites ; tous les pétioles grêles et raides.

Délices du Mortier.

Simon-Louis.
De Liron d'Airoles.

Du Mortier obtenteur.

Fleurs moyennes; pétales ovales-arrondis, très-concaves, striés de rose vif avant et après l'épanouissement; divisions du calice longues, fines, recourbées; pédicelles de moyenne longueur, forts, peu duveteux. — Feuilles moyennes, ovales, sensiblement atténuées vers le pétiole et à leur autre extrémité, planes, bordées de dents larges, un peu profondes et émoussées, soutenues horizontalement sur des pétioles longs et souples. — Caractère saillant de l'arbre : teinte générale du feuillage d'un vert assez intense et un peu bleu; feuilles des productions fruitières remarquablement épaisses et bien creusées, plutôt découpées que dentées.

Délices Gamotte.

Fleurs assez grandes, quelquefois semi-doubles; pétales arrondis-élargis, irréguliers et un peu ondulés dans leurs bords, très-légèrement roses avant l'épanouissement; divisions du calice longues, annulaires, blanchâtres, cotonneuses; pédicelles assez longs et forts, peu cotonneux. — Feuilles ovales-allongées, se terminant en une pointe longue, étroite et recourbée, bordées de dents larges, peu profondes, bien soutenues sur des pétioles longs, bien redressés. — Caractère saillant de l'arbre : teinte générale du feuillage d'un vert herbacé et mat; toutes les feuilles bien repliées, creusées et arquées; feuillage ample et touffu.

Delille.

Fleurs bien petites; pétales elliptiques-arrondis, un peu concaves; divisions du calice moyennes, aiguës, recourbées; pédicelles courts, grêles, lisses. — Feuilles petites, ovales-allongées, se terminant en une pointe bien finement aiguë, s'abaissant sur des pétioles grêles, presque horizontaux, irrégulièrement bordées de dents très-peu profondes, peu appréciables. — Caractère saillant de l'arbre : teinte générale du feuillage d'un vert gai et cependant peu brillant; tous les pétioles grêles, peu souples; toutes les feuilles petites, bien finement acuminées.

Delpierre.

André Leroy.
Bivort.
Oberdieck.

Delpierre's Birne.

Trouvée dans le jardin d'un fermier de Jodoigne, du nom de Delpierre.

Feuilles moyennes, ovales-arrondies, se terminant en une pointe longue, large, bordées de dents larges, profondes, s'abaissant un peu sur des pétioles de moyenne force et un peu souples. — Caractère saillant de l'arbre : teinte générale du feuillage d'un vert bleu intense; les jeunes feuilles de couleur plus claire, bordées d'un rouge bronzé; stipules remarquablement longues.

Democrat.

Fleurs grandes; pétales elliptiques, bien concaves; divisions du calice longues et étroites, bien recourbées; pédicelles longs, peu duveteux. — Feuilles moyennes, elliptiques, se terminant en une pointe longue et fine, planes, bordées de dents fines, très-peu profondes, bien soutenues sur des pétioles courts, dressés. — Caractère saillant de l'arbre : teinte générale du feuillage d'un vert tendre et mat; serrature de toutes les feuilles bien régulière ; tous les pétioles grêles.

De Preuilly.

Revue horticole. 1870.

Semis de hasard trouvé dans une propriété, à Preuilly (Indre-et-Loire), par M. Dupuy-Jamain.

De Ramillies.

Beurré de Ramegnies.   Du Mortier.

Fleurs grandes; pétales ovales un peu allongés, concaves, un peu roses avant l'épanouissement; divisions du calice de moyenne longueur, fortement réfléchies en dessous; pédicelles longs, très-grêles, un peu laineux.— Feuilles moyennes, ovales-arrondies, sensiblement atténuées vers le pétiole, se terminant régulièrement en une pointe fine, irrégulièrement bordées de dents peu profondes et obtuses, mollement soutenues sur des pétioles longs, peu forts. — Caractère saillant de l'arbre : teinte générale du feuillage d'un vert bleu sombre et mat; pousses d'été colorées de rouge vineux sur toute leur longueur; toutes les feuilles très-courtement et très-finement acuminées.

Des Templiers Blancs.

Des Templiers.   André Leroy.

Fleurs petites; pétales elliptiques-arrondis, concaves; divisions du calice moyennes, aiguës, réfléchies en dessous; pédicelles assez courts, forts, cotonneux. — Feuilles moyennes, se terminant en une pointe courte, presque planes, bordées de dents un peu profondes, peu soutenues sur des pétioles grêles, peu flexibles. — Caractère saillant de l'arbre : teinte générale du feuillage d'un vert d'eau mat; les plus jeunes feuilles bien recouvertes d'un duvet aranéeux; feuilles des productions fruitières remarquablement allongées et bien recourbées par leur pointe; tous les pétioles longs.

Deschryver.

Fruit très-gros, conique-piriforme, tronqué à ses deux pôles.— Peau d'un jaune clair à la maturité, *courant d'hiver*. — Chair demi-fondante, suffisante en eau assez parfumée, constituant un fruit de seconde qualité, propre aux usages de la cuisine, pouvant être consommé cru; à apprécier en vue de sa longue conservation; très-répandu dans le Bordelais.

DE VAEL.

Fleurs assez petites; pétales ovales-étroits, un peu concaves; divisions du calice assez longues, fines et recourbées; pédicelles courts, grêles et peu duveteux. — Feuilles petites, allongées, se terminant régulièrement en une pointe bien aiguë, un peu concaves, bordées de dents fines, très-peu profondes, soutenues sur des pétioles courts, grêles et un peu fermes. — Caractère saillant de l'arbre : teinte générale du feuillage d'un vert peu foncé et peu brillant; toutes les feuilles petites, allongées et étroites; tous les pétioles courts, grêles et peu souples.

DHOMMÉE.
André Leroy.

Fleurs petites; pétales ovales-arrondis, peu concaves; divisions du calice courtes, étroites, étalées; pédicelles longs, de moyenne force, duveteux. — Feuilles petites, ovales-elliptiques, se terminant brusquement en une pointe courte, bien arquées, bordées de dents bien fines, peu profondes et aiguës, se recourbant sur des pétioles courts, forts et peu souples. — Caractère saillant de l'arbre : teinte générale du feuillage d'un vert clair; feuilles des pousses d'été remarquablement creusées et arquées; toutes les feuilles petites.

DILLER.
Downing.

Fleurs moyennes; pétales obovales-allongés, peu concaves; divisions du calice de moyenne longueur, à peine recourbées en dessous; pédicelles un peu longs, de moyenne force, duveteux. — Feuilles moyennes, se terminant en une pointe bien fine, planes, bordées de dents peu profondes, peu appréciables, s'abaissant un peu sur des pétioles longs et redressés. — Caractère saillant de l'arbre : teinte générale du feuillage d'un vert d'eau peu foncé; toutes les feuilles plus ou moins élargies et planes.

DITTRICH'S WINTER BUTTERBIRNE.
Jahn.
Liegel.

Liegel reçut cette variété, en 1837, du docteur Dorrell, médecin des mines de Kuttenberg, en Bohême, comme fruit nouveau de semis, et dédié par lui au célèbre pomologiste Dittrich, de Gotha.

Fleurs très grandes; pétales obovales-elliptiques, peu concaves; divisions du calice un peu longues; pédicelles longs, grêles, glabres. — Feuilles moyennes, ovales arrondies, se terminant en une pointe courte et large, presque planes, bordées de dents un peu larges, peu profondes, s'abaissant sur des pétioles moyens, de moyenne force, horizontaux. — Caractère saillant de l'arbre : teinte générale du feuillage d'un vert herbacé intense et luisant; toutes les feuilles plus ou moins élargies; stipules remarquablement longues.

Docteur Bénit.
André Leroy.
Decaisne.

Fleurs grandes ; pétales ovales-élargis, peu concaves, ondulés, peu roses avant l'épanouissement ; divisions du calice courtes, étroites, étalées ; pédicelles courts, grêles et lisses. — Feuilles à peine moyennes, ovales-allongées, s'atténuant lentement en une pointe peu longue, bordées de dents profondes et obtuses, se recourbant un peu sur des pétioles moyens, redressés. — Caractère saillant de l'arbre ; teinte générale du feuillage d'un vert clair ; toutes les feuilles bien repliées et bien arquées ; rameaux de bonne heure très-sensiblement anguleux.

Docteur Bouvier.
André Leroy. Jahn.
Bivort. Downing.

Semis de Van Mons dédié par M. Bivort à M. Bouvier, docteur-médecin à Jodoigne. Premier rapport en 1844.

Fleurs petites ; pétales ovales-arrondis, concaves, entièrement blancs avant l'épanouissement ; divisions du calice moyennes, fines, recourbées ; pédicelles assez courts, grêles, un peu duveteux. — Feuilles moyennes, ovales, se terminant en une pointe courte, très-fine, planes, bordées de dents larges, profondes, soutenues horizontalement sur des pétioles un peu longs, grêles. — Caractère saillant de l'arbre : teinte générale du feuillage d'un vert vif et luisant ; feuilles des productions fruitières remarquablement creusées et arquées ; serrature de toutes les feuilles remarquablement large et profonde.

Docteur Crispan.
Downing.

Fleurs petites ; pétales elliptiques, bien concaves ; divisions du calice courtes, bien aiguës, non recourbées ; pédicelles courts, grêles, à peine duveteux, colorés de rouge. — Feuilles grandes, largement arrondies, se terminant en une pointe courte, large et cependant aiguë, recourbées en dessous par leur pointe, bordées de dents extraordinairement larges, profondes, s'abaissant un peu sur des pétioles peu longs, un peu forts et souples. — Caractère saillant de l'arbre : teinte générale du feuillage d'un vert bleu intense et bien luisant ; toutes les feuilles larges, tendant plus ou moins à la forme arrondie ; serrature de toutes les feuilles extraordinairement profonde et aiguë.

Docteur Lindley.

Fleurs petites ; pétales ovales-arrondis, concaves ; divisions du calice longues, finement aiguës, recourbées ; pédicelles moyens, de moyenne force, peu duveteux. — Feuilles assez petites, ovales, se terminant en une pointe courte et fine, bien creusées et relevées en dessus par leur pointe, bordées de dents larges, peu profondes, s'abaissant sur des pétioles assez courts, grêles et souples. — Caractère saillant de l'arbre : teinte générale du feuillage d'un vert sombre et terne ; toutes les feuilles petites et finement acuminées.

Docteur Malevé.
Bouvier.
Simon-Louis.

Fleurs moyennes ; pétales ovales-elliptiques, bien concaves ; divisions du calice longues, étroites, réfléchies en dessous ; pédicelles courts, de moyenne force, peu duveteux. — Feuilles moyennes, ovales-allongées, se terminant en une pointe très-longue et extraordinairement recourbée en dessous, bordées de dents très-larges, profondes, obtuses, s'abaissant en formant presque l'anneau sur des pétioles un peu longs, de moyenne force, flexibles, souvent colorés de rouge et raides. — Caractère saillant de l'arbre : teinte générale du feuillage d'un vert peu foncé et mat ; toutes les feuilles remarquablement recourbées en dessous, largement acuminées et grossièrement dentées.

Docteur Poisson.

Feuilles moyennes, ovales et peu larges, se terminant en une pointe longue et fine, bordées de dents un peu profondes, s'abaissant sur des pétioles longs, très-grêles et souples. — Caractère saillant de l'arbre : teinte générale du feuillage d'un vert décidé un peu brillant ; presque toutes les feuilles régulièrement creusées ou concaves ; tous les pétioles longs, grêles et flexibles.

Docteur Watson.

Fleurs petites ; pétales ovales-elliptiques, bien concaves ; divisions du calice courtes, fines, recourbées ; pédicelles très-courts, peu forts, duveteux. — Feuilles moyennes, ovales un peu allongées, se terminant en une pointe aiguë, parfois un peu ondulées, bordées de dents peu profondes, mal soutenues sur des pétioles courts, un peu souples. — Caractère saillant de l'arbre : teinte générale du feuillage d'un vert herbacé peu foncé et mat ; toutes les feuilles plutôt allongées ; tous les pétioles grêles.

Dow.
Downing.

Fleurs petites ; pétales presque elliptiques, peu concaves ; divisions du calice moyennes, étroites : pédicelles courts, grêles, peu duveteux. — Feuilles moyennes, obovales-elliptiques, se terminant en une pointe peu longue, bordées de dents peu profondes et émoussées, s'abaissant sur des pétioles bien longs, grêles et bien flexibles. — Caractère saillant de l'arbre : teinte générale du feuillage d'un vert clair et brillant ; toutes les feuilles mollement soutenues sur des pétioles très-longs et grêles ; feuilles des productions fruitières caractéristiquement allongées.

Doyenné d'Automne.

Feuilles moyennes ovales-elliptiques, se terminant en une pointe très-courte, bordées de dents écartées, plus ou moins profondes, s'abaissant sur des pétioles moyens, peu souples. — Caractère saillant de l'arbre : teinte générale du feuillage d'un vert herbacé clair et mat ; toutes les feuilles allongées et étroites, remarquables par leur serrature large et profonde ; feuilles des productions fruitières mal soutenues sur des pétioles très-longs et grêles.

Doyenné des Haies.

De Liron d'Airoles.
André Leroy.
Catalogue Papeleu.

M. Laujoulet fit, en décembre 1855, un rapport sur ce fruit à la Société d'horticulture de la Haute-Garonne et il pense qu'il remplacera avantageusement l'ancien Doyenné. — Obtenu vers 1845 par M. Rey, pépiniériste à Toulouse.

Feuilles moyennes, ovales-allongées, se terminant en une pointe courte et aiguë, arquées, bordées de dents un peu profondes et obtuses, soutenues horizontalement sur des pétioles un peu longs, grêles et peu flexibles. — Caractère saillant de l'arbre : teinte générale du feuillage d'un vert herbacé peu foncé et un peu brillant ; feuilles des pousses d'été remarquablement étroites, à peu près lancéolées ; toutes les feuilles garnies d'une serrature obtuse ou émoussée.

Doyenné Michelin.

Feuilles moyennes ou grandes, ovales-allongées, se terminant en une pointe bien aiguë, bordées de dents assez profondes, bien couchées et aiguës, s'abaissant un peu sur des pétioles courts, grêles et peu souples. — Caractère saillant de l'arbre : teinte générale du feuillage d'un vert d'eau peu foncé et mat ; feuilles des productions fruitières souvent bien ondulées et très-mollement pendantes sur leurs pétioles ; pousses d'été colorées de rouge sanguin, duveteuses à leur sommet.

Doyenné Picard.

De Liron d'Airoles.

Gain de M. Lefèvre-Boitelle, d'Amiens (Somme). M. Douchin, d'Amiens, promoteur. Premier rapport en 1853.

Fleurs moyennes ; pétales ovales-elliptiques, concaves ; divisions du calice moyennes, étroites, peu recourbées ; pédicelles moyens, de moyenne force, peu duveteux. — Feuilles petites, se terminant peu brusquement en une pointe courte, concaves, presque entières par leurs bords garnis d'un léger duvet blanc, soutenues sur des pétioles courts, grêles et redressés. — Caractère saillant de l'arbre : teinte générale du feuillage d'un vert pré assez vif ; toutes les feuilles petites et entières ou presque entières par leurs bords ; tous les pétioles remarquablement grêles ; pousses d'été bien colorées de rouge à leur partie supérieure.

Doyenné Robin.
André Leroy.

Feuilles moyennes, ovales-allongées, s'atténuant longuement en une pointe étroite, plutôt irrégulièrement découpées par leurs bords que dentées, se recourbant sur des pétioles très-courts, fermes et redressés. — Caractère saillant de l'arbre : teinte générale du feuillage d'un vert herbacé et un peu mat; toutes les feuilles plus ou moins repliées et allongées; feuilles des productions fruitières remarquablement ondulées dans leur contour.

Duchesse Anne.
De Liron d'Airoles.

Obtenu par M. Jacques Jalais, jardinier à Nantes. Premier rapport en 1861.

Duchesse de Brabant (Capenick).
Downing.

Fleurs petites; pétales ovales-arrondis, presque planes, roses avant l'épanouissement; divisions du calice de moyenne longueur, étalées; pédicelles courts, grêles, un peu duveteux. — Fruit petit, sphérique, uni dans son contour. — Peau fine, douce au toucher, cependant un peu craquante; à la maturité, *Octobre*, elle est d'un jaune un peu intense, et le côté du soleil est flammé d'un rouge sanguin sur lequel on voit des points cernés de jaune. — Chair d'un blanc jaunâtre, transparente, très-fine, très-fondante, abondante en eau sucrée, relevée, rafraîchissante et fort agréable, constituant un fruit de première qualité. *(Fig. 11.)*

Duchesse de Brabant (Durieux).
André Leroy.
Downing.
Annales belges. Bivort.

Feuilles petites ou moyennes, elliptiques, se terminant brusquement en une pointe courte recourbée en dessus, bordées de dents fines, un peu profondes et bien aiguës, soutenues sur des pétioles peu longs, grêles et dressés. — Caractère saillant de l'arbre : teinte générale du feuillage d'un vert décidé et brillant; toutes les feuilles plus ou moins régulièrement elliptiques et toutes garnies d'une denture bien acérée; direction perpendiculaire du rameau; disposition à la forme pyramidale.

Duchesse de Mouchy.
André Leroy.

Mise au commerce par M. Florentin Delavier, à Beauvais.

Feuilles petites, ovales, se terminant en une pointe finement aiguë, recourbée, très-largement ondulées sur leur longueur, bordées de dents larges, profondes, recourbées et aiguës, bien soutenues sur des pétioles longs, grêles et fermes. — Caractère saillant de l'arbre : teinte générale du feuillage d'un vert herbacé intense et brillant; toutes les feuilles plus ou moins convexes et plus ou moins ondulées ou contournées; tous les pétioles plus ou moins grêles.

Durée.
Downing.

Fleurs assez grandes ; pétales obovales-allongés et étroits, peu concaves ; divisions du calice moyennes, un peu recourbées ; pédicelles longs et duveteux. — Feuilles grandes, ovales-élargies, se terminant en une pointe longue, creusées et non arquées, bordées de dents peu profondes, bien couchées et aiguës, soutenues sur des pétioles longs, forts et redressés. — Caractère saillant de l'arbre : teinte générale du feuillage d'un vert pré clair, brillant et comme glacé ; feuilles des productions fruitières bien amples et largement ondulées ; toutes les feuilles garnies d'une serrature remarquablement peu profonde ; tous les pétioles plus ou moins forts.

Du Voyageur.
Simon-Louis.
Boisbunel.

Fleurs petites ; pétales exactement ovales, chiffonnés, repliés par leur sommet, d'un joli rose avant l'épanouissement ; divisions du calice longues, larges, peu aiguës, cotonneuses comme les pédicelles, assez longs, grêles, rougeâtres. — Feuilles moyennes, ovales-elliptiques, se terminant en une pointe longue et finement aiguë, bordées de dents un peu profondes, s'abaissant bien sur des pétioles courts, redressés et cependant souples. — Caractère saillant de l'arbre : teinte des jeunes feuilles d'un vert très clair et jaune ; feuilles adultes d'un vert bleu vif et luisant ; tous les pétioles grêles, bien colorés de rouge vineux ainsi que les pousses d'été.

Earl.
Herkimer.   Downing.

Fleurs petites ; pétales elliptiques-élargis, peu concaves, un peu roses avant l'épanouissement ; divisions du calice courtes, très-finement recourbées par leur pointe ; pédicelles très-courts, très-forts, duveteux. — Feuilles moyennes, ovales-arrondies, se terminant en une pointe courte, finement aiguë, planes, bordées de dents peu appréciables, mal soutenues sur des pétioles longs et bien flexibles. — Caractère saillant de l'arbre : teinte générale du feuillage d'un vert très-clair ; mauvaise tenue des feuilles et des rameaux ; pousses d'été colorées de rouge à leur sommet ; feuilles des productions fruitières de différentes grandeur.

Edle Sommerbirne.
Jahn.
Liegel.

Liegel reçut cette variété du lieutenant Donauer, de Coburg (Saxe-Cobourg-Gotha), en 1846, sous le nom de Poire Noble d'été.

Elisabeth Edward's.
André Leroy.

Feuilles moyennes, ovales, se terminant en une pointe peu longue, bordées de dents larges, très-peu profondes et bien obtuses, bien soutenues par des pétioles horizontaux, moyens et raides. — Caractère saillant de l'arbre : teinte générale du feuillage d'un vert clair et vif ; toutes les feuilles presque planes.

Elliot's Melting.

Fleurs bien petites ; pétales ovales-elliptiques, concaves ; divisions du calice courtes, fines, bien recourbées ; pédicelles courts, un peu forts, peu duveteux. — Feuilles moyennes, ovales-allongées, se terminant en une pointe très-fine et courte, bordées de dents assez profondes et bien aiguës, soutenues sur des pétioles horizontaux et peu souples. — Caractère saillant de l'arbre : teinte générale du feuillage d'un vert herbacé clair et brillant ; serrature des feuilles des productions fruitières remarquablement profonde et acérée, assez mal soutenues sur leurs pétioles grêles et souples.

Epine d'Hiver.

Fleurs petites ; pétales arrondis-élargis, peu concaves ; divisions du calice courtes, peu recourbées ; pédicelles moyens, grêles, peu duveteux. — Feuilles moyennes, ovales-allongées, se terminant régulièrement en une pointe longue et aiguë, bordées de dents assez profondes et recourbées de manière à paraître obtuses, mal soutenues sur des pétioles longs, grêles et souples. — Caractère saillant de l'arbre : teinte générale du feuillage d'un vert bleu et un peu brillant ; toutes les feuilles peu repliées ou presque planes ; tous les pétioles longs, grêles et souples.

Ernestine Amzolle.

Fleurs presque moyennes ; pétales elliptiques-arrondis, bien concaves, blancs avant l'épanouissement ; divisions du calice longues, étroites, recourbées en dessous ; pédicelles peu longs, peu forts, à peine duveteux. — Feuilles petites, obovales, courtes, se terminant en une pointe très-fine, bordées de dents très-peu profondes, émoussées, assez bien soutenues sur des pétioles longs, grêles et un peu flexibles. — Caractère saillant de l'arbre : teinte générale du feuillage d'un vert bleu ; feuilles des productions fruitières très-remarquablement dentées ; tous les pétioles grêles ; pousses d'été couvertes d'un duvet blanc, épais et soyeux.

Eugène Gérard.
De Liron d'Airoles.

M. X. Grégoire, de Jodoigne, obtint cette variété de pepins de la Pastorale. Premier rapport en 1852.

Fleurs grandes ; pétales elliptiques-élargis, concaves, roses avant l'épanouissement; divisions du calice longues, étroites, étalées; pédicelles de moyenne longueur, assez forts, un peu duveteux.— Feuilles petites, obovales-elliptiques, se terminant brusquement en une pointe courte et fine, bordées de dents peu profondes, s'abaissant sur des pétioles peu forts et flexibles.— Caractère saillant de l'arbre : rameaux à direction perpendiculaire ; toutes les feuilles petites et finement acuminées.

Eugène Maisin.
Simon-Louis.

Feuilles petites ou moyennes, ovales, se terminant peu brusquement en une pointe très-courte, presque planes, bordées de dents fines, très-peu profondes, bien soutenues sur des pétioles courts, grêles et un peu redressés. — Caractère saillant de l'arbre : teinte générale du feuillage d'un vert herbacé mat; toutes les feuilles à peine repliées, planes ou presque planes et se présentant ordinairement bien horizontalement; tous les pétioles raides et plus ou moins redressés.

Faminga.

Fleurs petites; pétales ovales-arrondis à leur sommet, bien concaves, recourbés en dessus, peu roses avant l'épanouissement; divisions du calice moyennes, parfaitement lisses, aiguës; pédicelles courts, forts, bien verts, un peu laineux. — Feuilles assez grandes, ovales un peu élargies, se terminant en une pointe assez courte et fine, souvent irrégulièrement découpées plutôt que dentées par leurs bords, s'abaissant sur des pétioles courts, forts et redressés. — Caractère saillant de l'arbre : teinte des feuilles des pousses d'été d'un vert très-clair et très-luisant ; teinte des feuilles des productions fruitières d'un vert herbacé intense et brillant ; toutes les feuilles irrégulièrement découpées ou dentées par leurs bords ; feuilles des productions fruitières remarquablement arquées et fermes.

Faurite.

Feuilles moyennes, obovales, se terminant un peu brusquement en une pointe courte, entières par leurs bords, soutenues sur des pétioles un peu longs, grêles et un peu souples. — Caractère saillant de l'arbre : teinte générale du feuillage d'un vert d'eau très-clair et peu brillant ; feuilles des productions fruitières remarquablement contournées sur leur longueur.

Feigenbirne Hollandische.
Hollandische Feigenbirne.   Oberdieck.
Diel.

Feuilles petites ou moyennes, ovales-allongées, se terminant régulièrement en une pointe finement aiguë et recourbée, très-largement ondulées sur leur longueur, bordées de dents très-fines, très-peu profondes et aiguës, bien soutenues sur des pétioles moyens, redressés et fermes. — Caractère saillant de l'arbre : teinte générale du feuillage d'un vert d'eau peu foncé et et un peu voilé de gris; pousses d'été très-longtemps cotonneuses et pas-

Figue Verte.

Figue.   Duhamel.

sant bientôt au rouge violacé ; serrature des feuilles presque inappréciable tellement elle est fine et peu profonde.

Fruit petit ou presque moyen, conique-piriforme et un peu inconstant dans sa forme, atteignant sa plus grande épaisseur bien au-dessous du milieu de sa hauteur. A la maturité, *fin de Septembre,* le vert fondamental s'éclaircit en jaune et le côté du soleil est rarement lavé d'un soupçon de brun doré. — Chair fine, blanchâtre, demi-beurrée, suffisante en eau richement sucrée et musquée, constituant un fruit de bonne qualité, ayant, comme le fait remarquer Duhamel, les plus grands rapports avec l'Epine d'été dont il se distingue par son volume ordinairement un peu plus consirable, par la peau moins lisse et moins brillante. Il est aussi moins délicat dans sa peau et se comporte mieux que l'Epine d'été sous les climats humides, où celle-ci est sujette aux taches et à la pourriture sur l'arbre. Les arbres ont aussi une certaine ressemblance entre eux, mais ils peuvent cependant être facilement distingués par un praticien exercé. *(Fig. 6.)*

Fil d'Or.

Fleurs bien grandes ; pétales bien élargis, arrondis, souvent chiffonnés, légèrement roses avant l'épanouissement ; divisions du calice longues, un peu recourbées en dessous, bien cotonneuses ; pédicelles très-longs, grêles et un peu laineux. — Feuilles assez grandes, exactement ovales, se terminant en une pointe peu longue, bien aiguë, bordées de dents fines, très-peu profondes, bien soutenues sur des pétioles longs et redressés. — Caractère saillant de l'arbre : teinte générale du feuillage d'un vert clair ; rameaux remarquablement forts ; feuillage ample et d'un vert jaunâtre.

Fingers Tardive.

Fleurs grandes ; pétales ovales très-élargis, peu concaves ; divisions du calice moyennes, aiguës, recourbées ; pédicelles très-longs, forts, à peine duveteux. — Feuilles moyennes ou grandes, ovales-élargies, concaves, très-peu profondément découpées plutôt que dentées ou souvent presque entières par leurs bords, soutenues sur des pétioles longs et souples. — Caractère saillant de l'arbre : feuilles des pousses d'été d'un vert tendre et mat ; feuilles des productions fruitières d'un vert herbacé foncé et peu brillant ; toutes les feuilles tendant plus ou moins à la forme arrondie ; feuilles stipulaires souvent plus grandes que celles des pousses d'été et très-nombreuses.

Fin Or d'Eté.

Fin Or d'Orléans.   André Leroy.
Fine Gold Summer.   Downing.

Fleurs assez grandes ; pétales elliptiques-arrondis, peu concaves ; divisions du calice longues, finement aiguës, recourbées ; pédicelles longs, assez forts, peu duveteux. — Feuilles moyennes, ovales-élargies, un peu brusquement atténuées vers le pétiole, se terminant en une pointe courte, concaves, entières ou presque entières, s'abaissant sur des pétioles longs, peu forts et souples. — Caractère saillant de l'arbre : teinte générale du feuillage d'un vert bleu un peu foncé et peu brillant ; feuilles des productions fruitières épaisses, tendant à la forme arrondie, bien concaves, entières, soutenues sur des pétioles longs, forts et fermes.

Florimond Parent.

Downing. André Leroy.
Album Bivort.

Semis de Van Mons, dédié par M. Bivort à l'éditeur de son *Album*. Premier rapport en 1846.

Fondante Coloma.

Feuilles moyennes ou grandes, ovales-élargies, se terminant en une pointe courte et aiguë, bordées, seulement sur la moitié supérieure de leur contour, de dents peu profondes, bien couchées et aiguës, soutenues horizontalement sur des pétioles courts, forts et redressés. — Caractère saillant de l'arbre : teinte générale du feuillage d'un vert herbacé clair et peu brillant ; tous les pétioles plutôt courts, forts et fermes ; les feuilles des productions fruitières plutôt imperceptiblement découpées que dentées.

Fondante de la Maitre-Ecole.

André Leroy.

Feuilles moyennes, ovales-lancéolées, se terminant régulièrement en une pointe recourbée en dessus, bien concaves, bordées de dents fines, peu profondes, couchées et aiguës, soutenues sur des pétioles courts, peu forts et bien raides. — Caractère saillant de l'arbre : teinte générale du feuillage d'un vert bleu assez intense ; feuilles supérieures des pousses d'été remarquablement étroites et allongées ; tous les pétioles bien raides ; pousses d'été lavées de rouge sanguin sombre, presque glabres à leur sommet, émettant souvent des dards anticipés.

Fondante de la Roche.

André Leroy.

Fleurs petites ; pétales presque elliptiques, un peu concaves, ondulés ou chiffonnés, peu roses avant l'épanouissement ; divisions du calice moyennes, bien recourbées ; pédicelles très-courts, forts et duveteux. — Feuilles moyennes, ovales, se terminant en une pointe longue, bordées de dents inégales et souvent très-peu appréciables, soutenues sur des pétioles de moyenne longueur et assez forts. — Caractère saillant de l'arbre : teinte générale du feuillage d'un vert bleu ; longueur très-caractéristique des stipules ; feuilles des productions fruitières presque planes, entières dans leurs bords, s'abaissant sur des pétioles longs, grêles et bien divergents.

Fondante de Mars.
André Leroy.

Feuilles moyennes ou grandes, ovales-allongées, se terminant en une pointe peu aiguë, creusées et ondulées, bordées de dents peu profondes et peu aiguës, bien soutenues sur des pétioles longs et souples. — Caractère saillant de l'arbre : teinte générale du feuillage d'un vert d'eau peu foncé et mat ; tous les pétioles remarquablement forts ; feuilles souvent ondulées.

Fondante de Trianon.

Fleurs moyennes ; pétales elliptiques-arrondis, peu concaves ; divisions du calice moyennes, bien finement aiguës, non recourbées ; pédicelles assez courts, grêles, peu duveteux. — Feuilles moyennes, ovales-elliptiques, se terminant en une pointe longue et fine, bordées de dents larges, profondes couchées et aiguës, s'abaissant à peine sur des pétioles assez courts, un peu forts et peu souples. — Caractère saillant de l'arbre : teinte générale du feuillage d'un vert herbacé peu foncé et peu brillant ; toutes les feuilles tendant à la forme elliptique et régulièrement creusées.

Fondante Millot.

	Decaisne.
Millot de Nancy.	Album Bivort.
	André Leroy.
	Downing.
Millot von Nancy.	Jahn.

Semis de Van Mons, dédié par ses fils à M. Millot, pomologiste à Nancy. Premier rapport en 1843.

Fleurs petites ; pétales ovales-elliptiques, peu concaves ; divisions du calice de moyenne longueur, étroites, bien recourbées en dessous ; pédicelles de moyenne longueur, grêles, un peu cotonneux. — Feuilles moyennes, ovales-allongées, se terminant en une pointe un peu longue, souvent contournée, bordées de dents à peine appréciables ou entières par leurs bords ; peu soutenues sur des pétioles longs et grêles. — Caractère saillant de l'arbre : teinte générale du feuillage d'un vert d'eau peu foncé et mat ; toutes les feuilles remarquablement ondulées ; tous les pétioles caractéristiquement grêles.

Foppen Peer.

	Diel.
Berierbirne.	Jahn.
Pauls Birne.	

Fleurs grandes ; pétales elliptiques, peu concaves ; divisions du calice moyennes, bien larges à leur base, cependant finement aiguës ; pédicelles courts, forts, duveteux. — Feuilles moyennes, ovales-élargies, se terminant en une pointe très-longue, creusées et arquées, bordées de dents fines, peu profondes et bien aiguës, soutenues sur des pétioles longs et souples. — Caractère saillant de l'arbre : teinte générale du feuillage d'un vert pré un peu brillant ; toutes les feuilles remarquables par leur serrature extraordinairement fine; feuilles des pousses d'été très-longuement acuminées; stipules extraordinairement longues; tous les pétioles remarquablement longs.

Fortunée Boisselot.

André Leroy.   *Revue horticole*, 1864.
De Liron d'Airoles.   *Journal* de la Société d'horticulture de Paris, 1863.

Fleurs moyennes; pétales ovales-elliptiques, bien concaves; divisions du calice de moyenne longueur, aiguës, à peine recourbées par leur pointe; pédicelles moyens, peu forts et presque glabres. — Feuilles petites, ovales un peu allongées, se terminant en une pointe très-courte et fine, très-finement et peu profondément dentées, soutenues horizontalement sur des pétioles très-courts, grêles, fermes et redressés. — Caractère saillant de l'arbre : teinte générale du feuillage d'un vert bleu et mat; feuilles des productions fruitières bien allongées, remarquablement creusées, arquées, ondulées et d'une consistance ferme.

Franchman.

De Liron d'Airoles.

D'après M. de Jonghe, obtenu en Belgique par M. Franchman.

Feuilles moyennes ou assez petites, ovales-elliptiques, se terminant en une pointe courte et fine, presque planes, entières ou bordées de dents peu appréciables, soutenues sur des pétioles courts, grêles, redressés et fermes. — Caractère saillant de l'arbre : teinte générale du feuillage d'un vert d'eau très-clair et peu brillant; toutes les feuilles plutôt petites que moyennes; tous les pétioles courts, grêles et raides.

Fruhschweitzen Bergamotte.

Fleurs assez petites; pétales arrondis-élargis, concaves; divisions du calice de moyenne longueur et recourbées en dessous; pédicelles très-courts, forts et à peine duveteux. — Feuilles moyennes, ovales-elliptiques, se terminant en une pointe assez longue et un peu étroite, bordées de dents inégales, un peu larges, peu profondes et émoussées, quelquefois peu appréciables, soutenues horizontalement sur des pétioles de moyenne longueur, assez forts et peu redressés. — Caractère saillant de l'arbre : les plus jeunes feuilles presque jaunes; feuilles des productions fruitières d'un vert bleu intense et bien luisant, mollement pendantes sur leurs pétioles; rameaux jaunes, colorés de vert sur les prolongements des supports des boutons à bois.

Gansell's Seckle.

Gansel's Seckel.   Downing.

Fleurs petites; pétales elliptiques-arrondis, un peu concaves; divisions du calice très-courtes, peu recourbées; pédicelles très-courts, grêles, peu duveteux. — Feuilles moyennes ou petites, ovales-elliptiques et un peu larges, se terminant en une pointe courte et aiguë, bien creusées et un peu ondulées, bordées de dents peu profondes et aiguës, bien soutenues sur des pétioles peu longs, grêles et raides. — Caractère saillant de l'arbre : teinte générale du feuillage d'un vert herbacé peu foncé et mat ; tous les pétioles plutôt courts et raides.

Gelber Lovenkopf.

Feuilles petites, ovales-elliptiques, se terminant en une pointe aiguë, peu repliées et presque planes, bordées de dents un peu profondes et aiguës, bien soutenues sur des pétioles très-courts, peu forts et fermes. — Caractère saillant de l'arbre : teinte générale du feuillage d'un vert bleu assez intense et un peu brillant ; pétioles des feuilles des pousses d'été remarquablement courts et fermes ; toutes les feuilles garnies d'une serrature bien acérée.

Général Bosquet.

André Leroy.   Pomologie de Maine-et-Loire.
De Liron d'Airoles.   *Horticulteur français*, 1856.
Downing.

Gain de M. Flon-Grolleau, pépiniériste à Angers. Premier rapport en 1853.
Feuilles moyennes ou grandes, ovales, se terminant en une pointe très-courte et aiguë, bien creusées, bordées de dents très-larges, inégales, un peu profondes et obtuses ou souvent plutôt irrégulièrement découpées que dentées, soutenues sur des pétioles longs, forts et souples. — Caractère saillant de l'arbre : teinte des feuilles des pousses d'été d'un vert clair et jaune, celles des productions fruitières d'un vert herbacé clair, vif et brillant ; aspect général de pâleur des pousses d'été ou de leurs organes ; tous les pétioles extraordinairement longs et très-souples ; toutes les feuilles remarquablement creusées en gouttière.

Général Canrobert.

Downing.   André Leroy.
De Liron d'Airoles.   *Horticulteur français*, 1856-57.

Gain de M. Robert, à Angers.
Fleurs moyennes ; pétales ovales-arrondis, concaves ; divisions du calice de moyenne longueur, très-fines et étalées ; pédicelles assez courts, grêles, presque lisses. — Feuilles petites, exactement ovales, se terminant en une pointe peu longue, bordées de dents fines, profondes et émoussées ou obtuses, soutenues sur des pétioles moyens, grêles et assez flexibles. — Caractère saillant de l'arbre : teinte générale du feuillage d'un vert bleu ; branchage et feuillage menus ; toutes les feuilles régulièrement ovales.

Georges de Podiebrad.

Fleurs bien grandes ; pétales arrondis, concaves ; divisions du calice longues, recourbées en dessous ; pédicelles longs, forts, duveteux. — Feuilles moyennes, obovales assez allongées, se terminant en une pointe courte et aiguë, concaves, bordées de dents peu profondes, assez fines et aiguës, s'abaissant sur des pétioles peu longs et flexibles. — Caractère saillant de l'arbre : teinte générale du feuillage d'un vert herbacé peu foncé et mat ; toutes les feuilles mollement soutenues sur leurs pétioles souvent colorés de rose.

Gnocco.

Gnoico.   André Leroy.

Feuilles petites, obovales-élargies, se terminant en une pointe très-courte, presque planes, entières dans leur contour, bien dressées sur des pétioles assez longs, grêles et raides.— Caractère saillant de l'arbre : teinte générale du feuillage d'un vert bleu clair; tous les pétioles grêles ; toutes les feuilles entières ; feuilles des productions fruitières beaucoup plus amples que celles des pousses d'été.

Grande Bretagne d'Automne.

Fleurs petites, quelquefois semi-doubles ; pétales ovales, peu concaves ; divisions du calice courtes et bien recourbées ; pédicelles courts, peu forts et cotonneux. — Feuilles petites, ovales-elliptiques, s'atténuant promptement en une pointe longue et effilée, crénelées plutôt que dentées, soutenues sur des pétioles moyens, grêles et redressés. — Caractère saillant de l'arbre : teinte générale du feuillage d'un vert herbacé ; toutes les feuilles bien creusées ou repliées ; tous les pétioles remarquablement grêles ; pousses d'été extraordinairement fluettes ; branchage et feuillage menus. — Fruit moyen ou assez gros, ovoïde-piriforme. — Peau fine, passant à la maturité, *Octobre*, au jaune paille brillant, le côté du soleil est lavé d'un peu de rouge brun. — Chair blanche, demi-fine, cassante, suffisante en eau bien sucrée ; constituant un fruit qui ne peut être considéré que comme bon à cuire. *(Fig. 7.)*

Green Chisel.

Guenelle.   Lindley.
   André Leroy.

Fleurs moyennes ou assez grandes ; pétales arrondis-élargis, à peine concaves ; divisions du calice moyennes, larges, bien recourbées, souvent annulaires ; pédicelles courts, un peu forts, un peu duveteux. — Feuilles petites, ovales, se terminant en une pointe bien aiguë, creusées et à peine arquées, bordées de dents peu larges, un peu profondes et peu aiguës, bien soutenues sur des pétioles courts, grêles, redressés et raides. — Caractère saillant de l'arbre : teinte générale du feuillage d'un vert bleu des plus intenses et bien luisant ; toutes les feuilles remarquablement creusées et bien fermes sur leurs pétioles bien dressés et bien raides.

Gros Blanquet d'Été tardif.

Feuilles moyennes, ovales-arrondies, se terminant en une pointe courte et fine, peu repliées et arquées, irrégulièrement bordées de dents bien couchées et peu profondes, s'abaissant sur des pétioles moyens, peu forts et souples. — Caractère saillant de l'arbre : teinte générale du feuillage d'un beau vert vif et brillant ; toutes les feuilles tendant plus ou moins à la forme arrondie, brusquement et courtement acuminées.

Grosse Greffe.
Decaisne.

Feuilles moyennes, bien ovales, se terminant en une pointe courte et aiguë, bien creusées et peu arquées, bordées de dents assez larges, très-peu profondes, bien couchées et émoussées, soutenues sur des pétioles longs, grêles, redressés et souvent colorés de rouge. — Caractère saillant de l'arbre : teinte générale du feuillage d'un vert pré vif et brillant ; toutes les feuilles remarquablement creusées ; tous les pétioles le plus souvent remarquablement colorés de rouge.

Grosse Marguerite.

Fleurs presque moyennes ; pétales ovales-arrondis, blancs avant l'épanouissement ; divisions du calice de moyenne longueur, aiguës, récourbées en dessous ; pédicelles moyens, forts, un peu laineux. — Feuilles moyennes ou grandes, ovales-élargies, se terminant régulièrement en une pointe peu aiguë, irrégulièrement bordées de dents et quelquefois entières par leurs bords, mal soutenues sur des pétioles longs, forts et souples. — Caractère saillant de l'arbre : teinte générale du feuillage d'un vert d'eau très-peu foncé ; ampleur extraordinaire des feuilles des productions fruitières ; tous les pétioles forts et cependant souples.

Grosse Merveille.

Arbre de grande vigueur, même sur cognassier, et s'accommodant assez peu des formes régulières ; par sa végétation capricieuse, il convient plutôt au fuseau qu'à la pyramide ; sa fertilité est précoce, grande et soutenue. On trouve des arbres presque séculaires dans le Lyonnais et la Bresse.

Rameaux extraordinairement forts, finement anguleux dans leur contour, d'un brun jaunâtre du côté de l'ombre, rougeâtres du côté du soleil ; lenticelles blanchâtres, larges, nombreuses et bien apparentes. — Boutons à bois assez petits, très-courts, épais, à direction un peu écartée du rameau ; écailles d'un marron rougeâtre terne. — Boutons à fruit très-gros, ovoïdes, aigus ; écailles d'un beau marron rougeâtre brillant. — Fleurs grandes ; pétales irrégulièrement arrondis, élargis, convexes ou presque planes ; divisions du calice moyennes et recourbées ; pédicelles longs, grêles et presque glabres. — Feuilles moyennes ou grandes, ovales-arrondies, se terminant en une pointe un peu longue et large, bien concaves, bordées de dents larges, un peu profondes, obtuses, s'abaissant un peu sur des pétioles moyens, forts et un peu souples. — Caractère saillant de l'arbre : teinte générale du feuillage d'un vert bleu intense ; toutes les feuilles remarquablement épaisses, bien creusées ; stipules très-allongées ; pétioles des feuilles des productions fruitières remarquablement longs, forts et un peu flexibles.

Grosse Muskirte Pomeranzenbirne.

Feuilles petites, ovales, se terminant en une pointe ferme et finement aiguë, peu repliées et recourbées en dessous seulement par leur pointe, largement ondulées, bordées de dents peu profondes, couchées et aiguës, soutenues sur des pétioles courts, grêles et redressés. — Caractère saillant de l'arbre : feuilles des pousses d'été d'un vert très-clair, souvent ondulées ; feuilles des productions fruitières d'un vert bleu bien luisant; grande différence de dimension entre les premières et les secondes.

Grune Tafelbirne Meininger.

N'est pas la même que Trompettenbirne.

Fleurs grandes ; pétales arrondis, bien concaves ; divisions du calice assez courtes, étroites, très-recourbées en dessous ; pédicelles de moyenne longueur, forts, un peu cotonneux. — Feuilles moyennes, ovales-élargies, se terminant en une pointe assez longue, concaves, souvent ondulées, bordées de dents très-fines, très-peu profondes, souvent à peine appréciables, peu soutenues par des pétioles assez longs, forts et peu redressés. — Caractère saillant de l'arbre : teinte générale du feuillage d'un vert herbacé un peu mat et comme moiré ; toutes les feuilles épaisses et cependant un peu molles ; serrature de toutes les feuilles remarquablement fine et peu profonde.

Hamewood or Général Taylor.

Général Taylor. (Homewood.)   Downing.

Fleurs petites ; pétales ovales-elliptiques, concaves ; divisions du calice assez courtes, finement aiguës ; pédicelles courts, assez forts, peu duveteux. — Feuilles petites, ovales-elliptiques, se terminant en une pointe courte et fine, un peu concaves, bordées de dents peu profondes, bien couchées et aiguës, soutenues sur des pétioles moyens, grêles et redressés. — Caractère saillant de l'arbre : teinte générale du feuillage d'un vert clair ; toutes les feuilles courtement et vivement acuminées, très-peu profondément dentées.

Haute-Monté.

Haut-monty.   Bonamy.
De Hautmonté.   André Leroy.

Feuilles grandes, ovales-élargies, se terminant en une pointe courte et aiguë, souvent convexes par leurs côtés, irrégulièrement découpées plutôt que dentées par leurs bords, s'abaissant sur des pétioles longs, forts et redressés. — Caractère saillant de l'arbre : teinte générale du feuillage d'un vert herbacé intense, vif et brillant ; toutes les feuilles remarquablement épaisses, à peine dentées, entières ou presque entières par leurs bords,

Huyse's Bergamotte.

Fleurs assez petites, presque moyennes ; pétales ovales-elliptiques, un peu concaves ; divisions du calice courtes, non recourbées ; pédicelles un peu longs, grêles, peu duveteux. — Feuilles assez petites, obovales-elliptiques, se terminant en une pointe très-courte et très-fine, à peine concaves ou presque planes, bordées de dents un peu larges, peu profondes et un peu aiguës, s'abaissant bien sur des pétioles assez courts, un peu forts et recourbés en dessous. — Caractère saillant de l'arbre : teinte générale du feuillage d'un vert pré tendre et mat ; feuilles des pousses d'été bien largement arrondies ou comme tronquées à leur extrêmité, très-brusquement et très-courtement acuminées ; toutes les feuilles un peu pendantes sur leurs pétioles.

INCOMPARABLE DE BAURAING.

Fleurs assez grandes ; pétales arrondis-élargis, bien concaves ; divisions du calice larges, peu recourbées ; pédicelles courts, forts, laineux.—Feuilles assez grandes, elliptiques-arrondies, se terminant en une pointe longue, large et bien aiguë, creusées et ondulées, irrégulièrement découpées plutôt que dentées par leurs bords garnis d'un duvet cotonneux, soutenues sur des pétioles moyens, un peu forts et redressés. — Caractère saillant de l'arbre : teinte générale du feuillage d'un vert d'eau vif et brillant ; feuilles des productions fruitières remarquablement ondulées et entières par leurs bords ; toutes les feuilles fermes et épaisses.

ISLAND.
Downing.

Arbre de vigueur contenue même sur franc, et d'une croissance lente, s'accommodant assez bien des formes régulières ; fertilité peu précoce, moyenne. — Rameaux de moyenne force, presque droits, d'un jaune verdâtre ; lenticelles blanches, très-peu nombreuses et peu apparentes. — Boutons à bois petits, coniques et aigus, soutenus sur des supports un peu saillants ; écailles d'un marron jaunâtre. — Boutons à fruit moyens, conico-ovoïdes, un peu aigus ; écailles d'un marron jaunâtre. — Fruit petit ou moyen, turbiné-sphérique. — Peau un peu ferme, un peu épaisse, une rouille brune couvre le sommet du fruit. A la maturité, *Octobre*, le vert fondamental passe au beau jaune citron, chaudement doré du côté du soleil. — Chair blanche, fine, beurrée, suffisante en eau sucrée, relevée d'un parfum de musc assez agréable, constituant un fruit de seconde qualité.

IRIS GRÉGOIRE.
André Leroy.
Annales belges. Bivort.
De Liron d'Airoles.

Obtenue par M. X. Grégoire, d'un semis de pepins de Passe-Colmar. Premier rapport en 1853.

Feuilles assez petites, obovales, sensiblement atténuées vers le pétiole, se terminant en une pointe longue, un peu large, bien aiguë, concaves, non arquées, bordées de dents un peu profondes, aiguës, soutenues horizontalement sur des pétioles un peu longs, de moyenne force et un peu souples. — Caractère saillant de l'arbre : teinte générale du feuillage d'un vert bleu peu foncé et peu brillant ; toutes les feuilles petites, peu larges, bien atténuées à leurs deux extrémités, bien concaves ; forme pyramidale naturelle ; branches bien érigées.

Ives' August.
Downing.

Fleurs petites ; pétales en truelle, peu concaves, d'un rose très-vif et caractéristique avant l'épanouissement ; divisions du calice de moyenne longueur, peu recourbées en dessous ; pédicelles de moyenne longueur, assez forts, lisses et colorés ; ovaires bien colorés aussi. — Feuilles moyennes, ovales-elliptiques, se terminant en une pointe courte, un peu concaves, irrégulièrement bordées de dents peu profondes et émoussées, bien soutenues sur des pétioles longs, grêles et dressés. — Caractère saillant de l'arbre : teinte générale du feuillage d'un vert jaunâtre ; toutes les feuilles un peu concaves et très-peu profondément dentées.

Ives' Virgalieu.
Downing.

Feuilles assez petites, ovales-allongées, se terminant en une pointe courte, un peu ondulées, bordées de dents un peu profondes et aiguës, peu soutenues sur des pétioles moyens, grêles et souples. — Caractère saillant de l'arbre : teinte générale du feuillage d'un vert bleu assez intense ; tous les pétioles plus ou moins longs, grêles et flexibles.

Ives' Winter.
Downing.

Feuilles petites ou moyennes, se terminant en une pointe très-courte et fine, peu arquées, presque entières par leurs bords, s'abaissant peu sur des pétioles courts, grêles et un peu souples. — Caractère saillant de l'arbre : les plus jeunes feuilles d'un vert très-pâle, celle des productions fruitières d'un vert d'eau dont la vivacité est voilée d'un léger duvet aranéeux ; tous les pétioles peu longs et grêles.

Jacquemain.

Jacqmain.   André Leroy.
Poire Jacquemain.   Album Bivort.

D'après Bivort, obtenue par M. Simon Bouvier et dédiée au docteur Jacquemain.

Fleurs moyennes ; pétales obovales-élargis, concaves ; divisions du calice assez courtes, recourbées ; pédicelles très-courts, peu forts et cotonneux. — Feuilles moyennes ou assez grandes, ovales assez allongées, se terminant en une pointe fine et recourbée, bien creusées, ondulées et arquées, bordées de dents larges, profondes et émoussées, s'abaissant sur des pétioles longs, forts et assez flexibles. — Caractère saillant de l'arbre : teinte générale du feuillage d'un vert bleu foncé et peu brillant ; toutes les feuilles remarquablement creusées et ondulées ; feuilles des productions fruitières de consistance très-ferme et bien arquées ; tous les pétioles raides et assez forts.

Jacques Mollet.

Fruit petit ou moyen, exactement ovoïdes, uni dans son contour. — Peau fine, cependant un peu ferme, passant au jaune citron à la maturité, *milieu d'hiver*, et le côté du soleil est chaudement doré sur les fruits bien exposés. — Chair d'un blanc un peu verdâtre, bien fine, fondante, abondante en eau douce, sucrée, relevée d'un parfum agréable, constituant un fruit de bonne qualité.

Jalvée.

Jalvy.   André Leroy.

Fleurs presque moyennes ; pétales fortement rétrécis à leurs deux extrémités, bien écartés entre eux, presque blancs ; divisions du calice moyennes, étalées ; pédicelles de moyenne longueur, forts, peu laineux. — Feuilles moyennes ou grandes, ovales-allongées, se terminant en une pointe ferme et souvent recourbée, bordées de dents larges, profondes et émoussées, s'abaissant sur des pétioles moyens, de moyenne force et un peu souples. — Caractère saillant de l'arbre : teinte générale du feuillage d'un vert des plus vifs et bien brillant ; feuilles des productions fruitières remarquablement arquées et recourbées par leur pointe ; serrature de toutes les feuilles large et profonde.

Jaskel Aschrapai.

Fleurs très-grandes ; pétales arrondis, concaves, veinés de rose avant et après l'épanouissement ; divisions du calice longues, fines et aiguës, recourbées en dessous ; pédicelles longs, forts et presque glabres. — Feuilles grandes, ovales, se terminant en une pointe longue et finement aiguë, très-largement ondulées ou contournées, bordées de dents inégales, très-peu profondes, émoussées souvent peu appréciables, et leurs bords duveteux, souvent colorés de rouge vineux, soutenues sur des pétioles courts, de moyenne force et flexibles. — Caractère saillant de l'arbre : teinte générale du feuillage d'un vert bleu intense ; feuilles des productions fruitières très-amples et très-épaisses ; toutes les feuilles à peine dentées et longuement acuminées.

Jean-Baptiste Bivort.

Annales belges. Bivort.
Les Fruits du Jardin Van Mons.

Rameaux de moyenne force, d'un jaune clair, un peu teintés de rouge du côté du soleil, unis dans leur contour ; lenticelles blanches, petites, peu apparentes. — Boutons à bois moyens, coniques, un peu épais et peu aigus, à direction peu écartée du rameau ; écailles rougeâtres, largement recouvertes de gris argenté. — Boutons à fruit moyens, coniques-allongés et finement aigus ; écailles d'un rouge brun brillant, largement bordées de gris argenté. — Fleurs assez grandes ; pétales ovales-élargis, concaves, à peine roses avant l'épanouissement ; divisions du calice de moyenne longueur, bien recourbées en dessous ; pédicelles courts, forts, un peu duveteux. — Feuilles à peine moyennes, ovales-elliptiques, se terminant en une pointe courte et fine, presque planes, bordées de dents écartées, peu profondes et obtuses, soutenues horizontalement sur des pétioles moyens, presque horizontaux. — Caractère saillant de l'arbre : teinte générale du feuillage d'un vert clair et gai ; feuilles stipulaires très-nombreuses et très-développées.

Jean Laurent.

Fleurs assez grandes ; pétales ovales-élargis, presque planes ; divisions du calice courtes, bien recourbées ; pédicelles longs, grêles et un peu duveteux. — Feuilles moyennes, ovales-allongées et peu larges, se terminant en une pointe bien recourbée, ondulées et arquées, entières par leurs bords, assez bien soutenues sur des pétioles longs, peu forts et peu flexibles. — Caractère saillant de l'arbre : teinte générale du feuillage d'un vert d'eau clair et peu brillant ; pousses d'été recouvertes d'un duvet cotonneux, très-mat et serré ; toutes les feuilles allongées et remarquablement ondulées.

Jefferson.

Jofferson.
Catalogue Van Mons.
De Liron d'Airoles.

Gain de Van Mons. Maturité *Novembre*. Fruit de bonne qualité.

Fleurs moyennes ; pétales ovales-elliptiques, concaves ; divisions du calice longues, étroites, recourbées ; pédicelles moyens, grêles et glabres. — Feuilles petites, ovales assez allongées, se terminant en une pointe peu longue et fine, un peu creusées, bordées de dents très-peu profondes, bien couchées et peu aiguës, s'abaissant sur des pétioles un peu longs, grêles et souples. — Caractère saillant de l'arbre : teinte générale du feuillage d'un vert clair, gai et luisant ; toutes les feuilles petites et très-finement acuminées ; tous les pétioles extraordinairement grêles.

Joséphine Bouvier.

Feuilles moyennes ou petites, ovales-allongées, se terminant en une pointe fine, presque planes, bordées de dents profondes, fines et aiguës, soutenues sur des pétioles un peu longs, de moyenne force et fermes. — Caractère saillant de l'arbre : teinte générale du feuillage d'un vert herbacé clair et mat ; toutes les feuilles très-finement acuminées ; tous les pétioles raides.

Julian.

Feuilles petites, ovales-arrondies, se terminant en une pointe assez longue et recourbée, peu concaves ou presque planes, bordées de dents larges, un peu profondes, bien soutenues sur des pétioles assez courts, grêles et redressés. — Caractère saillant de l'arbre : teinte générale du feuillage d'un vert bleu intense et un peu brillant ; toutes les feuilles plus ou moins épaisses et fermes, garnies d'une serrature formée de dents émoussées.

Julie Duguet.

André Leroy.
De Liron d'Airoles.

Cette variété, d'origine ancienne et inconnue, a été propagée par M. Duguet, propriétaire à Châlons-sur-Marne; elle a été couronnée au Concours régional de Châlons en 1861.

Feuilles moyennes, régulièrement ovales, se terminant en une pointe aiguë et bien ferme, creusées et à peine arquées, bordées de dents bien larges, assez peu profondes et obtuses, soutenues sur des pétioles courts, horizontaux et souples. — Caractère saillant de l'arbre : teinte générale du feuillage d'un vert d'eau peu foncé et mat; serrature des feuilles des pousses d'été formée de dents larges et obtuses. — Fruit moyen, sphérique, déformé dans son contour, plus large que haut, rappelant la forme de la Crassane. — Peau d'un jaune terne à la maturité, *Avril, Juin*. — Chair blanchâtre, cassante, suffisante en eau sucrée, sans parfum appréciable.

Kastner d'Hiver.

Kastner.	Oberdieck.
Kaestner.	Diel.
Kaestner d'hiver.	Catalogue Van Mons, n° 140.

Feuilles moyennes ou assez grandes, ovales, se terminant en une pointe un peu longue, large et aiguë, bordées de dents peu profondes, couchées, émoussées, soutenues horizontalement sur des pétioles longs, forts et souples. — Caractère saillant de l'arbre : teinte générale du feuillage d'un vert clair et gai; toutes les feuilles bien régulièrement creusées; rameaux bien érigés.

Kingsessing.

Downing.

Fleurs bien petites; pétales ovales-arrondis, concaves; divisions du calice assez courtes, fines, recourbées, rougeâtres; pédicelles courts, grêles, souvent rougeâtres, presque lisses. — Feuilles moyennes, ovales un peu élargies, se terminant en une pointe longue et large, presque planes, bordées de dents larges, profondes et obtuses, soutenues horizontalement sur des pétioles très-courts, très-grêles, fermes et dressés. — Caractère saillant de l'arbre : teinte générale du feuillage d'un vert herbacé peu foncé et peu brillant; pétioles des feuilles des pousses d'été remarquablement courts et fermes; pousses d'été non lavées de rouge, soyeuses à leur sommet.

Kirchberger Butterbirne.

Feuilles petites ou moyennes, ovales-arrondies, se terminant en une pointe très-courte et recourbée, concaves, irrégulièrement découpées plutôt que dentées par leurs bords, s'abaissant sur des pétioles courts, grêles et un peu souples. — Caractère saillant de l'arbre : teinte générale du feuillage d'un vert pré tendre et mat; différence remarquable de dimension entre les feuilles supérieures des pousses d'été et les feuilles inférieures ; la plupart des feuilles tendant plus ou moins à la forme arrondie ; toutes les feuilles entières ou presque entières et très-courtement ou non acuminées.

KNECHTCHENSBIRNE.

Biedenfeld.
Jahn.

Fleurs moyennes ; pétales elliptiques, concaves, se touchant presque entre eux ; divisions du calice courtes et recourbées en dessous ; pédicelles moyens, de moyenne force et cotonneux. — Feuilles petites, ovales, se terminant en une pointe courte et aiguë, presque planes, à peine arquées, bordées de dents très-larges, peu profondes et obtuses, très-bien soutenues sur des pétioles peu longs, peu forts et fermes. — Caractère saillant de l'arbre : teinte générale du feuillage d'un vert d'eau voilé par un duvet aranéeux ; toutes les feuilles petites ou très-petites ; pétioles des feuilles des productions fruitières extraordinairement grêles et souples.

KROWNBIRNE.

Diel.

Fleurs presque petites ; pétales ovales-arrondis, bien étalés, un peu concaves, blancs avant et après l'épanouissement ; divisions du calice assez longues, larges à la base, d'un beau fauve doré, bien cotonneuses en dessous, comme les pédicelles de moyenne longueur et forts. — Feuilles assez grandes, ovales-élargies, se terminant en une pointe peu longue, à peine concaves, bordées de dents fines, très-peu profondes, couchées et aiguës, longtemps garnies d'un duvet cotonneux, soutenues horizontalement sur des pétioles courts, forts et redressés. — Caractère saillant de l'arbre : teinte générale du feuillage d'un vert d'eau peu foncé et voilé d'un duvet aranéeux ; toutes les feuilles bien épaisses et tendant plutôt à la forme arrondie ; serrature des feuilles extraordinairement peu profonde.

LA JULIETTE.

Julienne ?   Downing.

Fleurs petites ; pétales obovales-arrondis, concaves, peu roses avant l'épanouissement ; divisions du calice courtes, un peu recourbées en dessous par leur pointe fine ; pédicelles peu longs, de moyenne force, un peu duveteux. — Feuilles moyennes, ovales-elliptiques, se terminant en une pointe un peu longue, un peu creusées, bordées de dents irrégulières, peu profondes et peu aiguës, soutenues sur des pétioles longs, grêles et flexibles. — Caractère saillant de l'arbre : teinte générale du feuillage d'un beau vert décidé sur les feuilles adultes, mais décidément jaune sur les feuilles les plus jeunes ; tous les pétioles bien longs et flexibles.

Langstielerin.
Jahn.

Fleurs assez petites ; pétales arrondis, peu concaves ; divisions du calice assez courtes, recourbées ; pédicelles longs, très-grêles, à peine duveteux. — Feuilles moyennes, obovales-allongées, se terminant en une pointe courte, concaves, entières par leurs bords, bien soutenues sur des pétioles un peu longs, grêles et fermes. — Caractère saillant de l'arbre : teinte générale du feuillage d'un vert herbacé clair et mat ; tous les pétioles longs, grêles et fermes ; toutes les feuilles allongées, peu larges et bien concaves.

La Sœur Grégoire.
Annales belges. Bivort.

Gain de M. Grégoire, propagé vers 1858.

Feuilles petites ou grandes, ovales-elliptiques, se terminant en une pointe courte, bien creusées, bordées de dents écartées, peu profondes, émoussées, se recourbant sur des pétioles très-courts, grêles et recourbés en dessous. — Caractère saillant de l'arbre : teinte générale du feuillage d'un vert intense ; ampleur des feuilles des productions fruitières faisant contraste avec la petite dimension des feuilles des pousses d'été.

Le Berriays.
André Leroy.

Fleurs moyennes ; pétales elliptiques-élargis, bien concaves, à long onglet ; divisions du calice moyennes, élargies à leur base, puis finement aiguës, étalées ; pédicelles assez longs, de moyenne force, peu duveteux. — Feuilles moyennes, ovales, se terminant en une pointe bien longue et aiguë, concaves, bordées de dents larges, un peu profondes et obtuses, bien soutenues sur des pétioles de moyenne longueur, de moyenne force et peu souples. — Caractère saillant de l'arbre : teinte générale du feuillage d'un vert bleu intense et luisant ; toutes les feuilles largement et plus ou moins profondément dentées ; pousses d'été bien colorées d'un joli rouge rosat.

L'Empressée.

Die Erzherzogsbirne.	Jahn.
Archiduc d'été.	Diel.
Gelbe Sommerherrnbirne.	Diel.

Fleurs petites ; pétales ovales-elliptiques, concaves, blancs avant et après l'épanouissement ; divisions du calice courtes, étalées ; pédicelles moyens, grêles et un peu duveteux. — Feuilles moyennes, ovales-allongées, se terminant en une pointe longue, un peu arquées, bordées de dents très-irrégulières, très-peu profondes et cependant aiguës, bien soutenues sur des pétioles courts, assez forts et redressés. — Caractère saillant de l'arbre : teinte générale du feuillage d'un vert jaune ; pousses d'été bien colorées d'un rouge sanguin à leur sommet ; feuilles stipulaires colorées de rouge.

Léonce de Lutre.

Feuilles petites, ovales-elliptiques, se terminant en une pointe fine, bien concaves et non arquées, bordées de dents fines, peu profondes, bien couchées et aiguës, soutenues sur des pétioles longs, peu forts et presque horizontaux. — Caractère saillant de l'arbre : teinte générale du feuillage d'un beau vert vif et brillant; toutes les feuilles étroites, celles des productions fruitières grandes, extraordinairement allongées et remarquablement creusées.

Léonce de Vaubernier.

Journal d'Agriculture pratique, 1870.
De Liron d'Airoles.

Supposé obtenu d'un semis de pepins du Milan blanc ou Bergamotte d'été fait par M. Léon Leclerc, de Laval, et propagé par M. Hutin, son chef de culture.

Léon Leclerc de Louvain.

André Leroy.
De Liron d'Airoles.

Fleurs assez grandes; pétales arrondis, concaves; divisions du calice courtes, très-aiguës, étalées; pédicelles de moyenne longueur, de moyenne force, peu duveteux. — Fruit moyen, sphérico-ovoïde, uni dans son contour. A la maturité, *Octobre*, la peau est d'un jaune citron bien doré du côté du soleil. — Chair jaune, fine, fondante, sucrée, bien parfumée, abondante en eau richement sucrée, constituant un fruit au moins de première qualité.

Lieutenant Poitevin.

De Liron d'Airoles.
Downing.
Lieutenant Poidevin.   André Leroy.

Gain du Comice d'Angers. Premier rapport en 1853.

Longue de Nacourt.

Beurré Amande.   Downing.
D'Amende double.   Downing.

Feuilles moyennes, ovales-allongées, se terminant en une pointe courte et bien aiguë, à peine concaves et à peine arquées, entières par leurs bords, assez mal soutenues sur des pétioles longs, de moyenne force et souples. — Caractère saillant de l'arbre : teinte générale du feuillage d'un vert clair et gai; toutes les feuilles remarquablement épaisses; tous les pétioles longs; feuilles des pousses d'été sensiblement atténuées vers le pétiole.

Longue d'Hiver de Saxe.

Fleurs petites; pétales arrondis-élargis, un peu concaves; divisions du calice moyennes, finement aiguës, peu recourbées en dessous; pédicelles de moyenne longueur, forts, presque lisses. — Feuilles moyennes, ovales-élargies, se terminant en une pointe courte, un peu creusées et arquées, bordées de dents fines, peu profondes, peu aiguës, soutenues horizontalement sur des pétioles courts, forts et redressés. — Caractère saillant de l'arbre : teinte générale du feuillage d'un vert vif et brillant ; toutes les feuilles creusées et arquées ; feuilles supérieures lavées d'un joli rouge ; feuilles des productions fruitières presque entières, se terminant en une pointe courte, fine, écornée ; aspect général du feuillage lisse.

Louis Bosc.

Album Bivort.
Bulletin de la Société Van Mons.

Origine incertaine, attribuée à Van Mons. Probablement la synonymie de Beurré Cullem qui lui est donnée est fausse.

Rameaux de moyenne force, finement anguleux dans leur contour, droits, d'un rouge lie de vin terne ; lenticelles blanchâtres, petites, peu nombreuses et peu apparentes. — Boutons à bois petits, coniques, parallèles au rameau ; écailles presque noires et un peu ombrées de gris. — Boutons à fruit gros, coniques, un peu renflés et obtus ; écailles d'un marron peu foncé. — Fleurs grandes ; pétales arrondis, bien concaves ; divisions du calice moyennes, finement aiguës ; pédicelles longs, peu forts et à peine duveteux. — Feuilles assez petites ou moyennes, ovales un peu allongées, se terminant en une pointe longue et aiguë, bordées de dents peu profondes, couchées et peu aiguës, soutenues horizontalement sur des pétioles un peu longs, grêles et redressés. — Caractère saillant de l'arbre : teinte générale du feuillage d'un vert bleu des plus intenses ; feuilles des pousses d'été remarquablement atténuées à leur base ; jeunes rameaux bien colorés.

Louise de Boulogne.

Fleurs moyennes ; pétales ovales-élargis, atténués à leur sommet, un peu concaves ; divisions du calice assez longues, finement aiguës, un peu recourbées ; pédicelles assez longs, de moyenne force, peu duveteux. — Feuilles moyennes, atténuées à leur base, s'élargissant à leur extrémité, se terminant en une pointe très-courte, obtuses, bordées de dents très-fines, très-peu profondes, assez aiguës, bien soutenues sur des pétioles de moyenne longueur et de moyenne force. — Caractère saillant de l'arbre : teinte générale du feuillage d'un vert très-clair, jaunâtre à l'extrémité des pousses d'été ; feuilles des productions fruitières la plupart planes et finement denticulées ; fruit vert et pointillé de gris autour de l'œil aussitôt qu'il est arrêté.

Lydie Thiérard.

Revue horticole, 1869.

Obtenue de pepins de la Bergamotte Crassane d'automne semés en 1857 par M. Jules Thiérard, jardinier à Rethel (Ardennes). Premier rapport en 1867. Mise au commerce par MM. Thiriot frères, pépiniéristes au Moulin-à-Vent, à Charleville (Ardennes).

Madame Grégoire.
Bivort.

Gain de Grégoire, de Jodoigne, propagé vers 1860.

Rameaux peu forts, souvent surmontés d'un bouton à fruit, un peu coudés à leurs entre-nœuds courts et inégaux entre eux, d'un brun jaunâtre; lenticelles blanchâtres, petites, nombreuses, peu apparentes. — Boutons à bois moyens, coniques, finement aigus, à direction écartée du rameau; écailles d'un marron rougeâtre et brillant, bordées de gris argenté. — Boutons à fruit moyens, conico-ovoïdes, maigres, un peu allongés; écailles d'un beau marron rougeâtre brillant. — Fleurs assez grandes; pétales elliptiques, concaves; divisions du calice longues, réfléchies en dessous; pédicelles longs, peu forts, un peu duveteux. — Feuilles moyennes, ovales un peu allongées, se terminant en une pointe courte, repliées, à peine arquées, bordées de dents très-peu profondes, s'abaissant un peu sur des pétioles longs, grêles, un peu flexibles. — Caractère saillant de l'arbre : teinte générale du feuillage d'un vert clair un peu jaune; tous les pétioles longs, grêles, légèrement colorés de rouge.

Madame Millet.

Jahn. André Leroy.
Downing. Congrès pomologique.

Rameaux de moyenne force, à peine anguleux dans leur contour, à entre-nœuds courts, jaunâtres, teintés de rouge clair du côté du soleil; lenticelles blanches, assez larges, espacées et apparentes. — Boutons à bois gros, coniques, à direction tantôt écartée, tantôt rapprochée du rameau; écailles jaunâtres, bordées de gris blanchâtre. — Boutons à fruit conico-ellipsoïdes, obtus; écailles d'un marron clair. — Fleurs moyennes; pétales ovales-élargis, un peu roses avant l'épanouissement; divisions du calice courtes, élargies à leur base, finement aiguës; pédicelles de moyenne longueur, forts, presque lisses. — Feuilles ovales-elliptiques, se terminant en une pointe peu longue, pliées et arquées, bordées de grosses dents inégales, aiguës, assez mal soutenues sur des pétioles longs, horizontaux, laissant bien cependant retomber la feuille. — Caractère saillant de l'arbre : teinte générale du feuillage d'un vert jaune; pétioles des feuilles des rosettes bien grêles, soutenant des feuilles bien menues.

Malconnaitre.

Fleurs assez grandes, souvent semi-doubles; pétales ovales, bien arrondis à leur sommet; divisions du calice longues, très-déliées, recourbées en dessous; pédicelles longs, grêles, peu duveteux. — Feuilles petites, ovales-elliptiques, se terminant en une pointe courte, planes, bordées de dents très-larges, soutenues horizontalement sur des pétioles assez longs, peu forts, raides et redressés. — Caractère saillant de l'arbre : teinte générale du feuillage d'un beau vert; feuilles des productions fruitières beaucoup plus amples que celles des pousses d'été; rameaux prenant de bonne heure une teinte sombre noirâtre.

Maréchal Dillen.

	André Leroy.
	Downing.
	Bivort.
Dillens herbstbirne.	Oberdieck.
Die Dillen.	Diel.
Dillen.	Lindley.

Obtenu et dédié par Van Mons au maréchal Dillen, grand chancelier du roi de Wurtemberg.

Fleurs moyennes ; pétales elliptiques-arrondis, bien concaves, roses avant l'épanouissement ; divisions du calice longues, étroites, recourbées ; pédicelles courts, forts, un peu duveteux.—Feuilles moyennes, ovales-allongées, sensiblement atténuées vers le pétiole, se terminant en une pointe courte, bordées de dents bien couchées, profondes et aiguës, s'abaissant peu sur des pétioles moyens, peu forts et peu flexibles. — Caractère saillant de l'arbre : teinte générale du feuillage d'un vert bleu vif et brillant ; toutes les feuilles plus ou moins allongées et bien creusées ; pétioles des feuilles des productions fruitières remarquablement longs et forts.

Marie-Marguerite.

Rameaux de moyenne force, souvent épaissis et terminés par un bouton à fruit, un peu coudés à leurs entre-nœuds, d'un brun rouge et brillant du côté du soleil ; lenticelles moyennes, peu nombreuses, un peu apparentes. — Boutons à bois moyens, coniques, épaissis à leur base, à direction peu écartée du rameau ; écailles d'un marron rougeâtre foncé. — Boutons à fruit moyens, conico-ovoïdes, un peu anguleux, un peu allongés et aigus ; écailles d'un marron rougeâtre. — Fleurs moyennes ou grandes ; pétales elliptiques-arrondis, peu concaves ; divisions du calice longues, larges, recourbées ; pédicelles longs, de moyenne force, à peine duveteux.—Feuilles moyennes ou petites, ovales-arrondies, se terminant en une pointe bien recourbée, repliées et arquées, bordées de dents fines, profondes et finement aiguës, bien soutenues sur des pétioles peu longs, grêles et redressés. — Caractère saillant de l'arbre : teinte générale du feuillage d'un beau vert herbacé vif et brillant ; serrature de toutes les feuilles remarquablement fine et bien aiguë ; tous les pétioles grêles.

Mariette de Millepieds.

André Leroy.

Fleurs petites ; pétales obovales, concaves, entièrement blancs ; divisions du calice longues, bien aiguës, un peu recourbées par leur pointe ; pédicelles courts, grêles, duveteux. — Feuilles obovales-elliptiques, se terminant en une pointe longue et fine, creusées en gouttière et non arquées, souvent recourbées en dessus par leur pointe, bordées de dents fines, peu profondes, aiguës, soutenues horizontalement sur des pétioles courts, grêles, souvent lavés de rouge. — Caractère saillant de l'arbre : teinte générale du feuillage d'un vert intense et mat ; toutes les feuilles concaves, se présentant bien horizontalement ; aspect lisse des pousses d'été.

Maurice Desportes.
André Leroy.

Fleurs petites ; pétales ovales-elliptiques, bien concaves ; divisions du calice moyennes, finement aiguës ; pédicelles un peu longs, très-grêles, presque glabres. — Feuilles petites, bien ovales, se terminant en une pointe assez longue et aiguë, creusées en gouttière et à peine arquées, bordées de dents fines, bien couchées, aiguës et souvent peu appréciables, bien fermes sur leurs pétioles très-courts, très-grêles et très-raides. — Caractère saillant de l'arbre : teinte générale du feuillage d'un vert herbacé peu foncé et peu brillant ; toutes les feuilles remarquablement petites ; tous les pétioles très-courts, très-grêles et bien raides.

Mes Délices.

Fleurs moyennes ; pétales elliptiques-arrondis, presque planes ; divisions du calice courtes, bien aiguës ; pédicelles courts, forts et cotonneux. — Feuilles moyennes ou assez petites, obovales-elliptiques, se terminant en une pointe très-courte et très-fine, concaves et recourbées en dessous seulement par leur pointe, bordées de dents larges, profondes et obtuses vers le pétiole, soutenues horizontalement sur des pétioles courts, grêles et peu souples. — Caractère saillant de l'arbre : teinte générale du feuillage d'un vert herbacé bien vif et luisant sur les jeunes feuilles ; toutes les feuilles plus ou moins petites, bien concaves ; tous les pétioles courts, grêles et fermes.

Meuris (Liegel).

Die Meuris.   Diel.

Obtenu par Van Mons dans sa pépinière de la Fidélité, à Bruxelles.

Feuilles moyennes, un peu obovales, se terminant en une pointe peu longue, très-aiguë, creusées, parfois ondulées, irrégulièrement bordées de dents inégales, peu profondes, s'abaissant bien sur des pétioles moyens, de moyenne force, bien souples. — Caractère saillant de l'arbre : teinte générale du feuillage d'un vert pré assez vif ; serrature de toutes les feuilles peu régulière et obtuse ; tous les pétioles plus ou moins souples.

Miel de Waterloo.

Prévost.

Fondante de Charneu.   André Leroy.
Merveille de Charneu.   Diel.
De Charneu.   Decaisne.

Feuilles petites, à peu près elliptiques, étroites, se terminant régulièrement en une pointe aiguë et scarieuse, bien repliées et bien arquées, bordées de dents irrégulières, larges et obtuses ou arrondies, se recourbant sur des pétioles de moyenne longueur, horizontaux et raides.

— Caractère saillant de l'arbre : feuilles des productions fruitières d'un vert intense noirâtre, souvent chiffonnées ou contournées ; différence de leur ampleur avec celle des pousses d'été ; pousses d'été allongées, flexueuses, d'un vert très-intense à leur base, d'un vert clair à leur sommet garni d'un duvet laineux. — Fruit gros, piriforme-ovoïde, uni dans son contour. — Peau un peu épaisse, d'abord d'un vert décidé, passant au jaune terne à la maturité, *Octobre* ; le côté du soleil est richement doré et parfois lavé de rouge. — Chair d'un blanc grisâtre, fine, un peu pierreuse vers le cœur, suffisante en eau bien sucrée, agréablement parfumée, constituant un fruit de première qualité.

Minette.

Fleurs grandes, souvent semi-doubles ; pétales arrondis, légèrement roses avant l'épanouissement ; divisions du calice larges à la base, aiguës, recourbées ; pédicelles assez longs, de moyenne force, laineux. — Feuilles assez petites ou moyennes, ovales, se terminant en une pointe longue et large, peu arquées, bordées de dents inégales, assez peu profondes, fines et aiguës, soutenues horizontalement sur des pétioles courts, grêles et redressés. — Caractère saillant de l'arbre : teinte générale du feuillage d'un vert peu foncé, vif et gai ; feuilles des pousses d'été remarquablement repliées ; tous les pétioles courts et fermes.

Minot Jean-Marie.

De Liron d'Airoles.

Obtenu par Grégoire, de Jodoigne, d'un semis de pepins de Passe-Colmar. Premier rapport en 1850.

Fleurs moyennes ; pétales bien régulièrement ovales, un peu concaves, striés de rose vif avant et après l'épanouissement ; divisions du calice moyennes, recourbées ; pédicelles courts, grêles, duveteux et un peu colorés. — Feuilles moyennes, ovales-elliptiques, se terminant en une pointe peu longue et étroite, planes, souvent ondulées, bordées de dents un peu profondes, couchées et aiguës, soutenues horizontalement sur des pétioles un peu redressés et peu souples. — Caractère saillant de l'arbre : teinte générale du feuillage d'un vert herbacé peu foncé et mat ; toutes les feuilles presque planes ; tous les pétioles extraordinairement longs.

Mispodre Benoit.

Feuilles moyennes ou assez petites, ovales-élargies, un peu échancrées vers le pétiole, se terminant en une pointe très-courte, fine et recourbée, largement ondulées et contournées, bordées de dents très-fines, très-peu profondes, peu appréciables, bien soutenues horizontalement sur des pétioles courts, grêles, fermes et redressés. — Caractère saillant de l'arbre : teinte générale du feuillage d'un vert d'eau foncé et peu brillant; toutes les feuilles petites ou assez petites, élargies et largement ondulées, très-courtement et très-finement acuminées; tous les pétioles courts, bien grêles et cependant bien raides.

Mollet's Guernesey.

Mollet's Guernsey Beurré.   Downing.

Cette variété anglaise a été obtenue par M. Charles Mollet, de Guernesey.

Feuilles moyennes, ovales, se terminant en une pointe aiguë, creusées et arquées, bordées de dents bien larges, profondes, bien soutenues sur des pétioles un peu longs, grêles, cependant raides et bien dressés. — Caractère saillant de l'arbre : les plus jeunes feuilles d'un vert clair et bien jaune; les feuilles adultes d'un vert pré peu foncé et terne; toutes les feuilles remarquablement arquées, largement dentées; pousses d'été soyeuses à leur sommet.

Monseigneur Sibour.

André Leroy.
Annales belges. Bivort.

Gain de Grégoire, de Jodoigne. Premier rapport en 1855.

Rameaux peu forts, unis dans leur contour, à peine coudés à leurs entre-nœuds courts, d'un brun verdâtre; lenticelles blanchâtres, un peu larges, arrondies ou allongées, nombreuses et apparentes. — Boutons à bois petits, coniques, aigus, souvent éperonnés et alors à direction très-écartée du rameau; écailles d'un marron rougeâtre et brillant. — Boutons à fruit assez gros, coniques-allongés et aigus : écailles d'un beau marron uniforme. — Fleurs petites; pétales ovales-elliptiques, à onglet presque nul; divisions du calice très-courtes, peu recourbées; pédicelles de moyenne longueur, de moyenne force, à peine duveteux. — Feuilles petites, obovales, se terminant régulièrement en une pointe de consistance cornée, bien recourbées, repliées et arquées, irrégulièrement découpées ou entières dans leur contour, se recourbant sur des pétioles longs, de moyenne force, légèrement fléchis en dessous. — Caractère saillant de l'arbre : teinte générale du feuillage d'un vert d'eau peu foncé; toutes les feuilles entières, à pointe recourbée, aiguë et résistante.

More's Pound.

Rameaux peu forts, presque unis dans leur contour, à entre-nœuds courts, jaunes et ombrés de gris; lenticelles blanchâtres, petites, rares. — Boutons à bois petits, coniques et peu aigus, à direction presque parallèle au rameau; écailles d'un marron foncé recouvert de gris terne. — Boutons à fruit moyens, ovoïdes, émoussés; écailles d'un marron peu foncé. — Fleurs petites; pétales obovales, souvent échancrés à leur sommet, concaves; divisions du calice assez courtes, étroites, peu recourbées; pédicelles un peu longs, de moyenne force, duveteux. — Feuilles petites, obovales-elliptiques, se terminant en une pointe finement aiguë, bien creusées et non arquées, bordées de dents peu profondes, bien soutenues sur des pétioles peu longs, grêles et redressés. — Caractère saillant de l'arbre : feuilles des pousses d'été remarquablement effilées; toutes les feuilles bien finement acuminées.

Muscadelle d'Automne.

Fleurs presque grandes ; pétales arrondis-élargis, rétrécis au sommet; divisions du calice courtes, bien élargies à la base; pédicelles courts, forts, laineux. — Feuilles petites ou moyennes, régulièrement ovales, se terminant en une pointe finement aiguë, bordées de dents larges, un peu profondes et peu aiguës, soutenues horizontalement sur des pétioles très-courts, redressés et peu souples. — Caractère saillant de l'arbre : teinte générale du feuillage d'un vert vif et gai ; les plus jeunes feuilles bordées d'un rouge clair et assez vif; toutes les feuilles bien fermes sur leurs pétioles très-courts, grêles et très-raides.

Muscat d'Autriche.

Oesterreichische muskatellerbirne.   Liegel.

Ressemble au vrai Muscat royal de Duhamel. Fruit bon pour la table et pour le cidre ; c'est avec cette dernière recommandation que Liegel l'avait reçu.

Muscat Lallemand.

Deutsche muskateller ?   Jahn.

Rameaux peu forts, allongés, finement anguleux dans leur contour, à entre-nœuds longs, rougeâtres du côté du soleil et comme recouverts d'une pellicule ; lenticelles grisâtres, petites, arrondies, à peine apparentes. — Boutons à bois assez petits, coniques, courts, à direction peu écartée du rameau ; écailles d'un marron foncé, bordées de gris sombre. — Boutons à fruit moyens, conico-ovoïdes ; écailles d'un marron foncé un peu terne. — Fleurs moyennes ; pétales ovales-arrondis, bien concaves ; divisions du calice courtes, finement aiguës, peu recourbées ; pédicelles courts, grêles, peu duveteux. — Feuilles moyennes, ovales-elliptiques, se terminant en une pointe large, un peu longue, creusées et un peu arquées, bordées de dents larges, peu profondes et obtuses, parfois irrégulièrement découpées dans leurs bords, soutenues horizontalement sur des pétioles courts, de moyenne force, peu redressés. — Caractère saillant de l'arbre : teinte générale du feuillage d'un beau vert d'eau vif et luisant; toutes les feuilles elliptiques, plus ou moins épaisses, longtemps bordées d'un duvet blanc; feuilles supérieures bien laineuses à leur page inférieure.

Muscat Vert.

Muscat Vert de Provence ?   Decaisne.
Muskateller grüne Sommer.   Diel.

Fleurs moyennes ou grandes ; pétales elliptiques-arrondis, concaves ;

divisions du calice moyennes, étroites, bien recourbées, presque annulaires; pédicelles assez courts, forts et duveteux. — Feuilles moyennes, elliptiques-arrondies, se terminant en une pointe courte et fine, entières par leurs bords, s'abaissant plus ou moins sur des pétioles bien courts, peu forts, redressés et un peu souples. — Caractère saillant de l'arbre : feuilles des pousses d'été d'un vert clair et brillant, celles des productions fruitières d'un vert clair et très-terne ; feuilles des pousses d'été remarquablement creusées et arquées, celles des productions fruitières presque planes ou à peine concaves; toutes les feuilles tendant à la forme arrondie. — Fruit assez petit, turbiné, uni dans son contour. — Peau un peu épaisse et ferme, à la maturité, *commencement d'Août*, d'un jaune clair verdâtre, le côté du soleil est indiqué seulement par un ton un peu plus chaud. — Chair blanchâtre, grossière, cassante, suffisante en eau sucrée, assez agréable, constituant un fruit seulement de seconde qualité pour la saison, et de troisième s'il mûrissait plus tard.

Musquée Van Mons.

Rameaux de moyenne force, très-obscurément anguleux dans leur contour, coudés à leurs entre-nœuds courts, d'un vert un peu jaune ; lenticelles d'un blanc jaunâtre, larges, peu nombreuses et apparentes. — Boutons à bois gros, coniques, allongés, peu aigus, à direction écartée du rameau ; écailles d'un marron foncé, recouvertes de gris argenté. — Boutons à fruit très-petits, presque coniques, peu aigus ; écailles de couleur marron. — Fleurs un peu grandes; pétales ovales-elliptiques, bien concaves ; divisions du calice courtes, bien aiguës ; pédicelles assez courts, forts, un peu cotonneux. — Feuilles petites, obovales-elliptiques, se terminant en une pointe courte, creusées, bordées de dents larges, assez peu profondes et émoussées, bien dressées sur des pétioles de moyenne longueur et raides. — Caractère saillant de l'arbre : teinte générale du feuillage d'un vert clair et gai ; stipules élargies d'une manière caractéristique ; feuilles des productions fruitières bien régulièrement ovales et bien entières.

Nouvelle d'Esperen.

Fleurs moyennes ; pétales ovales-elliptiques, peu concaves ; divisions du calice de moyenne longueur, très-finement aiguës, peu recourbées en dessous ; pédicelles de moyenne longueur, un peu duveteux. — Feuilles petites, exactement ovales, se terminant en une pointe finement aiguë, concaves et non arquées, bordées de dents fines, bien soutenues sur des pétioles courts, forts et redressés. — Caractère saillant de l'arbre: teinte générale du feuillage d'un vert terne et peu foncé ; denture de toutes les feuilles caractéristiquement régulière, fine et aiguë ; toutes les feuilles bien régulière de forme et bien creusées en gouttière.

Nouvelle Fulvie.

	André Leroy.	De Liron d'Airoles.
Neue Fulvie.	Jahn.	*Annales belges.* Bivort.

Obtenue par M. Grégoire, de Jodoigne. Premier rapport en 1854.

Fleurs moyennes; pétales ovales-arrondis, concaves; divisions du calice assez courtes, finement aiguës; pédicelles courts, moyens, très-grêles, à peine duveteux. — Feuilles moyennes, ovales-elliptiques, se terminant en une pointe assez longue, bien concaves, recourbées en dessus, bordées de dents peu larges, peu profondes et émoussées, soutenues horizontalement sur des pétioles courts, forts et flexibles. — Caractère saillant de l'arbre : teinte générale du feuillage d'un vert herbacé et mat; toutes les feuilles tendant à la forme arrondie; tous les pétioles courts et grêles.

Niles.

Downing.

Fleurs grandes; pétales obovales un peu allongés, bien concaves; divisions du calice longues, bien recourbées en dessous; pédicelles longs, forts et cotonneux. — Feuilles assez grandes, obovales-elliptiques, se terminant en une pointe courte et bien fine, presque planes, bordées de dents peu profondes, assez mal soutenues sur des pétioles de moyenne longueur, bien flexibles. — Caractère saillant de l'arbre : teinte générale du feuillage d'un vert jaune clair ; la plupart des feuilles presque planes; pousses d'été légèrement lavées de rouge.

Oneida.

Fleurs petites ; pétales ovales-arrondis, peu concaves ; divisions du calice moyennes, aiguës et à peine recourbées; pédicelles un peu courts, de moyenne force, duveteux. — Feuilles petites, ovales, se terminant régulièrement en une pointe un peu longue, très-fine, les supérieures bordées de dents très-peu profondes, les inférieures bordées de dents larges et profondes, bien soutenues sur des pétioles moyens, grêles, cependant raides et bien redressés. — Caractère saillant de l'arbre : teinte générale du feuillage d'un beau vert intense; toutes les feuilles bien finement acuminées, recourbées et aiguës ; tous les pétioles bien grêles ; pousses d'été colorées d'un rouge sanguin vif à leur sommet.

Orange d'Été.

Müskirte Pomeranzenbirne.   Jahn.

Fleurs grandes; pétales elliptiques-élargis, peu concaves, striés dans leurs bords de rose vif avant l'épanouissement; divisions du calice de moyenne longueur, un peu recourbées en dessous; pédicelles courts, assez forts, presque lisses. — Feuilles moyennes, ovales un peu allongées, s'atténuant promptement pour se terminer en une longue pointe, bien creusées et arquées, bordées de dents fines, très-peu profondes, se recourbant sur des

pétioles de moyenne longueur, de moyenne force, raides et bien redressés.
— Caractère saillant de l'arbre : teinte générale du feuillage d'un beau vert luisant ; aspect lisse de toute la végétation ; toutes les feuilles bien creusées et finement acuminées ; pousses d'été lavées de rouge vineux à leur sommet et vers les nœuds, lisses sur toute leur longueur.

Orpheline Colmar.

Downing.
Bulletin de la Société Van Mons.
Annales belges. Bivort.

D'après Bivort, obtenue par Van Mons peu de temps avant sa mort, et communiquée à M. le comte de Mont-Blanc, d'Ingelmunster, qui en fut le premier propagateur.

Petite Marguerite.

André Leroy.

Fleurs moyennes ; pétales elliptiques-élargis, concaves, d'un rose vif avant l'épanouissement ; divisions du calice très-courtes, larges à leur base et cependant bien aiguës ; pédicelles de moyenne longueur, un peu forts, bien duveteux. — Feuilles moyennes, elliptiques-arrondies, se terminant en une pointe large et longue, bordées de dents larges, profondes et bien aiguës, soutenues horizontalement sur des pétioles de moyenne longueur, de moyenne force, redressés, un peu souples. — Caractère saillant de l'arbre : teinte générale du feuillage d'un beau vert gai et brillant ; toutes les feuilles et surtout celles des productions fruitières tendant à la forme arrondie, bordées de dents remarquablement profondes et aiguës.

Petit Muscat d'Été.

Cette variété se distingue de l'autre Petit Muscat par ses feuilles encore plus petites, d'un vert plus foncé et bien ondulées ; par la forme de ses fruits et sa queue aussi plus longue.

Feuilles petites, elliptiques-arrondies, se terminant en une pointe à peine appréciable, ondulées, bordées de dents un peu larges, un peu profondes et obtuses, soutenues horizontalement sur des pétioles moyens, très-grêles et un peu souples. — Caractère saillant de l'arbre : teinte générale du feuillage d'un vert herbacé ; toutes les feuilles petites, creusées en gouttière, arquées et ondulées ; tous les pétioles extraordinairement grêles ; fruits bien colorés de rouge d'abord, puis passant au vert clair.

Pierces N° 2.

Fleurs moyennes ; pétales elliptiques-élargis, concaves ; divisions du calice courtes, bien recourbées en dessous, souvent presque annulaires ; pédicelles moyens, peu forts, à peine duveteux. — Feuilles très-petites, ovales, se terminant en une pointe étroite et bien aiguë, à peine arquées, bordées de dents bien larges, peu profondes et bien obtuses, soutenues horizontalement sur des pétioles peu longs, très-grêles et fermes. — Caractère saillant de l'arbre : teinte générale du feuillage d'un vert pré vif et brillant ; feuilles des pousses d'été remarquablement petites et largement crénelées ; serrature des feuilles des productions fruitières profonde et acérée.

Pierre Demanet.

Fleurs assez grandes ; pétales arrondis, concaves, se recouvrant entre eux, finement striés de rose ; divisions du calice longues et étalées ; pédicelles de moyenne longueur, de moyenne force, peu duveteux. — Feuilles à peine moyennes, obovales-élargies, se terminant en une pointe très-courte et très-fine, convexes et parfois très-arquées, les inférieures bordées de dents aiguës, les supérieures presque entières, bien soutenues sur des pétioles moyens, grêles, bien redressés. — Caractère saillant de l'arbre : teinte générale du feuillage d'un vert herbacé et un peu mat ; toutes les feuilles courtes et plus ou moins élargies, toutes bien finement acuminées.

Piton.

André Leroy.
De Liron d'Airoles.

Semis de hasard trouvé sur la propriété de M. Piton, à Cholet (Maine-et-Loire).

Fleurs moyennes ou presque grandes ; pétales ovales, bien atténués à leur sommet et presque aigus, bien concaves ; divisions du calice moyennes, larges et cependant finement aiguës, peu recourbées ; pédicelles moyens, de moyenne force, à peine duveteux.

Pocahontas.

Downing.

Fleurs petites ; pétales ovales-étroits, peu concaves, un peu roses avant l'épanouissement ; divisions du calice de moyenne longueur, très-étroites, finement aiguës ; pédicelles courts, grêles, un peu duveteux. — Feuilles petites, ovales, se terminant en une pointe longue, planes ou peu concaves, bordées de dents régulières, un peu larges, un peu profondes, peu soutenues sur des pétioles longs, grêles et flexibles. — Caractère saillant de l'arbre : branchage faible ; feuillage menu ; fruit bien coloré aussitôt qu'il est assuré.

Poire Brunette.

Inédite.

Obtenue d'un semis de pepins de Passe-Colmar fait en 1846 par M. Alphonse Mas. Premier rapport en 1860.

Fruit petit, sphérico-ovoïde, uni dans son contour. — Peau fine, tendre, douce au toucher, d'un vert clair passant au jaune canari à la maturité, *Septembre, Octobre*. — Chair d'un blanc jaunâtre, très-fine, serrée, fondante, suffisante en eau sucrée, vineuse, hautement parfumée d'un musc enivrant.

Poire d'Angoisse.
André Leroy.

Fleurs moyennes ; pétales elliptiques-arrondis, concaves ; divisions du calice courtes, très-finement aiguës ; pédicelles longs, grêles et à peine duveteux. — Feuilles assez petites, elliptiques-arrondies, se terminant en une pointe très-courte, peu repliées et convexes par leurs côtés, bordées de dents très-fines et peu profondes, souvent peu appréciables, soutenues horizontalement sur des pétioles moyens, grêles et redressés. — Caractère saillant de l'arbre : teinte générale du feuillage d'un vert d'eau peu foncé ; toutes les feuilles un peu convexes par leurs côtés ; sommet des pousses d'été bien coloré de rouge vineux.

Poire Dardaine.

Présentée en 1869 au Congrès pomologique par M. Chabert, secrétaire de la Société d'horticulture de Metz.

Fruit moyen ou assez gros, sphérique-déprimé et tronqué à ses deux pôles, souvent un peu irrégulier dans son contour. — Peau un peu épaisse et ferme, d'un jaune citron pâle à la maturité, *fin de Septembre.* — Chair blanche, fine, un peu serrée, beurrée, fondante, très-légèrement pierreuse vers le cœur, abondante en eau douce, finement acidulée, agréable, constituant un fruit de bonne qualité et de maturation prolongée ; propre au marché par sa facilité de supporter le transport. La poire Dardaine doit être cueillie longtemps avant maturité pour augmenter sa qualité.

Poire d'Auray.
André Leroy.
De Liron d'Airoles.

Semis de hasard propagé par M. Glain, ancien notaire à Auray (Morbihan). Premier rapport vers 1822 ou 1823.

Poire de Bonneau.

Fleurs presque moyennes ; pétales ovales-arrondis, concaves ; divisions du calice moyennes, bien aiguës, émoussées ; pédicelles de moyenne longueur, peu forts, peu duveteux. — Feuilles assez petites, ovales un peu allongées et peu larges, se terminant en une pointe très-courte et très-fine, planes, bordées de dents un peu écartées, un peu profondes et peu aiguës, soutenues horizontalement sur des pétioles moyens, redressés et fermes. — Caractère saillant de l'arbre : teinte générale du feuillage d'un vert très-clair et mat ; feuilles des productions fruitières remarquablement elliptiques ; toutes les feuilles planes ou presque planes ; faciès entre Passe-Colmar et Iris Grégoire.

Poire de l'Assomption.
Revue horticole, 1866.

Obtenue par M. Ruillé de Beauchamp, au Pont Saint-Martin, près de Nantes, d'un pepin de variété inconnue. Premier rapport en 1863.

Poire d'Œuf.

Fleurs presque moyennes; pétales ovales-arrondis, blancs avant l'épanouissement; pédicelles assez longs, minces, un peu laineux. — Fruit petit ou moyen, sphérique, venant assez souvent en bouquets. — Peau fine et cependant épaisse, d'un jaune verdâtre à la maturité, *Octobre*, le côté du soleil se raye de rouge brun sombre. — Chair blanche, fine, un peu ferme et suffisante en eau sucrée, réellement rafraîchissante, d'un parfum agréable. *(Figure 8.)*

Poire du Congrès Pomologique.

André Leroy.
De Liron d'Airoles.

Gain de M. Boisbunel, de Rouen, dédié au Congrès pomologique de Lyon. Premier rapport en 1856.

Fleurs moyennes; pétales ovales-elliptiques, concaves; divisions du calice assez courtes, étroites, à peine recourbées; pédicelles très-courts, peu forts, presque glabres. — Feuilles petites, ovales, souvent partagées en deux parties inégales par leur nervure médiane, se terminant en une pointe un peu longue, bordées de dents larges, inégales, bien soutenues sur des pétioles courts, très-grêles, bien redressés. — Caractère saillant de l'arbre : branchage et feuillage menus; toutes les feuilles petites; tous les pétioles courts, très-grêles; pousses d'été de peu de force, droites, d'un vert clair, colorées de rouge sanguin à leur sommet presque lisse.

Poire Garotte.

Feuilles à peine moyennes, ovales-elliptiques, se terminant en une pointe très-aiguë, bien recourbée, irrégulièrement bordées de dents larges, un peu profondes, obtuses, s'abaissant un peu sur des pétioles assez courts, de moyenne force, un peu souples. — Caractère saillant de l'arbre : teinte générale du feuillage d'un vert herbacé intense et peu brillant; ampleur extraordinaire des feuilles des productions fruitières, par rapport à celles des feuilles des pousses d'été; toutes les feuilles mollement soutenues.

Poire Hédouin.

Horticulteur français, 1861.

Feuilles moyennes, arrondies, se terminant très-brusquement en une pointe longue, bien concaves, bordées de dents irrégulières, peu profondes, souvent peu appréciables, bien soutenues sur des pétioles un peu longs, de moyenne force, bien fermes. — Caractère saillant de l'arbre : teinte générale du feuillage d'un vert d'eau bien décidé et longtemps voilé par un duvet aranéeux; toutes les feuilles extraordinairement concaves et celles des productions fruitières petites, souvent ondulées.

Poire Legras.

Journal de la Société d'horticulture de la Moselle.

Obtenue par M. Legras, amateur à Lessy (Moselle), de pepins de Bon-Chrétien d'hiver, semés en 1847. Premier rapport en 1857. Maturité, *fin Novembre et Décembre.*

Poire Renoz.

Fleurs moyennes; pétales elliptiques, bien concaves ; divisions du calice moyennes, finement aiguës, un peu réfléchies en dessous; pédicelles un peu longs, de moyenne force, peu duveteux. — Feuilles moyennes, ovales-allongées, se terminant en une pointe bien aiguë, arquées, bordées de dents bien couchées, un peu profondes et aiguës, soutenues sur des pétioles courts, grêles, redressés et peu souples. — Caractère saillant de l'arbre : teinte générale du feuillage d'un vert vif et brillant ; toutes les feuilles bien creusées ou repliées, allongées et peu larges, surtout celles des productions fruitières ; tous les pétioles assez courts et peu souples.

Poirier d'Automne a feuilles de Saule.

Fleurs petites ; pétales ovales-élargis, chiffonnés, presque blancs avant l'épanouissement; divisions du calice longues, très-aiguës, cotonneuses comme les pédicelles qui sont de moyenne longueur et de moyenne force. — Feuilles moyennes, lancéolées, se terminant en une pointe longue, entières dans leur contour, cotonneuses en dessus et en dessous, bien soutenues sur des pétioles longs, forts et redressés. — Caractère saillant de l'arbre : aspect farineux de tout le feuillage ; feuilles des productions fruitières plus élargies, planes.

Polnische grune Frankbirne.

Fleurs moyennes ; pétales elliptiques-élargis, peu concaves ; divisions du calice un peu longues, assez peu recourbées ; pédicelles longs, grêles et un peu laineux. — Feuilles petites, obovales-elliptiques, se terminant en une pointe courte, concaves, entières par leurs bords, soutenues horizontalement sur des pétioles très-courts, très-grêles, fermes et redressés. — Caractère saillant de l'arbre : teinte générale du feuillage d'un vert d'eau vif et brillant; grande différence de proportion entre les deux sortes de feuilles ; pousses d'été bien cotonneuses.

Pomeranzenbirne runde Sommer.

Runde Sommer Pomeranzenbirne.   Diel.

Fleurs moyennes ou assez grandes ; pétales ovales bien élargis, concaves; divisions du calice courtes, étalées; pédicelles moyens, de moyenne force, peu duveteux. — Feuilles moyennes, ovales-elliptiques, se terminant en une pointe peu longue, aiguë, recourbées en dessous, concaves, bordées de dents larges, profondes, un peu aiguës, soutenues horizontalement sur des pétioles de moyenne force, redressés et très-raides. — Caractère saillant de l'arbre : teinte générale du feuillage d'un vert bleu des plus intenses, peu brillant ; feuilles des pousses d'été remarquablement épaisses ; tous les pétioles bien fermes ; toutes les feuilles remarquablement recourbées en dessous par leur pointe ; feuilles des productions fruitières souvent convexes et bien ondulées ; tous les pétioles très-fermes.

Pomeranzenbirne von Tabergau.

Fleurs petites ; pétales arrondis, peu concaves, peu roses avant l'épanouissement ; divisions du calice bien longues, recourbées en dessus ; pédicelles assez courts, grêles et duveteux. — Feuilles petites, ovales-elliptiques, se terminant en une pointe longue, bien concaves, bordées de dents un peu larges, peu profondes et bien obtuses, dressées sur des pétioles courts, grêles et raides. — Caractère saillant de l'arbre : teinte générale du feuillage d'un vert gai ; fruits d'un vert très-pâle au moment où ils sont noués ; toutes les feuilles concaves ou largement creusées en gouttière et finement acuminées.

Prémices de Wagelwater.

Fleurs petites ; pétales ovales-elliptiques, bien arrondis à leur sommet, concaves ; divisions du calice de moyenne longueur, finement aiguës, recourbées en dessous seulement par leur pointe ; pédicelles courts, un peu forts et un peu cotonneux. — Feuilles moyennes ou ovales-élargies, se terminant en une pointe un peu longue, convexes, recourbées en dessous, entières dans leurs bords ou imperceptiblement dentées, soutenues horizontalement sur des pétioles longs, grêles et redressés. — Caractère saillant de l'arbre : teinte générale du feuillage d'un vert bleu ; toutes les feuilles entières ou presque entières.

Président de Boutteville.

Fleurs petites ; pétales ovales-elliptiques, concaves, à onglet presque nul ; divisions du calice bien larges à leur base et cependant bien aiguës, à peine recourbées ; pédicelles courts, forts, duveteux. — Feuilles moyennes, ovales-elliptiques, se terminant en une pointe un peu longue et fine, bien creusées et bien arquées, régulièrement bordées de dents très-fines, un peu profondes, assez mal soutenues sur des pétioles un peu longs, grêles, et flexibles. — Caractère saillant de l'arbre : teinte générale du feuillage d'un beau vert décidé et brillant ; toutes les feuilles remarquablement creusées et finement dentées ; feuillage élégant par sa forme et sa teinte.

Président Mas.

Revue horticole, 1870.

Gain de M. Boisbunel, de Rouen ; premier rapport en 1865 et dédié par lui, en 1867, à M. Alphonse Mas, président de la Société d'horticulture de l'Ain.

Fruit gros, cylindrique, déformé dans son contour. — Peau d'un jaune clair à la maturité, *Novembre, Décembre*. — Chair fine, bien fondante, abondante en eau sucrée, parfumée, constituant un fruit de première qualité.

Président Muller.

Fleurs assez grandes ; pétales ovales-elliptiques, concaves ; divisions du calice longues, larges, bien recourbées ; pédicelles très-courts, forts et un peu duveteux. — Feuilles petites, exactement ovales, se terminant en une pointe courte et bien fine, creusées et à peine arquées, entières ou irrégulièrement bordées de dents très-peu profondes, couchées et peu aiguës, soutenues horizontalement sur des pétioles de moyenne longueur, de moyenne force et redressés. — Caractère saillant de l'arbre : teinte générale du feuillage d'un vert clair un peu blond sur les jeunes pousses dont les feuilles sont aussi bordées de rouge ; toutes les feuilles entières ou presque entières.

Président Royer.

André Leroy.

Fleurs petites ; pétales obovales-elliptiques, peu concaves ; divisions du calice moyennes, finement aiguës, recourbées en dessous ; pédicelles de moyenne longueur, de moyenne force, cotonneux. — Feuilles petites, ovales-élargies, se terminant en une pointe un peu longue et recourbée, concaves, entières ou irrégulièrement dentées dans leurs bords garnis d'un duvet blanc, soutenues sur des pétioles peu longs, grêles, raides et peu redressés. — Caractère saillant de l'arbre : teinte générale du feuillage d'un vert d'eau peu foncé ; toutes les feuilles petites et tendant à la forme arrondie ; tous les pétioles bien grêles.

Prince Camille.

Fleurs moyennes ; pétales bien élargis, arrondis et pliés à leur sommet, concaves, un peu dressés, blancs avant l'épanouissement ; divisions du calice longues, réfléchies en dessous ; pédicelles assez longs, grêles, laineux. — Feuilles petites, ovales-elliptiques et peu larges, se terminant en une pointe bien aiguë, creusées, bordées de dents fines, très-peu profondes, couchées et peu appréciables, bien soutenues sur des pétioles courts, bien grêles, redressés et fermes. — Caractère saillant de l'arbre : teinte générale du feuillage d'un vert assez intense ; toutes les feuilles bien creusées en gouttière, celles des productions fruitières grandes, ovales-élargies ; tous les pétioles remarquablement courts.

Princière.
André Leroy.

Fleurs bien petites ; pétales elliptiques, bien concaves ; divisions du calice moyennes, bien étroites, finement aiguës ; pédicelles courts, peu forts et laineux. — Feuilles moyennes, ovales bien allongées et étroites, se terminant en une pointe finement aiguë, bien creusées et bien arquées, bordées de dents larges, un peu profondes et bien obtuses, s'abaissant peu sur des pétioles peu longs, forts, peu redressés et fermes. — Caractère saillant de l'arbre : teinte générale du feuillage d'un vert herbacé clair et mat ; toutes les feuilles bien allongées et étroites, remarquablement creusées et arquées.

Professeur Hortolès.

Rameaux de moyenne force, anguleux dans leur contour, à entre-nœuds courts, d'un brun violacé du côté du soleil ; lenticelles blanchâtres, petites, peu apparentes. — Boutons à bois moyens, coniques, épais, aigus, à direction peu écartée du rameau ; écailles d'un beau marron rougeâtre foncé et brillant, bordées de gris argenté. — Boutons à fruit gros, conico-ovoïdes ; écailles d'un marron rougeâtre foncé largement maculé de gris blanchâtre. — Fleurs moyennes ; pétales ovales-elliptiques, peu concaves ; divisions du calice très-courtes, bien aiguës, un peu recourbées ; pédicelles très-courts, peu forts et un peu cotonneux. — Fruit moyen ou presque gros, turbiné-sphérique et très-ventru, ordinairement irrégulier dans son contour.—Peau fine, mince, unie, douce au toucher ; à la maturité, *fin de Septembre et commencement d'Octobre*, le vert fondamental passe au jaune citron un peu verdâtre, brillant, le côté du soleil se lave d'un rouge clair sur lequel se détachent bien des points d'un rouge vermillon. — Chair blanchâtre, fine, fondante, ruisselante en eau bien sucrée, agréablement et délicatement parfumée, constituant un fruit de première qualité.

Ravut.
Horticulteur français, 1858.
Decaisne.

Obtenu par M. Ferdinand Gaillard, pépiniériste à Brignais (Rhône), et dédié par lui à M. Ravut, maire de la commune de Vourles (Rhône).

Feuilles à peine moyennes, ovales, se terminant en une pointe un peu longue, bien fine, concaves, bordées de dents peu appréciables, soutenues horizontalement sur des pétioles courts, un peu forts, redressés. — Caractère saillant de l'arbre : teinte générale du feuillage d'un vert assez intense, vif et brillant ; toutes les feuilles bien épaisses, bien concaves ou bien creusées et non arquées.

Régine.

Fleurs moyennes ; pétales ovales-arrondis, bien concaves, presque blancs avant l'épanouissement ; divisions du calice moyennes, un peu réfléchies en dessous ; pédicelles courts, forts, un peu laineux. — Feuilles moyennes, ovales-allongées, se terminant en une pointe peu recourbée, bordées de dents très-peu profondes, peu aiguës, bien soutenues sur des pétioles moyens, de moyenne force, un peu redressés. — Caractère saillant de l'arbre : teinte générale du feuillage d'un vert clair, vif et gai ; toutes les feuilles régulièrement ovales, peu larges, fermes sur leurs pétioles bien raides.

Reine des Belges.

Ressemble au Beurré gris ancien.

Fleurs presque petites ; pétales ovales, très-concaves ; divisions du calice moyennes, finement aiguës ; pédicelles très-courts, forts, presque lisses. — Feuilles petites, ovales-allongées, se terminant en une pointe souvent bien recourbée, bordées de dents fines, très-peu profondes, à peine appréciables, bien soutenues sur des pétioles courts, très-grêles, redressés et fermes. — Caractère saillant de l'arbre : teinte générale du feuillage d'un vert bleu assez brillant ; pousses d'été bien laineuses ; toutes les feuilles petites et allongées, celles des productions fruitières cordiformes, presque planes ; tous les pétioles courts, redressés et fermes.

Reine des Pays-Bas.

Queen of the Low Countries.   Downing.

Fleurs moyennes ; pétales ovales bien allongés ; divisions du calice de moyenne longueur, finement aiguës, étalées ; pédicelles de moyenne longueur, grêles et presque lisses. — Feuilles petites, exactement ovales, se terminant en une pointe longue, concaves, bordées de dents larges, peu profondes et obtuses, peu soutenues sur des pétioles moyens, grêles et flexibles. — Caractère saillant de l'arbre : jeunes feuilles d'un vert presque jaune ; feuilles des productions fruitières d'un beau vert pré ; rameaux fluets et divergents.

Richardson's n° 1.

Downing.

Fleurs assez grandes ; pétales ovales-allongés, souvent aigus à leur sommet, peu concaves ; divisions du calice moyennes, épaisses, peu recourbées ; pédicelles moyens, un peu cotonneux. — Feuilles assez petites, ovales un peu élargies, se terminant en une pointe courte, irrégulièrement bordées de dents larges, peu profondes, obtuses, bien soutenues sur des pétioles un peu longs, grêles, fermes et redressés. — Caractère saillant de l'arbre : teinte générale du feuillage d'un vert herbacé peu foncé ; feuilles des productions fruitières entières par leurs bords ; tous les pétioles fermes quoique longs et grêles.

Robert Treel.

Fleurs bien petites ; pétales ovales, concaves ; divisions du calice longues, fines et bien aiguës; pédicelles longs, grêles, peu duveteux. — Feuilles moyennes, obovales, un peu arrondies, se terminant en une pointe courte et aiguë, concaves, bordées de dents larges, très-peu profondes et obtuses, assez bien soutenues sur des pétioles de moyenne longueur et redressés. — Caractère saillant de l'arbre : teinte générale du feuillage d'un vert bleu ; différence de forme très-remarquable entre les feuilles des pousses d'été et celles des productions fruitières ; rameaux bien colorés de bonne heure.

Robine.

Feuilles moyennes, cordiformes à leur base, se terminant en une longue pointe, un peu repliées sur leur nervure médiane, fine, verdâtre, bordées de dents très-peu profondes, inappréciables ou entières dans leur contour, soutenues horizontalement par des pétioles longs, grêles, redressés. — Caractère saillant de l'arbre : teinte générale du feuillage d'un vert foncé et cependant brillant, comme vernissé ; feuilles des productions fruitières planes ; pousses d'été bien droites, d'un vert assez intense mélangé de rouge brun, peu duveteuses à leur sommet.

Rothe Dechantsbirne.

Feuilles moyennes ou assez petites, ovales un peu allongées, se terminant en une pointe un peu longue, largement ondulées, entières par leurs bords, assez peu soutenues sur des pétioles moyens, grêles, peu redressés. — Caractère saillant de l'arbre : teinte générale du feuillage d'un vert d'eau assez brillant ; toutes les feuilles remarquablement ondulées ; tous les pétioles grêles.

Rousselet double.

Doppelte Russelet.   Jahn.

Fruit petit, uni dans son contour, turbiné.—Peau assez épaisse, colorée d'un rouge lie de vin avant la maturité, *commencement d'Août*.— Chair grossière, d'un blanc jaunâtre, peu abondante en eau, ayant le parfum de Rousselet, mais trop chargée d'âcreté. *(Fig. 9.)*

Rousselet fondant de Stroukoff.

Fleurs petites ; pétales elliptiques-arrondis, bien concaves, presque blancs avant l'épanouissement; divisions du calice de moyenne longueur, finement aiguës et recourbées en dessous ; pédicelles courts, grêles et peu duveteux. — Feuilles petites, ovales-elliptiques, se terminant en une pointe longue, creusées et non arquées, bordées de dents fines, peu profondes et aiguës, soutenues sur des pétioles longs, forts, redressés ou horizontaux.— Caractère saillant de l'arbre : teinte générale du feuillage d'un vert clair et mat; toutes les feuilles petites, bien concaves ou creusées et longuement acuminées ; tous les pétioles longs et fermes.

Rousselet Royal.

De Liron d'Airoles.
Catalogue Van Mons.

Fleurs petites; pétales arrondis, concaves, veinés de rose vif avant et après l'épanouissement; divisions du calice courtes, finement aiguës et recourbées; pédicelles longs, grêles, un peu cotonneux. — Feuilles petites, ovales, se terminant en une pointe bien aiguë, scarieuse et recourbée, bordées de dents un peu profondes, un peu larges, bien soutenues sur des pétioles longs, bien grêles et redressés. — Caractère saillant de l'arbre : bois bien coloré; teinte générale du feuillage d'un vert brillant; toutes les feuilles bien creusées, repliées et arquées; tous les pétioles longs et grêles; pousses d'été fluettes, de bonne heure colorées d'un beau rouge sanguin.

Rousselet Saint-Vincent.

Die Vincent.

André Leroy.
Jahn.

Fleurs bien grandes; pétales elliptiques-arrondis, très-concaves; divisions du calice longues, recourbées en dessous; pédicelles longs, assez forts, presque glabres. — Feuilles moyennes, ovales, se terminant en une pointe peu aiguë, concaves et non arquées, bordées de dents assez fines, un peu profondes, s'abaissant sur des pétioles moyens, de moyenne force, presque horizontaux, peu flexibles. — Caractère saillant de l'arbre : teinte générale du feuillage d'un vert pré et mat; serrature des feuilles des productions fruitières formée de dents larges, remarquablement profondes, couchées et acérées.

Sainte-Dorothée.

Downing.
Bonamy.

Fleurs assez petites; pétales elliptiques-arrondis, concaves; divisions du calice moyennes, aiguës, peu recourbées; pédicelles courts, grêles, peu duveteux. — Feuilles petites, régulièrement ovales, se terminant en une pointe longue et finement aiguë, bordées de dents larges, profondes, bien aiguës, mollement soutenues sur des pétioles plus ou moins longs, grêles et souples. — Caractère saillant de l'arbre : teinte générale du feuillage d'un vert herbacé vif et brillant; feuilles des pousses d'été garnies d'une serrature profonde et acérée; tous les pétioles remarquablement longs, grêles et flexibles.

Saint-Germain Brandes.

Brandes.
Saint-Germain Brande's.

Bivort.
André Leroy.
Downing.

Obtenu par Van Mons. Premier rapport en 1818.

Feuilles moyennes, ovales-lancéolées, se terminant en une pointe fine et recourbée, un peu concaves et non arquées, bordées de dents écartées, un peu profondes, tantôt obtuses, tantôt aiguës, mal soutenues sur des pétioles un peu longs, grêles et peu flexibles. — Caractère saillant de l'arbre : teinte générale du feuillage d'un vert clair et gai ; toutes les feuilles extraordinairement allongées et celles des productions fruitières remarquablement étroites, ressemblant un peu à des feuilles de saule.

Saint-Jean-d'Angely.

Fleurs grandes ; pétales ovales un peu allongés, presque aigus à leur sommet, peu concaves ; divisions du calice moyennes, étroites, bien recourbées ; pédicelles longs, peu forts, à peine duveteux. — Feuilles moyennes, ovales, bien élargies à leur base, se terminant en une pointe un peu longue et aiguë, bien repliées et arquées, bordées de dents peu appréciables, soutenues horizontalement sur des pétioles moyens et bien redressés. — Caractère saillant de l'arbre : teinte générale du feuillage d'un vert clair ; toutes les feuilles entières ou presque entières et recouvertes d'un léger duvet cotonneux à leur page inférieure.

Saint-Jores.

Catalogue André Leroy.

Feuilles assez petites ou moyennes, ovales un peu allongées, se terminant régulièrement en une pointe très-courte, bordées de dents un peu profondes, se recourbant sur des pétioles moyens, de moyenne force, peu redressés. — Caractère saillant de l'arbre : teinte générale du feuillage d'un vert tendre et mat ; toutes les feuilles petites, plus ou moins largement creusées et arquées ; feuilles des productions fruitières soutenues sur des pétioles longs, grêles et souples.

Saint-Joseph.

Fleurs grandes ; pétales arrondis-élargis, concaves, striés de rose avant et après l'épanouissement ; divisions du calice longues, étroites, laineuses comme les pédicelles assez longs et grêles. — Feuilles moyennes, épaisses, ovales-élargies, se terminant en une pointe assez longue, non arquées, ondulées dans leurs bords, presque entières ou irrégulièrement bordées de dents grossières et obtuses, assez bien soutenues sur des pétioles longs, de moyenne force, horizontaux. — Caractère saillant de l'arbre : teinte générale du feuillage d'un vert blond ; toutes les feuilles épaisses et ondulées. — Fruit assez petit, venant en bouquets. — Peau fine, mince et cependant ferme, d'un blanc jaunâtre teinté de verdâtre à la maturité, *fin Juin et commencement de Juillet.* — Chair blanche, demi-cassante, assez tendre, suffisante en eau sucrée, légèrement parfumée à la manière des Blanquets. *(Fig 10.)*

Salis.

Liegel.

Liegel reçut cette variété du Superintendant Oberdieck, qui la tenait sans nom de Van Mons, et qui l'avait dédiée au célèbre poëte Salis.

Salisbury.

Salisbury Seedling.

Catalogue Van Mons.
Diel.
Downing.

Fleurs grandes, quelquefois semi-doubles ; pétales ovales-élargis, souvent découpés et ondulés dans leur contour, finement bordés de rose avant l'épanouissement ; divisions du calice longues, très-finement aiguës, étalées ; pédicelles longs, forts et cotonneux. — Feuilles moyennes, ovales, se terminant en une pointe longue, peu concaves, irrégulièrement bordées de dents un peu profondes et un peu aiguës, quelquefois entières par leurs bords, soutenues sur des pétioles moyens, grêles et redressés. — Caractère saillant de l'arbre: stipules remarquablement longues, caduques ; feuilles des productions fruitières toutes finement dentées et d'un beau vert.

Salviati.

André Leroy.
Lindley.
Dittrich.

Fleurs presque moyennes ; pétales arrondis, presque planes, un peu roses avant l'épanouissement ; divisions du calice longues, recourbées ; pédicelles moyens, grêles, un peu duveteux. — Feuilles assez petites, ovales-elliptiques, se terminant en une pointe très-fine, bien creusées et peu arquées, bordées de dents fines, peu profondes, bien couchées et peu aiguës, bien soutenues sur des pétioles courts, de moyenne force, peu redressés et fermes. — Caractère saillant de l'arbre : teinte générale du feuillage d'un vert bleu intense et luisant ; toutes les feuilles bien creusées ou concaves ; tous les pétioles courts.

Schahin Ghirey.

Fleurs petites ; pétales ovales-arrondis, peu concaves, ondulés dans leur contour, presque blancs avant l'épanouissement ; divisions du calice très-courtes, larges à leur base, un peu recourbées ; pédicelles de moyenne longueur, assez forts, presque lisses. — Feuilles petites, obovales-arrondies, se terminant en une pointe très-courte, creusées et arquées, irrégulièrement et peu profondément découpées plutôt que dentées, bien soutenues sur des pétioles un peu longs, grêles et raides. — Caractère saillant de l'arbre : feuilles des productions fruitières épaisses et d'un vert intense ; toutes les feuilles irrégulièrement découpées plutôt que dentées ; stipules en alènes courtes et émoussées, très-caduques.

Schmalzbirne Van Marum's.

Van Marum's Schmalzbirne.

Dittrich.
Diel.

Fleurs petites ; pétales arrondis, peu concaves ; divisions du calice moyennes, bien recourbées ; pédicelles longs, de moyenne force, cotonneux. — Feuilles petites, elliptiques, se terminant en une pointe très-courte et très-fine, irrégulièrement bordées de dents bien écartées, peu profondes, bien soutenues sur des pétioles redressés et fermes. — Caractère saillant de l'arbre : teinte générale du feuillage d'un beau vert bleu vif et luisant ; toutes les feuilles petites ; celles des pousses d'été exactement elliptiques ; celles des productions fruitières exactement ovales ; tous les pétioles remarquablement courts et grêles.

Schmidberger.

Liegel reçut cette variété d'Oberdieck qui la tenait de Van Mons, comme nouveau fruit de semis, et qu'il dédia au chanoine pomologiste Schmidberger, de l'évêché de Saint-Florian (Autriche). — Maturité, *Novembre, Décembre.*

Schulbirne.
Jahn.

Feuilles petites, ovales, se terminant en une pointe finement aiguë, bien repliées et bien arquées, irrégulièrement bordées de dents larges, peu profondes, obtuses du côté du pétiole, un peu aiguës vers l'autre extrémité de la feuille, se recourbant sur des pétioles courts, un peu forts, bien redressés et fermes. — Caractère saillant de l'arbre : teinte générale du feuillage d'un beau vert pré vif et brillant ; feuilles des pousses d'été remarquablement arquées ; toutes les feuilles petites ; tous les pétioles courts. — Fruit petit, ovoïde, uni dans son contour. — Peau peu épaisse comme chagrinée dans sa surface, d'un jaune citron à la maturité, *Août.* — Chair d'un blanc à peine teinté de jaune, cassante, abondante en eau sucrée, d'une saveur agréable, constituant un fruit seulement de troisième qualité.

Sdegnata.
André Leroy.

Feuilles moyennes, ovales-allongées et peu larges, se terminant en une pointe très-finement aiguë, largement ondulées, irrégulièrement découpées ou presque entières par leurs bords, bien soutenues sur des pétioles moyens, un peu forts, bien redressés. — Caractère saillant de l'arbre : teinte générale du feuillage d'un vert d'eau un peu foncé, vif et brillant ; feuilles des pousses d'été remarquablement fermes sur leurs pétioles bien redressés ; toutes les feuilles souvent bien largement ondulées.

Seal.

Fleurs moyennes ; pétales obovales-elliptiques, bien concaves ; divisions du calice à peine moyennes, larges à leur base, très-finement aiguës, à peine recourbées ; pédicelles moyens, un peu forts, peu duveteux. — Feuilles petites, obovales bien allongées et étroites, se terminant en une pointe courte et finement aiguë, bordées de dents écartées et émoussées, mal soutenues sur des pétioles longs, bien grêles et souples. — Caractère saillant de l'arbre : teinte générale du feuillage d'un vert clair; toutes les feuilles étroites, presque lancéolées; tous les pétioles extraordinairement grêles ; branchage et feuillage menus.

Sénateur Reveil.

Rameaux forts, souvent épaissis et terminés à leur sommet par un bouton à fruit, anguleux dans leur contour, d'un brun jaunâtre; lenticelles très-petites, assez nombreuses, peu apparentes. — Boutons à bois moyens, coniques, courts, à direction peu écartée du rameau ; écailles d'un marron noirâtre. — Boutons à fruit moyens, coniques-allongés et aigus ; écailles d'un marron clair maculé de marron plus foncé. — Fleurs petites; pétales elliptiques, concaves; divisions du calice assez courtes, peu recourbées ; pédicelles assez courts, peu forts, peu duveteux. — Feuilles assez petites, ovales-elliptiques, se terminant en une pointe courte et fine, concaves et non arquées, bordées de dents fines, très-peu profondes et un peu aiguës, bien dressées sur des pétioles un peu longs, très-grêles et fermes. — Caractère saillant de l'arbre : teinte générale du feuillage d'un vert herbacé intense et brillant; toutes les feuilles tendant à la forme elliptique ou elliptique-arrondie, très-courtement acuminées et remarquablement concaves.

Sénateur Waïsse.

André Leroy.

Rameaux de moyenne force et souvent terminés à leur sommet par un bouton à fruit, unis dans leur contour, d'un brun clair jaunâtre; lenticelles petites, blanchâtres, un peu nombreuses, peu apparentes. — Boutons à bois moyens, coniques, courts, épaissis à leur base et aigus, à direction parallèle au rameau; écailles d'un marron foncé. — Boutons à fruit gros, coniques, obscurément anguleux, peu aigus ; écailles d'un beau marron foncé. — Feuilles moyennes, ovales-élargies, se terminant brusquement en une pointe peu longue, recourbée, bordées de dents fines, peu profondes, bien soutenues sur des pétioles longs, de moyenne force, redressés et un peu colorés de rouge. — Caractère saillant de l'arbre : teinte générale du feuillage d'un joli vert un peu bleu ; serrature bien régulière et extraordinairement fine des feuilles des productions fruitières.

Serrurier ou Neuf-Maisons.

Serrurier d'automne.
Serrurier.

De Liron d'Airoles.
André Leroy.
Album Bivort.

Semis de Van Mons dédié par lui à M. Serrurier, pomologue distingué, membre de l'Institut de Hollande et collègue de l'obtenteur. Premier rapport en 1820. André Leroy lui donne comme synonymes : Belle Alliance, Fondante Millot, de Neuf-Maisons. — Neuf-Maisons est un village du canton de Leuze, Hainaut (Belgique).

Sotrus vert.

Fleurs moyennes ou assez grandes; pétales arrondis-élargis, concaves, à onglet presque nul; divisions du calice courtes, peu recourbées; pédicelles longs, forts, cotonneux. — Feuilles grandes, ovales-allongées, s'atténuant longuement en une pointe étroite et recourbée, entières par leurs bords, s'abaissant sur des pétioles longs, forts, presque horizontaux. — Caractère saillant de l'arbre : jeunes feuilles d'un vert d'eau vif et brillant; feuilles adultes d'un vert bleu assez intense et peu brillant; les plus jeunes feuilles bien couvertes à leur page inférieure d'un duvet farineux comme les pousses d'été; toutes les feuilles entières; pousses d'été remarquablement fortes, d'un vert très-vif, non lavées de rouge à leur sommet.

Souvenir de Joseph Lebeau.

Bulletin de la Société Van Mons.

Obtenu par M. Grégoire, de Jodoigne.
Feuilles moyennes, ovales-élargies, se terminant en une pointe courte, un peu concaves, bordées de dents larges, très-peu profondes et bien couchées, soutenues sur des pétioles courts, grêles et redressés. — Caractère saillant de l'arbre : teinte générale du feuillage d'un vert bleu peu foncé et brillant; toutes les feuilles tendant à la forme arrondie; tous les pétioles courts.

Souvenir de la Reine des Belges.

Les Fruits du Jardin Van Mons.
Annales belges. Bivort.
André Leroy.

Obtenu par M. Grégoire, de Jodoigne. Premier rapport en 1855.
Feuilles moyennes, elliptiques, se terminant en une pointe large et peu longue, concaves, irrégulièrement bordées de dents écartées, peu profondes, bien soutenues sur des pétioles un peu longs, un peu forts et redressés. — Caractère saillant de l'arbre : teinte générale du feuillage d'un vert d'eau assez vif et brillant; toutes les feuilles remarquablement épaisses, tendant à la forme elliptique; tous les pétioles plus ou moins forts.

Spina del Carpa.

Fleurs bien petites; pétales ovales, concaves, très-légèrement roses avant l'épanouissement; divisions du calice très-courtes, finement aiguës; pédicelles courts, forts et peu duveteux. — Feuilles petites, ovales-elliptiques, se terminant en une pointe extraordinairement courte et fine, presque planes et non arquées, à peine dentées, bien soutenues sur des pétioles courts, bien redressés. — Caractère saillant de l'arbre : teinte générale du feuillage d'un vert clair un peu jaune; aspect lisse de la végétation ; toutes les feuilles plutôt petites ; pousses d'été un peu flexueuses, à peine lavées de rouge à leur sommet, lisses sur toute leur longueur.

Stas.

Catalogue Bivort.

Dans le Catalogue Van Mons, page 57, n° 252, on lit : Forme de Marquise ; très à propager. Depuis Marquise-Stas. — Serait-ce la même et dès lors un gain de Van Mons?

Feuilles moyennes, obovales-élargies, se terminant en une pointe très-fine, un peu concaves et non arquées, bordées de dents larges, peu profondes et obtuses, bien soutenues sur des pétioles bien longs, de moyenne force et assez raides. — Caractère saillant de l'arbre : teinte générale du feuillage d'un vert bleu peu foncé et mat ; feuilles des pousses d'été remarquablement obovales ; tous les pétioles extraordinairement longs.

Stuick.

Fleurs moyennes ; pétales irrégulièrement elliptiques-arrondis, souvent découpés ou ondulés dans leur contour, peu concaves; divisions du calice de moyenne longueur, bien épaisses, peu recourbées en dessous ; pédicelles de moyenne longueur, assez forts, un peu duveteux. — Feuilles moyennes, ovales-elliptiques, se terminant en une pointe longue, planes ou très-peu repliées sur leur nervure médiane jaunâtre teintée de rouge, bordées de dents fines, peu profondes et aiguës, tombant à l'extrémité de pétioles longs, forts, horizontaux, colorés de rouge. — Caractère saillant de l'arbre : couleur rouge intense du fruit lorsqu'il est arrêté ; toutes les feuilles finement dentées et finement acuminées. — Fruit gros, conique-piriforme. — Peau épaisse, d'un jaune paille à la maturité, *Septembre*, et le côté du soleil se lave d'une légère teinte de rouge sombre, semée de points apparents cernés de jaune. — Chair blanche, demi-cassante, abondante en eau sucrée, bien vineuse, hautement parfumée, constituant un fruit de seconde qualité. (*Fig. 12.*)

Sucrée de Zurich.

André Leroy.

Feuilles moyennes, ovales-lancéolées, bien atténuées à leurs deux extrémités, se terminant en une pointe finement aiguë, bordées de dents larges, profondes, un peu aiguës, s'abaissant bien sur des pétioles moyens, horizontaux, peu flexibles. — Caractère saillant de l'arbre : teinte générale du feuillage d'un vert vif et gai; toutes les feuilles remarquablement allongées et étroites, s'abaissant régulièrement sur leurs pétioles grêles.

Sultan.

Feuilles petites, ovales-elliptiques, se terminant en une pointe un peu longue et bien fine, creusées et non arquées, bordées de dents fines, peu profondes, couchées et bien aiguës, bien soutenues sur des pétioles courts, grêles et raides. — Caractère saillant de l'arbre : sommet des pousses d'été bien rougi ; toutes les feuilles bien creusées en gouttière et bordées de dents aiguës.

Talmont.

Fleurs presque moyennes ; pétales ovales, un peu concaves, un peu roses avant l'épanouissement ; divisions du calice moyennes, très-étroites et recourbées ; pédicelles courts, forts et cotonneux. — Feuilles moyennes, ovales-élargies, se terminant en une pointe courte, à peine repliées ou presque planes, irrégulièrement découpées plutôt que dentées, presque entières par leurs bords garnis d'un duvet cotonneux, s'abaissant sur des pétioles très-courts, très-forts, recourbés. — Caractère saillant de l'arbre : teinte générale du feuillage d'un vert d'eau peu foncé, comme voilé de grisâtre ; toutes les feuilles plutôt larges ; tous les pétioles remarquablement forts et courts.

Tea.

Downing.

Fleurs grandes ; pétales irrégulièrement elliptiques-élargis, souvent atténués brusquement en une sorte de pointe à leur sommet, concaves ; divisions du calice courtes, à peine recourbées ; pédicelles longs, grêles et cotonneux. — Feuilles moyennes, ovales bien allongées, s'atténuant longuement pour se terminer en une pointe bien recourbée, bordées de dents un peu larges, profondes et aiguës, se recourbant sur des pétioles longs, peu forts et redressés. — Caractère saillant de l'arbre : teinte générale du feuillage d'un vert clair vif et gai ; toutes les feuilles bien allongées ; tous les pétioles remarquablement longs.

Théodore Körner.

Théodor Körner.   Jahn.
                        Oberdieck.
Théodor Kerner.   Liegel.

Oberdieck a reçu cette variété sans nom de Van Mons ; il l'a dédiée à M. Körner, dont les qualités nous sont inconnues. — D'après Liegel : Théodor Kerner ; mauvaise orthographe qui l'oblige à établir la différence entre cette variété et Kerner d'hiver reçu par lui de Van Mons, en 1824.

Thooris.

Annales belges. Bivort.
De Liron d'Airoles.

Semis du jardin de la Société Van Mons. Premier rapport en 1854. Dédié à M. Thooris, Receveur des contributions à Bruges.

Fleurs moyennes ; pétales ovales-arrondis, concaves, un peu lavés de rose avant l'épanouissement ; divisions du calice longues, élargies à leur base, un peu recourbées ; pédicelles longs, grêles, couverts d'un duvet laineux. — Feuilles grandes, ovales, se terminant en une pointe longue et large, bordées de dents larges, profondes et obtuses, s'abaissant sur des pétioles un peu longs, un peu forts, redressés. — Caractère saillant de l'arbre : teinte générale du feuillage d'un vert vif et gai ; feuilles des pousses d'été largement et profondément crénelées plutôt que dentées ; pousses d'été un peu flexueuses, d'un vert très-clair sur toute leur longueur, non rougies à leur sommet couvert d'un duvet blanc et soyeux.

Vermillon d'été.

Fleurs assez grandes ; pétales obovales-élargis, peu concaves ; divisions du calice moyennes, annulaires ; pédicelles longs, de moyenne force, presque lisses. — Feuilles grandes, obovales, se terminant en une pointe longue et bien recourbée, creusées et arquées, irrégulièrement bordées de dents très-écartées et peu profondes, quelquefois presque entières, s'abaissant un peu sur des pétioles assez courts, forts et un peu redressés. — Caractère saillant de l'arbre : teinte générale du feuillage d'un vert des plus intenses ; toutes les feuilles amples et épaisses ; tous les pétioles forts.

Warthon's Early..
Downing.

Fleurs bien petites ; pétales obovales-elliptiques, un peu concaves ; divisions du calice courtes, bien aiguës, à peine recourbées en-dessous ; pédicelles assez courts, grêles, presque lisses. — Feuilles petites, ovales, se terminant en une pointe un peu longue, bordées de dents très-fines, très-peu profondes et aiguës, bien soutenues sur des pétioles un peu longs, grêles et raides. — Caractère saillant de l'arbre : teinte générale du feuillage d'un vert clair et luisant ; toutes les feuilles bien creusées ; tous les pétioles bien grêles et bien raides. — Végétation insuffisante sur cognassier ; grand rapport dans le facies avec la variété Auguste Jurie.

Weigth. (N° 1.)

Fleurs assez grandes ; pétales en fer de lance, peu concaves ; divisions du calice courtes, bien aiguës, recourbées en dessous ; pédicelles de moyenne longueur, de moyenne force, peu duveteux. — Feuilles assez grandes, obovales-allongées, se terminant en une pointe longue, non arquées, bordées de dents peu profondes et aiguës, s'abaissant sur des pétioles longs, peu forts et un peu flexibles. — Caractère saillant de l'arbre : teinte générale du feuillage d'un vert clair herbacé ; toutes les feuilles plus ou moins allongées, bien repliées ou bien creusées en gouttière.

Weigth. (N° 2.)

Fleurs moyennes ou presque grandes ; pétales ovales-arrondis, concaves ; divisions du calice assez courtes, aiguës, recourbées ; pédicelles moyens, assez forts, peu duveteux. — Feuilles assez petites, ovales-arrondies, se terminant en une pointe assez courte et fine, bordées de dents assez peu profondes, couchées, tantôt aiguës, tantôt émoussées, bien soutenues sur des pétioles courts, de moyenne force, redressés et bien fermes. — Caractère saillant de l'arbre : teinte générale du feuillage d'un vert herbacé vif et brillant ; toutes les feuilles tendant à la forme arrondie ou à la forme elliptique ; feuilles des productions fruitières se présentant bien horizontalement et bien planes.

Widow.

Fleurs petites ; pétales ovales-elliptiques, concaves, presque blancs avant l'épanouissement ; divisions du calice courtes, bien aiguës, peu recourbées ; pédicelles courts, grêles et peu duveteux. — Feuilles moyennes, ovales-allongées, se terminant en une pointe un peu longue et finement aiguë, bordées de dents assez profondes, recourbées et bien aiguës, s'abaissant sur des pétioles bien longs, de moyenne force et peu redressés. — Caractère saillant de l'arbre : teinte générale du feuillage d'un vert clair et gai ; toutes les feuilles bien régulièrement creusées et arquées.

Wilfrid.

Fruit gros, piriforme, irrégulier dans son contour. — Peau épaisse, d'abord d'un vert intense semé de points bruns, saillants, larges, véritablement caractéristiques ; à la maturité, *Octobre*, le vert fondamental passe au jaune intense mat, un peu plus doré du côté du soleil. — Chair d'un blanc jaunâtre, bien fine, fondante, abondante en eau sucrée, vineuse, constituant un bon fruit qui a cependant le défaut de blettir un peu trop promptement.

Willermoz.

Bulletin de la Société Van Mons.
André Leroy.
Downing.
Album Bivort.
Villermoz's Butterbirne.   Jahn.

Obtenu par M. Bivort et dédié par lui à M. Villermoz qui fut pendant longtemps Secrétaire de la Société d'horticulture du Rhône et Secrétaire du Congrès pomologique.

Fleurs assez grandes ; pétales ovales, concaves ; divisions du calice moyennes, souvent dressées ; pédicelles assez courts, peu forts, duveteux.

Wilmington

Downing.

Fleurs assez petites ; pétales obovales-elliptiques, concaves ; divisions du calice moyennes, recourbées seulement par leur pointe ; pédicelles assez courts, de moyenne force, peu duveteux. — Feuilles moyennes, obovales, se terminant en une pointe peu longue, non arquées, bordées de dents un peu profondes, couchées et aiguës, soutenues horizontalement sur des pétioles courts, grêles et recourbés. — Caractère saillant de l'arbre : teinte générale du feuillage d'un vert décidé et brillant ; feuilles des productions fruitières paraissant comme marbrées par leur nervure d'une couleur bien claire.

Winterdhorn.

Winter Thorn.	Diel.
	Jahn.
Epine d'hiver.	Lindley.
	André Leroy.

Arbre de végétation normale sur cognassier. Il est difficile de lui donner une forme régulière que l'on ne peut obtenir qu'en taillant très-court, parce que ses boutons à bois, très-aplatis, ont peu de disposition à s'élancer en bourgeons. Comme son fruit, quoique de première qualité pour cuire, n'est propre qu'à cet usage et qu'il n'est pas nécessaire dès lors qu'il acquière un grand volume, la haute tige sur franc serait la forme la plus convenable pour cette variété. — Rameaux assez forts, droits, peu coudés à leurs entre-nœuds, d'un rouge lie de vin foncé voilé d'une sorte de gris de fumée; lenticelles petites, d'un gris blanchâtre, peu apparentes. — Boutons à bois petits, triangulaires, appliqués au rameau; écailles entièrement recouvertes de gris blanchâtre. — Boutons à fruit gros, coniques-allongés, à pointe un peu recourbée; écailles lisses, d'un marron maculé de noirâtre, un peu bordées de grisâtre, les plus extérieures portant à leur base une tache d'un beau rouge vermillon. — Fleurs moyennes; pétales élargis, tronqués à leur sommet, planes, légèrement roses avant l'épanouissement; pédicelles de moyenne longueur, grêles, cotonneux. — Feuilles moyennes, épaisses, ovales-élargies, se terminant en une pointe longue et recourbée en dessous, peu repliées ou planes, presque entières par leurs bords, bien soutenues sur des pétioles de moyenne longueur, un peu forts, redressés et raides. — Caractère saillant de l'arbre : teinte générale du feuillage d'un vert bleu; aspect sombre de l'arbre que lui donnent ses rameaux et ses feuilles d'une couleur foncée; toutes les feuilles entières; pousses d'été bien droites, d'un vert jaune à l'ombre, lavées de rouge brun du côté du soleil, colorées de rouge violacé à leur sommet assez longtemps duveteux. — Fruit moyen, piriforme-allongé, uni dans son contour. — Peau fine, unie, passant au beau jaune doré à la maturité, *Février, Mars*, et le côté du soleil est pointillé d'un rouge cramoisi brillant. — Chair demi-fondante, jaunâtre, parfumée, vineuse, constituant un fruit de première qualité pour les usages de la cuisine.

Winter dickstielige Muskateller.

Feuilles moyennes, ovales-allongées, se terminant en une pointe peu aiguë, très-largement creusées et un peu arquées, bordées de dents bien couchées, peu profondes et aiguës, tombant sur des pétioles longs, peu forts et s'abaissant au-dessous de l'horizontale. — Caractère saillant de l'arbre : teinte générale du feuillage d'un vert bleu intense et brillant; toutes les feuilles s'abaissant bien sur leurs pétioles dont la direction est le plus souvent horizontale.

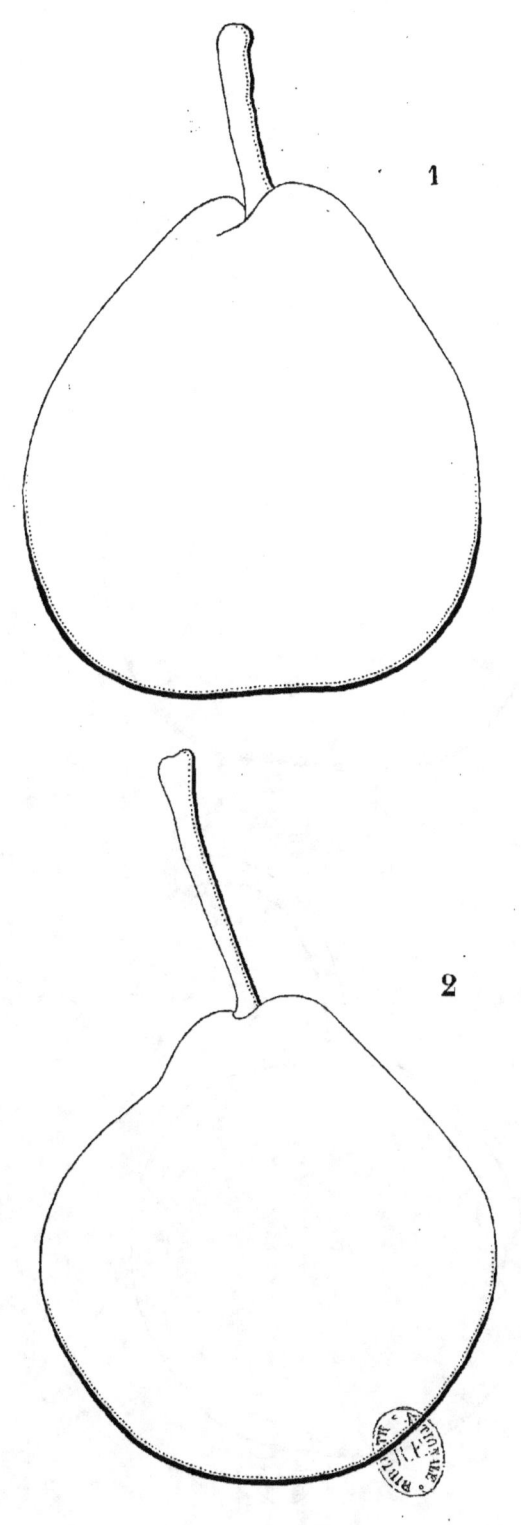

1, ALPHA.   2, AMBOISE.

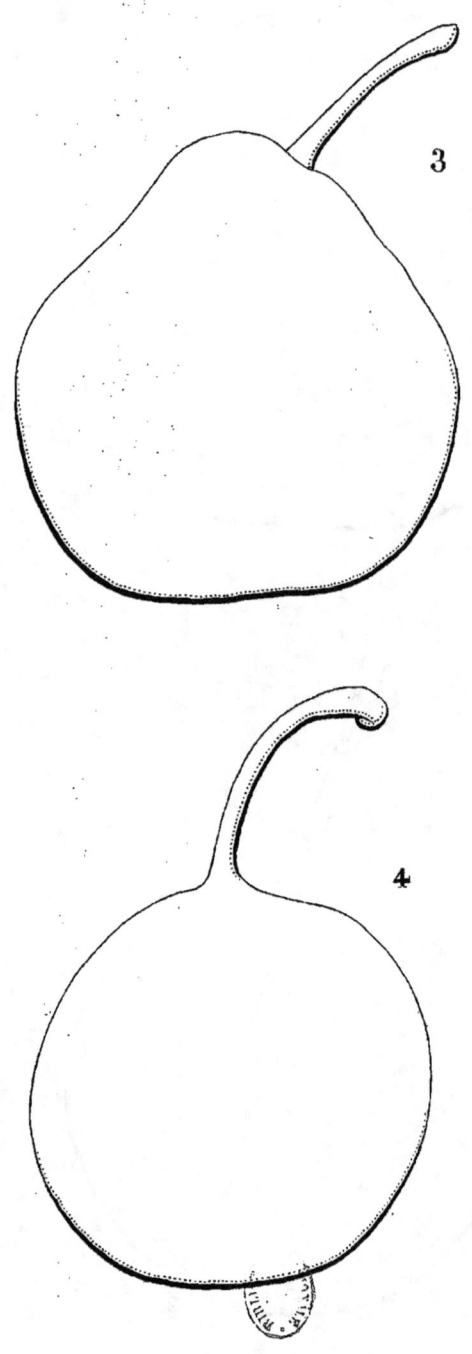

3, BEURRÉ HUDELLET. 4, BROUGHAM.

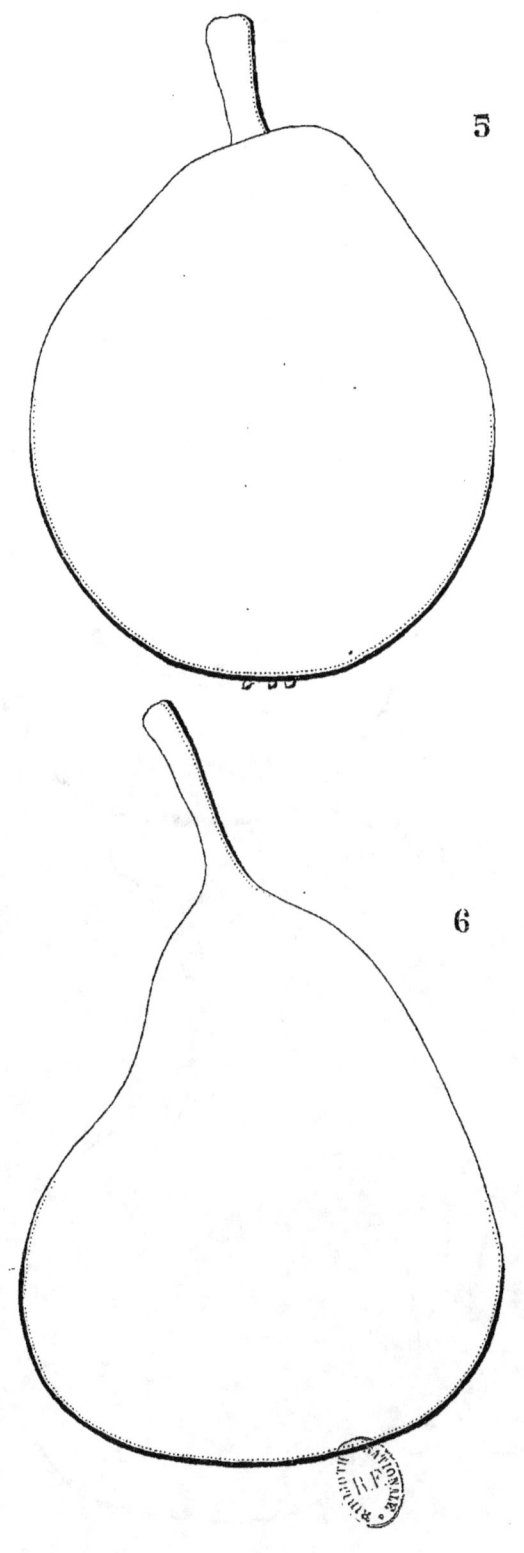

5, CAPERON DU MANS.   6, FIGUE VERTE.

7, GRANDE BRETAGNE D'AUTOMNE.   8, POIRE D'ŒUF.

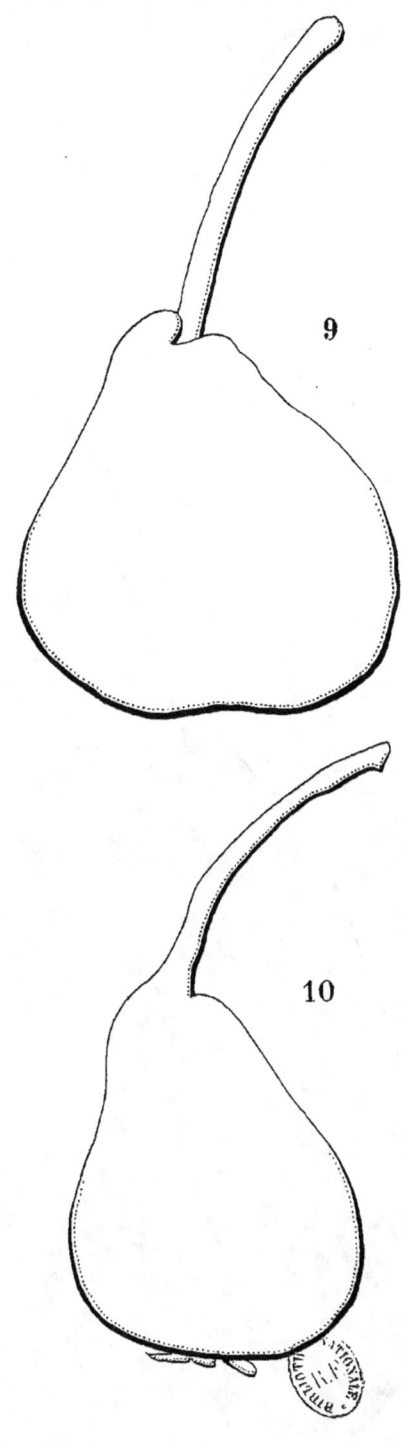

9, ROUSSELET DOUBLE.   10, SAINT-JOSEPH.

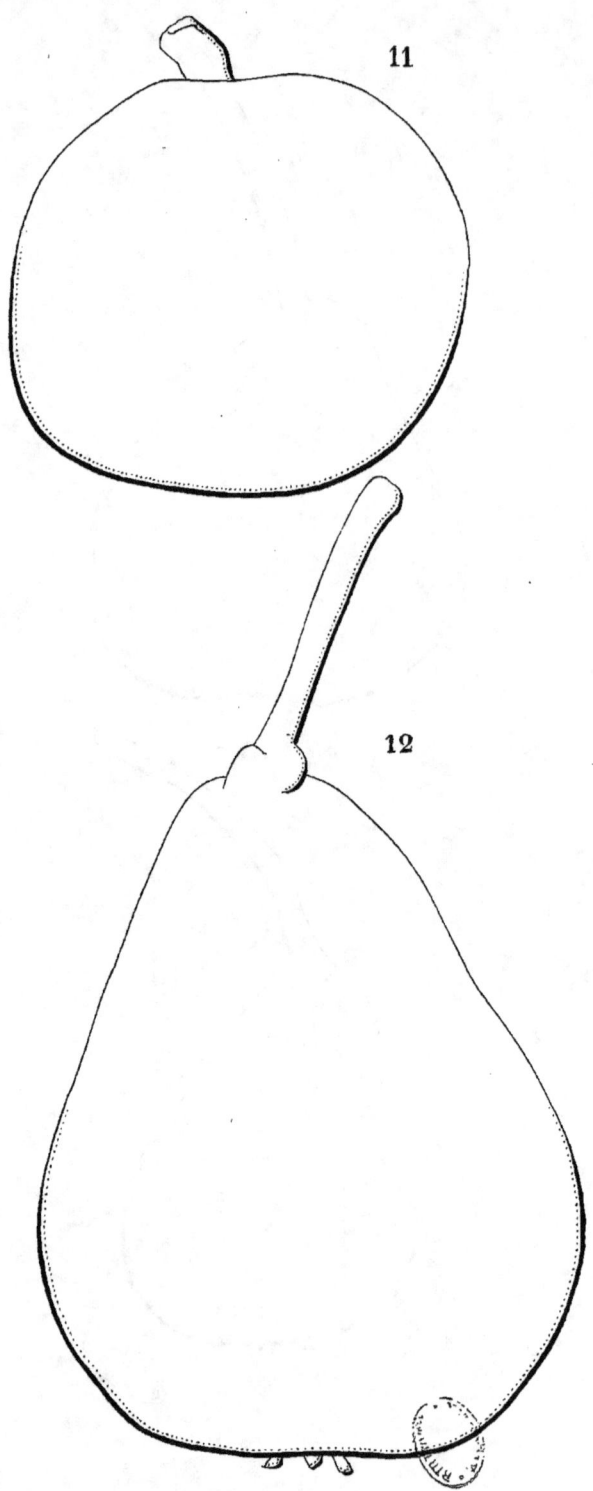

11. DUCHESSE DE BRABANT. 12. STUICK.

POIRIERS
DONT LA DESCRIPTION N'A PAS ÉTÉ FAITE[1]

   Aaron Baldwin.
* Abbott.
v Aschrapai Armudi.
   Admirable.
   Aehrenthal.
s Ahrenthal's grüne Herbstbutter-
     birne.
   Aimée Adam.
   Aimé Ogereau.
   Albanne.
   Alexandrine Hélie.
   Alfroy Caratzy.
* Alhoïse.
* Ambrette d'Eté.
   Amiral Rigny.
   Ananas de Knoop.
* Angélique de Rome.
   Angleterre nain.
   Anna Decoux.
   Antoine Delfosse.
   Archevêché de Tournay.
   Augusta.
* Auguste Danas.
   Auguste Mignard.
   Austin.
   Avocat Latour.
   Balneux.
   Banks.
   Baron de Geert.
   Baron de Trauttenberg.
   Baron d'Ingelmunster.
   Bartram.
   Bartram Dunmore.
   Bartranne.
   Baumschbirne.
* Beadwell's Seedling.
   Beau Saint-Bernard.

   Beauty (Wilder).
v Bein Armudi.
   Belle Américaine.
* Belle de Féron.
   Belle de la Croix Morel.
   Belle de Malines.
s Belle des Flandres.
s*Belle du Vernic.
   Belle et bonne d'Esperen.
   Belle Glusine d'Hiver.
s Belle Héloïse.
   Belle William.
* Bellissime d'Eté pastorale.
   Bergame's royal Pear.
   Bergamotte Cadette.
   Bergamotte d'Août.
s*Bergamotte d'Austrasie.
   Bergamotte de Régnier.
s Bergamotte de Soulers.
s Bergamotte Deutsche national.
   Bergamotte de Vienne.
* Bergamotte du Parc.
   Bergamotte Edouard Sageret.
   Bergamotte Gaudry.
   Bergamotte Incomparable.
* Bergamotte Italianische Winter.
   Bergamotte Mayer rothe.
   Bergamotte Pomme.
* Bergamotte Reinette.
   Bergamotte Schweizer.
   Bergamotte Schweizer spate.
s Bergamotte Searles.
   Bergamotte Suisse.
s Bergamotte Volltragende.
   Bergon.
* Bernard.
* Bertrand Guinoisseau.

---

[1] Les astérisques désignent les Variétés dont les *Fleurs* sont décrites.
La lettre *s* indique les noms qui sont présumés n'être que des synonymes.
La lettre *v* marque les *Poiriers* cités dans le Catalogue Van Mons de 1823.

Besi Carême.
Besi de Caen.
Besi de Chaumontel anglais.
Besi de Vahalk.
s Besi de Vindré.
Besi Esperen.
Besi Libellon.
s Besi Van Orlé.
Besi von Schonau.
Beurré Bailly.
Beurré Beaumont.
Beurré Bechis.
s Beurré Biémont.
s Beurré blanc d'Hiver.
Beurré Bourbon.
Beurré Camphrenel.
Beurré Caume.
Beurré Charron.
Beurré Chatenay.
Beurré Darras.
Beurré de Caen.
Beurré de Charneu.
Beurré de Chin.
Beurré de Cisoing.
Beurré d'Ecole.
Beurré de Gommerg.
Beurré de Hakinghein.
Beurré de Hemptines.
Beurré de la Beauce.
Beurré de l'Empereur Alexandre.
Beurré de Lenzen.
* Beurré de Longrée.
s Beurré de Mérode.
Beurré de Montmaure.
Beurré de Quenast.
Beurré de Rouillé.
Beurré de Stuttgard.
Beurré Derouineau.
Beurré des Augustins.
s Beurré des Charneuses.
s Beurré de Treveren.
Beurré de Vaux-Fleuri.
Beurré de Woronzow.
Beurré d'Hardenpont de Printemps.
* Beurré Dilly.
* Beurré d'Isly.
Beurré Douix.
Beurré Doux.
Beurré du Breuil.
Beurré Dubuisson.
Beurré Du Bus.
Beurré du Grand-Nozé.
* Beurré Duhaume.
Beurré Duquesne de Munich.
Beurré Euphrosine.

Beurré Fischer.
Beurré Flon.
Beurré de Fromentel.
* Beurré Gaujard.
Beurré Gendron.
Beurré Jamin.
Beurré Kirtland ou Kisland.
Beurré Knight.
Beurré Lagasse.
Beurré Léon Rey.
s Beurré Lesbre.
* Beurré Loisel.
Beurré Motte.
* Beurré Pauline.
Beurré Payen.
s Beurré Reine.
s*Beurré Robert.
Beurré Rousselon.
Beurré Saint-Aubert.
Beurré Saint-François.
* Beurré Saint-Nicolas.
* Beurré Sergent gris.
Beurré Soulenne.
Beurré sucré.
* Beurré Suprême.
Beurré Urbaneck.
Beurré Vilmorin.
Beurré Winter.
Beyers Meissener Eierbirne.
Bienvenue.
Birne mit riesem Blatte.
Bischop'sbirne lange gelbe.
Bishop's Thumb.
* Blammont.
Blanc perlé.
Blanquet Anastère.
* Blanquet rouge.
Bon-Chrétien d'Auch.
Bon-Chrétien d'Eté musqué.
Bon-Chrétien de Vernois.
Bon-Chrétien rouge.
Bonnaire.
s Bonne avant toutes.
Bonne Carmélite.
Bonne d'Anjou.
Bonne du Puits Ansault.
Bonne Jeanne.
Bonne Sophie.
s Bonnissime de la Sarthe.
Bon-Roi René.
Bosdorgham.
Bouvier de Printemps.
Braconot.
Braune Schmalzbirne.
s Brederode.
Brésilière.

POIRES

Brialmont.
Briffaut.
Brindamour.
Britannia.
British Queen.
Bronzée Boisselot.
Brough Bergamot.
Brute-Bonne.
Bruymans.
s Bugiarda.
s Burchardts Arenbergine.
s Burchardts Butterbirne.
s Butterbirne Dachenhausen's.
 Caen de France.
 Caerheon Bergamot.
 Calebasse Boisbunel.
s Calebasse Carafon.
s Calebasse de Nerkman.
 Calebasse de Printemps.
 Calebasse d'Octobre.
 Calebasse musquée.
s Calebasse Passe-Bosc.
v Calebasse verte.
s*Callouet.
s Calville Birne.
 Cambacérès.
* Capplan.
 Carmélite de Coloma.
s Carmeliterbirne.
 Caroli di Finale.
 Carrière.
s*Cassante d'Hardenpont.
 Cassel.
 Casserole (Poire de).
* Catherine Lambré.
 Catillac rosat.
s Céleste.
 Césaire.
 Champagnerbirne.
 Champ d'Alain.
 Champ riche d'Italie.
 Charles Van Hoogten.
s*Charles X.
 Chartreuse.
 Chilpéric Ier.
 Choisnard.
s Choix d'un Amateur.
s Citronatbirne rothbackige.
 Citronnée.
s Clara Pringalle.
 Claude Mollet.
 Clémence.
 Colmar Darras.
s Colmar de Chin.
 Colmar de Meester.
 Colmar de Metz.

 Colmar de Moscou.
s Colmar des Invalides.
s Colmar d'Hiver Van Mons.
s Colmar d'Iseure.
 Colmar précoce d'Hardenpont.
s Colmar Silly.
s Colmar Souverain.
* Coloma de Printemps.
 Colonel Wilder.
 Comte de Hainaut.
s*Comte Odart.
 Comtesse de Lunay.
 Comtesse de Marne.
s*Connétable de Clisson.
 Cops Heat.
* Corallenrothe Pomeranzenbirne.
 Cornélis.
 Coter.
 Coulon Saint-Marc.
 Courte-Queue d'Automne.
 Courte-Queue de Provence.
s Cramoisine.
 Crassane d'Eté.
 Crassane Du Mortier.
 Crassane large.
v Crede's kegelformige Zuckerbirne.
 Cross Winter.
s Cuisse-Madame la grosse.
 Curhvelia.
s Dagobertus Birne.
 Dalmarc.
 D'Angobert.
 D'Argent.
 Darlington.
* David d'Angers.
 De la Corre.
 De la Folie.
s Delavault.
 Del Borda.
* Delcange.
 Délices d'Alost.
 Délices de Charles.
* Délices de Mons.
 Délicieuse de Grammont.
 De Longue-garde.
 Delporte Bourgmestre.
 De Lydie.
* De Marne.
 De Mauny.
* De Matou.
* De Naples.
 Dentlers Butterbirne.
 De Pontbrillant.
* De Portugal.
 De Puydt.

284   POMOLOGIE GÉNÉRALE

De Rivière.
De Roumanie.
De Saint-Barthélemy.
De Vienne.
Deynes.
Docteur Andry.
* Docteur Pigeaux.
Docteur Reeder.
Docteur Withe.
Doctorsbirne.
Dones.
D'Orgeat.
s Double Mansuette.
* Douillard.
Douville.
Doyenné blanc d'Allemagne.
Doyenné Boisnard.
s Doyenné Clément.
s Doyenné de Printemps.
Doyenné d'Été de Hollande.
Doyenné d'Été Jacotot.
Doyenné Flon.
* Doyenné Lothringer.
Doyenné musqué.
Drouet.
Du Bouschet.
Dubrulle.
Duc Decazes.
s Duc d'Orléans.
s Duchesse Caroline-Amélie.
Duchesse de Brissac.
Duchesse de Gerolstein.
Duchesse d'Enghien.
Duhamel du Monceau.
s Duhamels Hirtenbirne.
Duvernay.
Early Butter.
Early Moor Park.
Ebendorfer Krauterbirne.
Edouard Séneclauze.
Edwardsbirne.
Egmont.
* Eléonore Van Berklaer.
s *Ellis.
s Empereur Alexandre.
s Empereur François-Joseph.
s Engelsbirne.
Engelsbirne grosse.
Engelsbirne Winter.
Epine de Jernages.
Epine de Rochechouart.
Epine Orange.
s Erzherzog Karls Winterbirne.
s Erzherzogsbirne.
s Espadonne.
Eugène Appert.

Excellentissime.
Excelsior.
* Fantines.
Favier.
Favorite des Jardins.
Feine September Goldbirne.
Félix de Liem.
Ferdinand de Lesseps.
Fertile de Nantes.
Feruchman.
Fidéline.
Fin-or de Septembre.
* Florent Scouman.
Fondante agréable.
Fondante de Bihorel.
Fondante de Lille.
* Fondante de Moulins.
* Fondante de Tirlemont.
Fondante de Konick.
Fondante Thirriot.
Forelle.
Forme de Curtet.
s Fortunée de Reims.
Forte's Sekle.
Fousalou.
Foxley Knight.
Francklin.
s *François Borgia.
François II.
Frankenbirne.
Frantin.
Franzosische Russelet.
Frédéric de Prusse.
v Fremiou.
Frühe Colmar.
Frühe Geishirtle.
Frühzeitige.
Fruit immense.
* Gansel's Seckle.
Géant.
Gelbe Frühbirne.
Gelber Lovenkopf.
Gendron.
George's Butterbirne.
s George's Frühe Herbstbutterbirne
Gérando.
Girardin.
Girardon.
Glockenbirne Wittenberger.
Gloire de Binche.
Gloire de Cambronne.
Gloire de Pourtalès.
Golcondi Nova.
* Golden Harvey.
Golcondi d'Eté.
Governa Wood (?).

Gracieuse.
Graf Moltke.
Grand duc de Saxe.
Grand Salomon.
* Graziole.
Greffe morte (Van Mons).
Grégoire Bordillon.
Grise-Bonne.
Gros Certeau d'été.
Gros Hâtiveau.
* Gros Portail.
* Gros Rousselet Van Mons.
Gros Oignonet musqué.
Gros Saint-Michel.
s Grosse Bergamotte d'Eté.
s*Grosse grüne Mailanderin.
Grosse Marguerite.
s Grosse Marie.
Grosse muskirte Pomeranzenbirne.
Grosse muskirte Zwiebelbirne.
s Grosse Saint-Georgsbirne.
Grosse schone Jungfernbirne.
Grosse Sommer Citronenbirne.
Grosse sucrée de Szent-Ballas.
* Grosse verte longue précoce.
s Grüne Flaschenbirne.
Gustave Bivort.
Gustave Bourgogne.
Gute Pear.
Haddington.
Halstead's Beurré.
Hammelsbirne.
s Hampdens Bergamotte.
Hanover.
* Hardenpont d'Automne.
Hardenponts Frühzeitige Colmar.
s*Hardenponts Knackbirne.
Harigelbirne.
Harrison's heart.
Hâtiveau de la Forêt.
Hawe's Winter.
Hébé.
Hébron.
Henkaël.
s Henkel.
Henkel d'Automne.
sv Henkel d'Hiver.
Henkel Schmalzbirne.
* Henriette Van Cauvenberg.
Henri Grégoire.
Henri Ledocte.
* Henri Nicaise.
s Henri Van Mons.
Henry Clay.
Herbin ou St-Erme.

Herbstbirne Van Mons Zimmtfarbige.
Heukel Van Mons (Wilder).
Heubirne Doppelte.
Hildegard.
Hirtenbirne Duhamels.
s Hollandische Feigenbirne.
Honigbirne Liegels.
s Hopfenbirne.
Horton.
Howard.
* Hubert Grégoire.
* Huigham ou Hingham.
Huyshe's Prince Consort.
Incomparable en beauté.
Isabelle de Malèves.
* Island.
s Ives Bergamotte.
Ives red garden.
* Jackson of Vermont.
Jacob's.
* Jalousie.
v Janvrée.
s Janvry.
Japon Pear.
Jargonelle de Chin.
Jaune de Lovenkopf.
Jean-Baptiste Van Mons.
Jérôme Mouteil.
Jersey Gratioli.
Johonnot.
Jolivet.
Jonas d'hiver.
s Jones Seedling.
s Joséphine.
Joséphine de Binche.
s Joséphine Impératrice.
Joseph Smith.
Jules Blaize.
Jules d'Airoles.
* Jules Gérand.
* Juliette.
Jungfernbirne.
Jungfernbirne grosse schone.
Kannenbirne von Wachsers.
s Karls Winterbirne.
King's Edward.
Kirchberger Butterbirne.
Kirtland Beurré.
Kirtland Seckle.
Kleine Zimmtrousselet.
Klevenow'sche Birne.
Knechtchensbirne.
* Knight Rhode-Island Seedling.
s Konig von Rome.
s Kopertscher.

s Kostliche Van Mons.
s Kostliche von Charneu.
Krafts Sommerbergamotte.
Kramelsbirne.
s Kronprinz Ferdinand.
Kuhfuss.
Kutud Armid.
La Conquête.
La Grosse-Figue.
* Lahérard.
La Moulinoise.
Lange gelbe Bishop's Birne.
s*Lange Sommer Mundnetzbirne.
* La Puebla.
La Transylvanienne.
Leclerc.
Legelt American.
Lekerbetje de Verreghem.
L'Empereur d'Autriche.
Lenawee.
Léochine de Printemps.
* Léonie Pinchart.
* Lepère.
Le Turban.
* Levard.
Lewis.
Libérale nouvelle.
Liegel's Herbstbutterbirne.
* Longue du Bosquet.
Looke's Beurré.
* Loubiat.
Lot Pear.
s Louise d'Orléans.
Louis Grégoire.
Louis Noisette.
Louis Simon.
Louis Van Houtte.
Louis Vilmorin.
Loyan.
Mac Vean.
s*Madame.
Madame Alfred Conin.
* Madame Appert.
* Madame Baptiste Desportes.
Madame Flon.
* Madame Gillion.
Madame Hutin.
Madame Loriol de Barny.
* Madame Vazille.
Magnard.
s*Mailanderin grosse grüne.
Malvassa Schmidberger.
Mamelonnée.
s Mansuette double.
* Marc.
Maréchal Pélissier.

Margaret.
Marguerite.
Marguerite Chevalier.
Marguerite d'Anjou.
Marianne de Nancy.
Marie Jallais.
s*Marie-Louise de Jersey.
Marie-Louise Duquesne.
s*Marie-Louise Van Mons.
s*Marie Parent.
* Marie-Thérèse.
Marium.
Markbirne Salzburger.
Marmion.
Marsaneix.
Martin-Sec d'Eté.
Mary Ellen.
Mather.
Mathilde Gomand.
Mayers rothe Bergamotte.
Mears Summer Butter.
Mecklemburger.
Médaille d'or.
Meininger Frauenschenkel.
Meissener Zwiebelbirne.
Melon de Namur.
Merveille.
s Meuris.
s*Milan Grand.
Miller.
Ministre Bara.
Ministre Pirmez.
Mirte.
Morel.
Mosselman Duchenoy.
Mouille-Bouche de Bresse.
* Moyamensing.
Muscadelle à calice.
Muscat d'Août français.
Muscat d'Hiver à grosse queue.
s Muscat fleuri.
Muskateller Metze.
Muskateller Troppauer.
* Muskingum.
Napoléon III.
s Narcisse Gaujard.
Narris.
Naudin.
s Navez Bouvier.
s Neue Bouvier.
Neue Stuttgarten Butterbirne.
New Germ.
Newhall.
s New Marie-Louise.
Newton Virgalieu.
. Nicolas Eischen.

POIRES

s Nina.
Nina Leipziger.
Niochi di Parma.
s Non pareille.
North's Seedling.
Notaire Minot.
Notre-Dame de Longues.
Nouveau Doyenné d'Hiver tardif.
Nouveau Simon Bouvier.
s Nouveau Zéphirin.
Nouvelle Aglaé.
* Nouvelle d'Esperen.
Nouvelle fondante de Parmentier.
Nypse.
Oberprasident von Bossin.
Ochsenherzbirne.
Octave Lachambre.
Œuf d'Hiver.
Ognon musqué.
Ognonet de Provence.
Old Swans Egg.
Omer Pacha.
v Oncle Pierre.
Oneida.
Orange d'Automne.
Orange de Vienne.
Orange Mandarine.
Orpheline Colmar.
Ovale d'Été.
Ovale musquée d'Hiver.
Pardee's Seedling.
Parfum d'Août.
Parfum d'Hiver.
Parsonage.
Passani di Genova.
Passe-Colmar Delvigne.
Passe-Colmar Simonette de Peruwelz.
* Pastorale Musette.
Pauline Brédart.
* Peau de vache.
Pendleton's Early York.
* Pengetheley.
Pepin sucré.
Pertusati.
Peters.
s Petit Beurré.
Petit Blanquet à courte queue.
Petit Chaumontel.
Petite Tournaisienne.
Petite Victorine.
Petit Rousselet de Wehlich.
Petit Saint-Jean.
Petre.
s Philippe Delfosse.
s Philippe strié.

Pierre Pépin.
Pierces nº 1.
Pigeonnelle.
Plantagenet.
Platt.
* Poire à deux mouches.
Poire Cadeau.
Poire d'Angido.
Poire de Belmont.
v Poire de Jardin.
* Poire de Galloie.
Poire de la Masselière.
Poire de la Voie aux Prêtres.
Poire d'Envoi Van Mons.
Poire des Enfants.
Poire d'Hérore.
* Poire d'Hérore Calebasse.
* Poire de Hert.
Poire du Peintre.
Poire d'Yult.
s Poire Féodale.
Poire Gervais.
Poire Le Brun.
Poire Marduel.
* Poire-Pomme d'Été.
* Poire Prevel.
v Poire Saint-Jean aux fers.
Pomeranzenbirne von Hoëck's.
Pott's.
* Poullet Echevin.
Powell's Virgalieu.
s Pradel.
Pradière.
Précoce de Tivoli.
Précoce Glady.
Premier-Président Métivier.
Président.
* Prince de Catalogne.
Prince Ferdinand d'Autriche.
Princesse d'Orange.
Princess of Wales.
Priou.
Professeur Barral.
Puygaudine.
Quackenboss.
Queenbirn.
Quilletelle.
Redelman.
Reed Bedou.
Rhender Schmalzbirne.
Reine d'Angleterre.
Reine des Tardives.
Remde's Butterbirne.
Rettigbirne.
Révérend Père.
Rhusmore American.

Riocreux.
Risquons-tout.
Rockland.
Roe's Bergamot.
Roi de Rome de Burchardt.
Roitelet.
Rondelet.
Ropes.
Rousselet doré d'Hiver.
Rousselet Joseph Lebeau.
Rousselet panaché.
* Rousselet Perdreau.
Rousseline de Tournay.
Royale Vendée.
Rummelterbirne.
v Sabine.
s Sabine d'Hiver.
Sacananga Sekel.
Sahemblerbirne.
* Sainte-Thérèse.
s Saint-François.
* Saint-Georges.
Saint-Germain panaché.
Saint-Gobain.
s Saint-Herblain.
s Saint-Jean-Baptiste.
Saint-Jean de Tournay.
s*Saint-Laurent.
Saint-Lorenzbirne.
* Saint-Lezin.
Saint-Liévin.
Saint-Omer.
Salisbury.
Salviati Burchardt.
Sanguine de Belgique.
Sans-Peau nouvelle.
Sarah (Clapp).
s Schatzbirne.
Schmalzbirne Rhender.
Schnakenburger Winterbirne.
Schonlens Butterbirne.
Schoulin de Printemps.
Schouman German.
Schweizer Wasserbirne.
* Sébastopol.
Seidenstielchen.
Semis de Crassane.
Sénateur-Préfet.
Séverin.
* Shawmeet.
Sheppard.
Shobden Court.
Simonette.
Sinclair.
Sleinmeitz Spire.
Socquet.

Solstische??
s*Sommer Ambrette.
SommerbirneTürkische muskirte
* Sophie Berckmann.
Souvenir Désiré Gilain.
Souvenir de Dubreuil père.
* Souvenir de Gaëte.
* Souvenir de Langeac.
Souvenir de la Robertsau.
Souvenir du Congrès.
* Souvenir Hortolès père.
Souveraine de Printemps.
Spadone.
Spate Schweizer Bergamotte.
Spren.
* Stéphanie Nopenaire.
* Stonn from Ohio.
Stumpfling.
Sublime Gamotte.
Sucrée de Leveste.
Sucrée du Comice.
Sucrée jaune.
* Sulhamstad.
Sultanische Armudi ans Nikita.
Superfondante.
Suprême d'Auray.
Suprême de Printemps.
Sur Reine.
Suzette.
Swiss Bergamot.
s Sylvestre d'Automne.
Tardive de Brederode.
Tardive de Mons.
Tardive de Montauban.
Tardive des Fougères.
Tarquin nouveau.
s Théodore d'Eté.
Thielsbirne.
Tigrée de Janvier.
Tillington Pear.
s Tombe de l'Amateur.
* Tournay d'Eté.
Tournay d'Hiver.
Towel's Knight.
Trauttenberg.
s*Trésor.
s*Triomphe de la Pomologie.
* Triumph of Cumberland.
v Trois-Saisons.
Troppauer goldgelbe Sommer Muskateller.
Turque.
* Tyler.
Ulmer Butterbirn.
Upper Crust.
Urbanek's Butterbirne.

POIRES

Ursule.
Valflore de Fontenelle.
Vanderpool.
Van Mons Carmeliterbirne.
s Van Tertolens Zuckerbirne.
Velinbirne.
Vénus des Champs.
s Vergaline musquée.
s Vergoldete weisse Butterbirne.
Verlaine.
sv Verlaine d'Été.
Vermeulen.
Verte d'Hiver.
Verte longue anglaise d'Hiver.
Vice-Président Delehaye.
*Victoria de Langelier.
Vigneron.
v Vilain XIV.
Villenbirne Russische.
s Vingt Mars.
Virgalieu musqué.
Volltragende Italianische Winterbirne.
Vraie Amberg.
Vraie Napolitaine.
Wahre Pfingsbergamotte.
* Walker.
s Wandweyer Hatt.
Waver.
Webiter Pear.
* Wecks.
Weehler.

Weissbirne en forme de perle.
Weisserbirne Meiningen.
Weldenzerbirne.
Wettmors.
Wetmore's Seedling.
Westrumb.
Westrumb Van Mons.
White's Seedling.
s Wiener Pomeranzenbirne.
Wildling von Kresetitz.
William's Duchesse - d'Angoulème.
William's Early.
Wilmar.
Windsor.
Wingelbirne.
* Winterbirne Englische lange grüne.
Winter Julia.
Winter Seckel.
Withe's Seedling.
Wittenberger Glockenbirne.
Woodbridges Seedling.
Woodstock.
s*Wredaw.
s Würgelbirne.
Wurzer d'Automne.
Zuckerbirne Schone.
Zuckerbirne Van Tertolens.
Zwiebelbirne Muskirte.
*Zutphanen.

Tome VII. — Poires.

TABLE ALPHABÉTIQUE

DU

TOME VII. — POIRES

(Les numéros d'ordre des descriptions et des planches sont indiqués à la suite de chaque fruit. Les synonymes sont en caractères italiques.)

	Numéros d'ordre		Numéros d'ordre
Agnès	575	Beurré Hennau	482
Amadotte	499	— *Menand*	482
Angleterre d'Hiver	538	— Oudinot	493
Angoucha	502	— pointillé de roux	534
Antoine	572	Blanquet précoce	490
Basiner	558	*Bô de la Cour*	535
Beau de la Cour	535	*Bon Chrétien de Bruxelles*	537
Beauté de Zoar	519	Bon Chrétien fondant	537
Bellissime d'Hiver	538	*Brauner Sommerkonig*	539
Bergamotte de Parthenay	483	*Braunrothe Speckbirne*	553
— Nicolle	555	Brunet	485
— Œuf de Cygne	508	*Butterbirne von Saint-Quentin*	507
— *Poireau*	483	*Calebasse rose*	542
— *von Parthenay*	483	Camperveen	505
Besi de Caissoy	536	*Cassante de Brest*	544
— de Montigny des Belges	523	Casimir	577
— de Wutzum	540	Chancelier de Hollande	496
— *Goubault*	509	Colmar d'Automne nouveau	503
— tardif	509	— de Marnix	546
Beurré Baltet père	504	— d'Hiver	541
— Beck	515	— Sirand	570
— *blanc des Capucins*	499	Constant Claes	526
— *Colmar*	492	*Czernowes*	489
— d'Automne de Donauer	567	*Czinover Sommer Butterbirne*	489
— de Brou	481		
— d'Enghien	492	*Czinoveser Sommer Butterbirne*	489
— Docteur Pariset	569		
— du Cercle	529	De Chaudfontaine	510
— du Cercle de Rouen	529		

TABLE ALPHABÉTIQUE.

	Numéros d'ordre
De Franse soete belle	522
Délices de Chaumont	547
De Parthenay	483
De Quentin	507
De Quessoy	536
Désiré Van Mons	494
Des Vergers	501
Deutsche Augustbirne	513
Deutsche langstielichte Weissbirne	490
Deutsche langstielige Weissbirne	490
Deutsche Muskateller Birne	561
Dickerman	516
Donauers Herbstbutterbirne	597
Dorothée royale nouvelle	500
Doyenné Downing	506
— du Cercle	486
— du Cercle pratique de Rouen	486
Duc de Brabant	494
Duchesse d'Arenberg	498
Du Tilloy	491
Edouard Morren	527
Emilie Bivort	568
Epine rose (Esperen)	545
Fondante d'Angers	520
Fondante de Brest	544
Fouron	548
Frangipana	533
Frangipane d'hiver	533
Franzosische Muskateller	522
Franzosische süsse Muskateller	522
Gelbe Frühbirne	511
German Muscat	561
Gris de Chin	551
Gros Blanquet rond	543
Gros Muscat rond	522
Gros Rousselet	539

	Numéros d'ordre
Grosse Muskirte Pomeranzenbirne	550
Grosse Roussette de Bretagne	536
Grosse Sommer Rousselet	539
Grüne Winterbergamotte	549
Grüne Winterbirne	549
Hativeau	525
Hazel	531
Herbst Amadotte	499
Herbst Blutbirne	528
Hessel	431
Hovey	565
Howey	565
Huyse's Victoria	497
Inconnue Cheneau	544
Jacques Chamaret	557
Jaune de Merveillon	581
Jaune précoce	511
Kamper-Venus	505
Kanzler von Holland	496
Knoops Zimmtbirne	552
Knoops Franzosische Zimmtbirne	552
Lange grüne Winterbirne	549
Longue verte d'Hiver	549
Lubin	579
Mac Knight	559
Madame Henri Desportes	512
Mansuette	521
Meissner lange	549
Méruault	576
Muscat Allemand d'Hiver	561
Muskateller Deutsche Winter	561
Muskirte Frühbirne	525
Neue Léopold Ier	566
Orange musquée	550
Orange rouge	550
Parfumée	578
Passe-Colmar des Belges	524

TABLE ALPHABÉTIQUE. 293

	Numéros d'ordre		Numéros d'ordre
Pauls Birne	488	Sachische lange grüne Winterbirne	549
Petit Hativeau	525	Saint-Augustin	556
Philiberte	571	Saint-Florent	514
Poire Basiner	558	Saint-Germain du Tilloy	491
— Blanche de Salzbourg	554	Saint-Luc	495
— Canelle	552	Saint-Quentin	507
— d'Août Allemande	513	Salviati queue grosse	484
— de Lard brune	553	Salzburger Birne	554
— de Paul	488	Salzburger von Adlitz	554
— de Saint Augustin	556	Sanguine d'Italie	528
— noire à longue queue	563	Schmalzbirne von Brest	544
Présent Van Mons	487	Sébastien	573
Prince Impérial de France	532	Semis d'Echassery	580
Prince's seed Virgalieu	562	Solitaire	521
Princess Maria	564	Souvenir de Léopold Ier	566
Princesse Marie	564	Taglioretti	517
Ravenswood	560	Thimothée	574
Richards	530	Victoria d'Huyse	497
Roi d'Eté	539	Vingt-cinquième anniversaire de Léopold Ier	566
Rousselet Aelens	518	Wildling von Montigny	523
Rousselet Saint-Quentin	507	Winter Franchipanne	533
Roussette de Bretagne	536	Zoar Beauty	519
Roy d'Eté	539	Zuckerbirne	554
Russette von Bretagne	536		
Sachische lange	549		

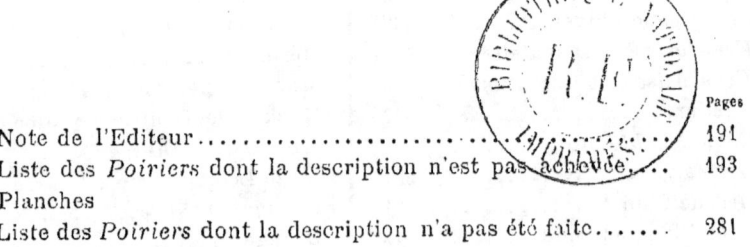

	Pages
Note de l'Editeur	191
Liste des *Poiriers* dont la description n'est pas achevée	193
Planches	
Liste des *Poiriers* dont la description n'a pas été faite	281

EN VENTE A LA LIBRAIRIE G. MASSON
120, BOULEVARD St-GERMAIN, A PARIS

OUVRAGES DU MÊME AUTEUR:

POMOLOGIE GÉNÉRALE

Suite du VERGER

Par Alphonse MAS

Paraissant dans le même format que le VERGER, avec planches noires.

En vente: Tome I. Poires, 96 fruits.................. 12 francs.
     Tome II. Prunes, 96 fruits.................. 12 francs.
En souscription à 8 francs le volume :
  Tomes III, IV, V, VI et VII. Poires.............. 480 fruits.
  Tomes VIII et IX. Pommes..................... 192 fruits.
  Tomes X et XI. Prunes, Pêches et Cerises....... 200 fruits.

LE VERGER

HISTOIRE, CULTURE & DESCRIPTION

AVEC PLANCHES COLORIÉES

Des variétés de Fruits les plus généralement connues

Par A. MAS

8 volumes grand in-8° jésus

Volume I. *Poires d'hiver* .... 88 fruits.
    II. *Poires d'été* .... 120 —
    III. *Poires d'automne*...................... 176 —
 IV et V. *Pommes tardives et Pommes précoces*.... 120 —
    VI. *Prunes*................................ 80 —
    VII. *Pêches*............................... 120 —
    VIII. *Cerises et Abricots*.................. 88 —
Prix des 8 volumes cartonnés : 200 francs.

LE VIGNOBLE

HISTOIRE, CULTURE & DESCRIPTION

AVEC PLANCHES COLORIÉES

DES VIGNES A RAISINS DE TABLE ET A RAISINS DE CUVE

LES PLUS GÉNÉRALEMENT CONNUES

Par MM. MAS & PULLIAT

3 VOLUMES IN-8° JÉSUS

Avec table générale des variétés de Vignes décrites et de leurs synonymies.

Prix des trois volumes cartonnés: 200 francs.

Bourg. — Imprimerie J.-M. Villefranche, place d'Armes, 1.

www.ingramcontent.com/pod-product-compliance
Lightning Source LLC
Chambersburg PA
CBHW071237240426
43671CB00031B/1018